双書⑬・大数学者の数学

フーリエ
現代を担保するもの

吉川 敦

現代数学社

まえがき

　現代数学社が，このシリーズを立上げ，その中に，「フーリエの数学」が入ったとき，わたくしは，ためらわずに手を挙げた．今から考えると夜郎自大の見本のようなことであるが，それなりの自負をもって仕事ができると思ったからである．しかも，当時は比較的自由な時間があった．しかし，不思議な縁が働いて，中高一貫校の校長になってしまい，職責の重さに加えて，職務不慣れということもあって，なかなかフーリエどころではなくなった．ただ，この著作にかける奇妙な自負というか気負いは消えた．その上，片道半時間の通勤電車内で結構本が読めるのである．わたくしがぼんやりと思っていたことの修正や補充にはよい機会でもあった．

　さて，フーリエ自身の数学的な仕事は主著『熱の解析的理論』（Théorie analytique de la chaleur[1]，1822）にまとめられている．概ね200年前のものであるが，かれが組織的に切り拓いた関数というものの把握および操作の仕方は，その後，かれとしては想像もしなかったであろう解釈なども加わって，「フーリエ解析」という，まさに「現代」という時代そのものを支えている厖大な体系になった．「フーリエの数学」が今日の我々の生存を担保しているのである．

　フーリエの基本的なアイデアとは何か．それは，「フーリエ解析」の基本的なアイデアでもあるのだが，「関数」を，まず，「振動する成分」に分解した上で，それらの合成として，把握するという立場に徹したことである．フーリエは「現象」を「関数」として組織的に表し，現象の分析を，「数学的な関数と

---

[1] 全集 [9]（第1巻）．入手しやすい復刻版：[10] 他（英訳 [11]．原著刊行半世紀間の補足注釈付き）．西村重人氏の邦訳もある [12]（未刊行．小松彦三郎氏の解説（一部は [29] 参照）が付されることになっている．西村氏の丹念な考察（一部は [41] 参照）は，実は，本書の不備を補って余りある．なお，[13] は，本書では参照しない．)

しての振動成分」，つまり，かれの場合には三角関数，を通じて行なうことに成功したのであった．

このアイデアは革命的に重要なことであった．振動現象は弦や水面の運動ではほぼ明らかである．フーリエは熱現象の記述のために振動要素を考慮に入れたのである．かくて，およそ何でも「丹念に」見れば，関数として記述され，さらに，振動成分が抽出されることがわかった．力学的あるいは機械的な運動現象はもとより，電気信号や音声，さらに，微細な素粒子の記述，広大な宇宙空間の観測に至るまで，関数として把握し，関数の「振動成分」への分解と分析により，これら諸現象を量的にも質的にも適切に理解できるようになった．今や，計算機の発達と統計技術の手法の進歩により，以上に加えて，生物学や医学はもちろん社会現象も含めた広大な分野で「フーリエ解析」が活躍するようになっている．

フーリエの数学と言っても，このようにその後の展開まで含めると全貌を示すことは到底無理である．が，一方，切り口の選び方も可能性が多すぎて難しい．幸い，最近，フーリエ以来の古典解析あるいは応用数理の系譜をごく近年の発展まで篤めて概説した書物がいくつか出版されており，特に，カアヌ教授の書物 [22] は，関係する原著論文を適宜引用しながら，なお，今日の水準での正確な注釈を加えており，現代数学の基盤としてのフーリエ解析を知るのにはよい書物である[2]．

ところが，フーリエの数学は，また，よく働く数学でもなければならない．つまり，フーリエ自身は，並みの数学者という分類に留まる人ではなく，自然哲学者と分類されるべきであって，数学の主な役割は自然の解明でなければならないとした人である[3]．まさに，科学の言語としてのフーリエ解析

---

[2] 厳格な数学では、古典中の古典として、[67] を挙げておく．
[3] 実際，しっかりした次元解析を行っている（第 II 章，第 IX 節）

に触れなければ公正でも公平でもない．ここは数学者には全く手に余るところであり，この辺りが，母国フランスを含め，純粋数学者たちからフーリエが敬遠されていたゆえんであったかも知れない．実際，ヤコービは，フーリエの死去を知って，その直後に，ルジャンドルに送った書簡（[21]）の中で，フーリエを追想して

> 確かに，フーリエ氏の見解では数学の主要目的は公共的な有用性と自然現象の説明です．しかし，氏のような学者ならば知っていたはずのことですが，科学の唯一の目的は人間精神の名誉であり，この資格において，数論の問題も世界の成り立ちの問題も同じ価値があります．いずれにせよ，フーリエ氏が方程式についてしか仕事を完成させられなかったことは心から惜しまれなければならないことで，実際，このような人物は今日フランスにおいてさえ大変稀で，簡単に代わりが見つかるというものではありません．

と述べている．「科学の唯一の目的は人間精神の名誉である[4]」という句は，気高く美しい[5]．おおよそ180年前の発言でもあるが，この精神は忘れてはならないだろう．とは言え，フーリエの衣鉢を継ぐはずの（最近の）自然科学者や応用科学者も，ブラックボックス化されたフーリエ解析のパッケージで日常的に用を足しているだけで，中身については，実は，ほとんど知らないのかもしれない．応用解析の教科書は，この間隙をある程度まで埋めることが要求されているはずだが，最新

---

[4] 原文: le but unique de la science, c'est l'honneur de l'esprit humain …．なお，上の抄訳部分は拙訳である．

[5] だが，大革命以来のフランスや欧州の混乱に翻弄されてきた老練なフーリエが，もし，この言葉を聞くことができたなら，このハンザ同盟都市の裕福な銀行家の家庭で育った青年に対し，何と答えたであろうか．なお，ヤコービは純粋数学の研究の意義を強調したのだが，ルジャンドルやヤコービの挙げた成果は（その基本性ゆえに）応用数学的にも極めて重要である．

の応用までは目配りしきれないであろう.

そこで,本書の構想としては,数学の解説書としては類の少ないことになるが,ここでは,フーリエの『熱の解析的理論』の序章(Discours préliminaire)を強く意識しながら,解説あるいは注釈,むしろ脱線という形で,フーリエ解析の基礎を,演習や応用をも含ませながら,該当する数学的話題を陳べてみようという方針を取りあえず立ててみた[6].とは言うものの,フーリエ自身が示そうとしたことを概観しておく必要はあるだろう.極めて原理的な発想は序章から把握できるが,数学的内容,特に,その技術的側面となると,一応の解説を欠かすことはできない.フーリエは忙しい人であったので長い期間にわたっての研究の成果が十分な整理を経ないまま『熱の解析的理論』に収められているきらいはあるが,この書物で論じられていることの摘要は(今日の言葉に翻訳した上であっても)述べておかなければならないと考えるわけである.

この期に及んで釈明するのはいかにも無責任だが,作業を始めてみて,フーリエの時代の数学的知識の水準について,わたくしは何も知らず,したがって,フーリエが当時の数学的知見をどれほど進めたのかを的確に判断する力のないことに気づき,愕然とした.それどころか,フーリエのアイデアを検討してみて,わたくしが,実は,現代の数学についても十分な知識がないことにも気づかざるを得なかった.持って回った言い方をしたが,『熱の解析的理論』を通読し,今日的な観点から理解しようとすると,フーリエの展開する議論に覗いているのは実に奇妙な知的な平衡のように見えてしまうのである.

たとえば,フーリエは地球が太陽を廻る球体であることは

---

[6] [22] も序章をわざわざ再録している.

承知しており，序章での地球の熱収支の議論では，季節変動や緯度についての言及がある．しかも，有力な幕僚としてナポレオンのエジプト遠征に従っており，球面座標というものを緯度，経度の形で実感いや体感していたはずである．しかし，3次元空間を球座標系によって記述することが自然であるとフーリエが認識していたようにも見えないのである．この説明には数学的にやや立ち入った議論が欠かせないが，今ならば，対称微分作用素の固有値問題とその固有関数系の形成する直交関数系というべきアイデアを，フーリエは固有値の決定を含めて丁寧に論じていながら，肝心の直交性の表現が不正確になってしまっている[7]．

その他では，やはり今ならば，0次および1次の第1種ベッセル関数と呼ばれる関数系がフーリエによって扱われている．しかし，表現に三角関数が入ってくるせいか，独自の関数系としての考察にまでは至らなかったようである．他にも，今日で言う概周期関数や，あるいは，離散フーリエ変換に相当するアイデアがあるが，基本的にトピック以上の扱いではない．

フーリエと言うと，任意の関数を三角関数系の級数の形に展開するというアイデアで有名である．有限領域における現象の生起を正確に記述したいという（機械）工学的要求に適ってもいたので強調されてきた側面なのだろう．しかし，序章で地球内部だけでなく大気圏など境界の特定できない領域の熱運動にも言及しているように，フーリエ自身の論考は有限領域に留まっていたわけではない．実際，積分変換として今日の「フーリエ変換」に近接するものが提起されている．しかし，指数関数を積分核とする変換には至らず，正弦関数，余弦関数を積分核とする変換，つまり，フーリエ正弦変換，フーリエ余弦変換に留まっている．純虚数指数の指数関数によっ

---

[7] 直交性を記述するための積分要素（測度）が正しく理解できていなかったようである．

て正弦関数と余弦関数を統一的に把握するというド・モアヴルの等式を予備的な計算では多用している上に，微分演算と変数の乗算との間には，これらの変換を介した相互関係があることに気づいており，それに基づく演算子法[8]も実質的に利用しているのだから，この足踏みは不思議ではある.

もとよりフーリエの議論に今から見て多大の不足があったことは当時としては已むを得ないことであった．これらの多くは後世の人たちによって修正され補填され拡大されて，今日の「フーリエ解析」という体系になった．フーリエのアイデアの多くは，なお，今日でも生きているが，フーリエの活動期から二世紀を経ていることを思うと，これは実に驚くべきことである．

そこで，最終的な本書の姿勢であるが，フーリエや引き続いた人たちのアイデアを訪ねながら，なお，今日のフーリエ解析の入門書として役立つことを目指したいという，そういう贅沢な気概は維持しているつもりである．

　東に高良山，北に背振の山系を望む
　　久留米，正源寺山の麓にて

　2015 年 4 月

著者　識.

---

[8] 演算子法に関する文脈も含め，デルタ関数のアイデアが間違いなくフーリエに拠るものであることは [29] に注意されている．

目 次

1 『熱の解析的理論』序章を読もう　1
- 1.1 フーリエは『熱の解析的理論』で何をしたか . 2
- 1.2 なぜ，熱の数学的理論を研究したのか 6
- 1.3 フーリエの問題 9
- 1.4 どう解決したのか – 数学解析の重要さ 12
- 1.5 「熱の解析的理論」の記述の姿勢について . . 16

2 フーリエによる熱伝導の方程式の導出　19
- 2.1 熱伝導のモデル 20
- 2.2 熱の流れ 24
- 2.3 熱伝導の偏微分方程式の導出 27
- 2.4 物体表面における温度 31
- 2.5 熱伝導の方程式とフーリエによる解法の原理 . 33

3 変数分離解と直交関数系　39
- 3.1 さまざまな形状の物体の場合 40
- 3.2 変数分離解 52
- 3.3 直交関数系 58
- 3.4 フーリエ級数展開の収束性について 63
- 3.5 変数分離解補遺 67

4 周期関数とベッセル関数　73
- 4.1 円柱座標と変数分離解 74
- 4.2 周期関数因子 75
- 4.3 動径を含む因子とベッセル関数 83
- 4.4 例 3.3 の場合について 90
- 4.5 球体の場合 94
- 4.6 円環体の場合 100

目次

- 4.7 フーリエによる円環体の熱伝導の扱い 101

5 フーリエを超えて　111
- 5.1 周期関数のフーリエ級数展開と数列空間 ... 112
- 5.2 ヒルベルト空間について 123
- 5.3 正規直交基底 129
- 5.4 リース・フレシェの定理 132
- 5.5 複素係数の場合：補遺 136

6 一様な空間における熱伝導　143
- 6.1 直線の上の熱伝導の方程式 144
- 6.2 偶関数と奇関数 147
- 6.3 フーリエ余弦変換，フーリエ正弦変換 151
- 6.4 フーリエ余弦変換・フーリエ正弦変換の逆変換 157
- 6.5 フーリエ自身の説明 164
- 6.6 熱核 – 再び，熱伝導方程式の解へ 166
- 6.7 地表温度の地下への伝播モデル 177
- 6.8 平面および空間における熱伝導の方程式 ... 186

7 フーリエ変換　191
- 7.1 複素数値関数の積分 192
- 7.2 フーリエ変換，余弦変換，正弦変換 194
- 7.3 フーリエ変換と形式的な演算 202
- 7.4 フーリエ変換とその逆変換 205
- 7.5 フーリエの表象（記号）解析 213
- 7.6 単純化された弾性平面の運動 217
- 7.7 フーリエの作用素解析 224
- 7.8 高次元のフーリエ変換とその応用 – 平面の場合 – 228
- 7.9 高次元のフーリエ変換：補遺（一般の場合）　241

A 無限小解析と微分積分学の基本定理について **251**
- A.1 なぜ日本では微分積分学が生まれなかったか . 252
- A.2 粗筋としての微分積分学の基本定理 255
- A.3 ルベーグ積分の粗筋 260
- A.4 可測性と積分 264
- A.5 フビニの定理 275
- A.6 若干の収束定理 278

B ルジャンドルの多項式について **283**
- B.1 区間における関数若干 284
- B.2 導関数について 286
- B.3 ルジャンドル多項式について 289
- B.4 直交基底としての性格 293

C 人名表 **295**

1

『熱の解析的理論』序章を読もう

$$\phi x = \frac{1}{\pi}\int_{-\infty}^{+\infty} d\alpha \phi\alpha \int_0^\infty dq \cos.(q(x-\alpha))$$

$$\frac{dv}{dt} = \frac{K}{CD}\left(\frac{d^2v}{dx^2} + \frac{d^2v}{dy^2} * \frac{d^2v}{dz^2}\right)$$

$$\frac{1}{2}\pi\varphi x = \sin.x\int_0^\pi \varphi x\sin.xdx + \sin.2x\int_0^\pi \varphi x\sin.2xdx$$
$$+ \sin.3x\int_0^\pi \varphi x\sin.3xdx + etc.$$

$$\frac{1}{2}\pi\varphi x = \frac{1}{2}\int_0^\pi \varphi xdx + \cos.x\int_0^\pi \varphi x\cos.xdx$$
$$+ \cos.2x\int_0^\pi \varphi x\cos.2xdx + \cos.3x\int_0^\pi \varphi x\cos.3xdx + etc.$$

1.1 フーリエは『熱の解析的理論』で何をしたか

フーリエの思想を知るには，本人の著作『熱の解析的理論』（[10]）序章をまず見るべきだろう[1]．フーリエは，序章「予備的な言説」において，著作の目的を宣言する．最初に，冒頭の2小節を示そう．この2小節は，いわば，基調というべき主題を示すものであって，フーリエは，この著作を通して，さまざまな階梯での具体的な肉付けを行なって行く．

> 宇宙の働きは，その大元[2]となると我々には全くわからなくても，簡単で恒常的な法則に従って現われるので，観察によって暴き出すことができる．そして，自然哲学の研究対象になるのである[3]．

> 熱は，重力と同様に，宇宙の全物質を貫く．その放射は空間のあらゆる部分を占める．われわれの著作の目的は，この熱という元が従う数学法則を明らかにすることである．この理論は，今後，一般物理学のもっとも重要な一分野となるであろう．

---

[1] 実際，フーリエ解析の大家であるカアヌ教授も，著書 [22] で，序章 Discours Préliminaire 全文をフランス語のまま再録している．英訳（[11]）はもともとは 1878 年刊行のものである．また，邦訳も存在する（[12], [13]）．ただし，以下の序章の邦文は筆者に拠る．

[2] 脚注4)にあるように複数形であり，「創造神」を指すと解することはできない．なお，[34] からの孫引き（p.30）だが，1802 年に開かれたレセプションの折に，ナポレオンからの宇宙創成に関する問いに対し，ラプラスはこの一文に近い趣旨の回答を返したそうである．

[3] フーリエは熱現象をこの姿勢で探求するので，熱とは何かという議論には立ち入らなかった．この意味で，フーリエを物理学者とは言えまい．また，数学的対象の場合でも，不連続関数や，極端な場合，デルタ関数を扱うことができたのは，機能性に軸足を置いた考察姿勢が身に付いていたからであろうか．なお，小出（[28]）もご覧いただきたい．

1.1. フーリエは『熱の解析的理論』で何をしたか 3

ところで，書き出し部分の原文[4]は荘重で響きもよい．朗読してみよう：

> レコーズプリモルディアール・ヌヌーソンポアンコニュ．
> メ・エルソンタシュジェッティ・アデロワ・セーンプル
> エコンスターント，ク・ロンプーデクヴリール・パール
> ロプセルヴァシオン・エ・ドン・レテュド・エッ・ロブ
> ジェドラフィロゾフィナテュレール．

さて，第1節は，自然哲学というものの意義を示したものである．第2節はフーリエがニュートンの重力の理論を意識しながら，熱の数学的理論を展開することの表明である.「元」という語を用いているのは，熱を重力同様に宇宙の重要な構成要素と把握していることを示している[5]．

実際，フーリエは次の節で古代からの力学の歴史を概観し，ニュートンの「想い」，すなわち，『自然哲学の数学的原理』（プリンキピア）の序説から引いた一文に相当するもので締める．

> 有理力学[6]と言えば，太古の人びとが持っていたかもしれない知見は伝わっておらず，その歴史は，調和についての原始的な定理を別にすれば，アルキメデスの発見よりも遡ることはできない．この大幾何学者が数学的に解き明かしたのは固体や流体の平衡原理であった．ほ

---

[4] Les causes primordiales ne nous sont point connues; mais elles sont assujetties à des lois simples et constantes, que l'on peut découvrir par l'observation, et dont l'étude est l'objet de la philosophie naturelle.　[この仏文は，ケルヴィン卿の『自然哲学概説』([55])の序文冒頭に引かれている．なお，英訳([11])では，次の通り：Primary causes are unknown to us; but are subject to simple and constant laws, which may be discovered by observation, the study of them being the object of natural philosophy.]

[5] この時代の熱概念については，山本([58])参照（特に，**2**巻．なお, [58], p.293に，この2節が引かれている）．

[6] rational mechanics.

ぼ 18 世紀の時が流れ，ガリレオは力学理論を創始した．重さのある物体の運動法則を発見したのである．ニュートンはこの新しい科学に宇宙の全体系を包括した．これらの哲学者の後を継いだ人たちが，これらの理論に驚嘆すべき広がりと完成度を与えた．かれらは僅かな数の基本法則に整理した．それらは自然界の全ての活動を説明するのである．わかったことは，同じ原理によって，天体のすべての運動，すなわち，それらの形状，それらの径路の不同性が支配され，また，海水の平衡や上下動，空気や音響体の調和振動，光の伝達，毛細管作用，液体の揺動，そして，さらに，自然界のすべての力をいかようにも複合したものまでもが支配されているということである．こうして確認されたのがニュートンの思想であった[7]：

> かくも少数の事柄からかくも多数の事柄を
> 立証するということは幾何学の栄光である．

フーリエは，自身の仕事が，アルキメデス，ガリレオ，ニュートンの業績と並ぶものだという誇らかな主張を展開する．実際，引き続いて，熱現象の記述は力学理論には不可能であり，フーリエによって数学的に熱現象の全貌がようやく記述されたのだと言っている．それは，当時最新の精密な道具による長年月にわたる観察と考察に拠るものであった．

> しかし，力学理論の広がりが何であれ，熱の効果に対しては全く適用できない．熱の効果を成り立たせている

---

[7] Quod tam paucis tam multa præstet geometria gloriatur（ラテン語）．ただし，ニュートンのプリンキピアの序説 Præfatio ad Lectorum では ”Ac gloriatur Geometria quod tam paucis principiis aliunde petitis tam multa præstet” ” となっている．感嘆詞 Ac 及び principiis aliunde petitis（精選されたわずかな原理）があり，語順も変わっているが，大意は変わらない．なお，Geometria（幾何学）とは「数学」のことを指す．また，Geometria の大文字 G や gloriatur は「神の栄光」を連想させる．

のは，特別な現象の秩序であって，運動や平衡の原理が適用できないものなのである[8]．古くからの器具は一部の熱現象を巧妙に測るのに適しており，貴重な観察が蓄積されて来た．しかし，それらは，部分的な結果でしかなく，全貌が知られるような数学的な法則ではなかったのである．

　私はそのような法則を導いた．長期間の研究と従前の知見との注意深い比較によるものであるが，新たに実験をやり直し，在来のものよりも高精度の器具を用い，何年にもわたって丹念に観察してきたのである．

そこで，種々の研究の結果，熱行動は，各物質について，熱容量，熱伝導，熱拡散の三点に着目することによって記述できることがわかったと陳べる．

　この理論を打ち建てるためにしなければならなかったことは，熱の作用を決定している基本的な性質を区分けし正確に定義することであった．やがてわかったことは，熱作用に依存しているすべての現象が極めて僅かな数の一般的かつ単純な事実に分解されること，そして，この種の物理学のどんな課題でも数学解析の研究と化することであった．結論として，熱のもっとも多様な運動でも，数の上で，決定するためには，どのような物質であれ，基礎的な三点の観察を施せば十分とわかった．実際，異なる物体では熱を保持する能力が同じ程度ではなく，物体表面を通して熱を受け取る能力や伝える能力も異なり，物体内部で熱を伝導する能力も違うのである．

---

[8] フーリエ [10]，第1章17節に同様の指摘があり，山本（[58]．**2**, p.175) はそれを引用している．

この三特性こそ，われわれの理論によって，明確に識別
され，測定すべきものとされたのである．

　実際，フーリエは，物体の内部における熱の保持（熱容量）
及び物体内部あるいは表面における熱の収支の様子（内部伝
導率，表面伝導率）を明確な言葉[9]で分析的に定義することに
より（第一章），これらがほぼそのまま数式としても表されて
しまうことを示す．その上で，さらに，無限小解析的な考察
（§A.2）を加味すれば，直ちに，熱伝導の偏微分方程式（と境
界条件）が導出されるのである（第二章）．

1.2　なぜ，熱の数学的理論を研究したのか

　ここで，フーリエは研究の動機に話題を転ずる．実は，筆
者は，時代的にも産業革命の進行に伴う熱機関の改良がフー
リエの熱に対する興味を引き起こしたのであると思っていた．
確かに，この時代の熱に対する関心の高まりにはそういう背
景はあったであろうが，フーリエ自身の関心は，そういう産
業技術的なことではなく，むしろ，地球を含む自然界の熱収
支にあったようである．熱機関そのものの原理的な解析はカ
ルノーの仕事になるのであった（[4]．なお，[58] 参照）．

　以下で，フーリエは地球環境における熱収支の例とそれら
に伴って起きる現象を羅列する．

---

[9] フーリエは，伝統に従って conductibilité（伝導率）を用いるが，現象
の内容を考えるとこの語は適当ではないと指摘する．むしろ，内部伝導率は
perméabilité（浸透性），表面伝導率は pénétrabilité（通過性）と呼ばれる
べきもので，前者は媒質固有の性質ではあるが，これに対し，後者は表面を
介して二つの媒質の熱の出入りを記述するもの，つまり，異なる媒質間の関
係性を表すものであることに注意しなければならないと述べ，「正確な定義は
理論の真の土台であるが，名称自体に [いつでも] 同等の重要性があるわけで
はない」と言っている（[10]，第 IX 章，第 IV 節．第 430 項末尾）．

1.2. なぜ，熱の数学的理論を研究したのか 7

　容易に判断できるように，これらの研究は，物理科学や民生経済において大いに有益であり，また，火力の利用や分配が必須であるもろもろの技術の進歩に多大な影響を及ぼすことになる．これらの研究は，その上，世界の成り立ちについて関わりがあるのは必然であって，地球の表面近くでの大規模現象の考察により，この関連は知られるのである．

　実際，太陽光線は絶え間なくこの惑星に降り注ぎ，陸海空を通り抜けている．光線は分かれ，向きをあらゆる方向に変え，そして，地球という塊に突入している．この加わってくる熱は，地表の各点で失われ天空に拡散してしまう熱と釣合っているからこそ，地球の平均温度がどんどんと高まっていくということがないのである．

　いずこの土地も，太陽熱の働きにすっぽりと包まれて，長大な時間を経て，それぞれの位置に固有の温度に達した．この効果には，標高や地形，周辺，陸や水の面積，表面の状態，風の向きなどの副次的な原因が関与している．

以下に叙述されることは，経験や観測に基づく事実であるが，熱伝導の方程式の解を構成することによって，理由の説明ができることなのである[10]．

　日夜の入れ替わり，季節の交替は，陸地に日々そして年々改まる周期変動を起こす；しかし，この変化は，位置が地表から離れれば離れるほど，感じにくくなるものである．ほぼ 3 メートルの深度では一日の変動を感知することはできない．通年変動は深度 60 メートルより

---
[10] §6.7 参照.

もはるかに浅いところで知覚できなくなる．深い場所での温度は，したがって，そこでは一定として感知されるが，経度に沿って同じではなく，赤道に近づくにつれて上昇する．

熱は，太陽から地球に齎され，多様な気候を産み出したが，今では一様な運動に従っている．熱は地中を貫通し，前進し，同時に，赤道面からは遠ざかり，極地帯から宇宙空間へ失われていく．

大気圏において，高度の高い地帯では，大気は希薄で清明であり太陽光線の熱をほんわずかしか蓄えない．これが高地での極端な寒冷の主な理由である．低部の地層は，高密度であり陸地や海洋により温暖化されて，膨張するが，また，膨張の結果として冷却する．大気の大きな運動，例えば，熱帯地方に吹く貿易風などは，月や太陽の引力によって決定されてはいない．これらの天体の作用は，希薄かつ遠距離のこのような流体には無視できる程度の振動しか生じさせないのであり，まさに温度変化が大気のあらゆる部分を周期的に入れ替えているのである．

大海の水は大洋ごとに異なって海面が太陽光線にさらされ，また，大洋の海底も，極地から赤道まで，はなはだ不均一に熱せられている．これら二つの原因は，いつでも存在しているが，さらに，重力と遠心力も加わって，海の内部に巨大な運動を起こす．つまり，海の内部のあらゆる部分を移動させ混ぜ合わせ，航海者が観測した規則的かつ広範囲の海流を産みだす．

すべての物体の表面から漏れ出し，弾性体媒質か空気からなる空虚な空間を伝わる放射熱は特殊な法則が

あり，極めて多様な現象に関与している．これらの事実のいくつかについては，すでに物理的な説明が知られている．私が定式化した数学的理論はそれを精確にするものである．それは第二の反射光学とも言うべきもので，特有の定理から成り，熱の直射，反射の効果の計算による決定に役立つ．

フーリエは，原初[11]の地球は高温であったと考えていたようであり，以後の地球の主要な熱源を太陽光起源としている．そして，原初から長大な時間を経ているために，現在の熱収支は基本的に安定していると考えているわけである．今日の太陽系惑星科学の知見と細部において異なる点があることは不思議ではないが，二百年余り前にすでにこれだけのことを言っていたのかと思うと，感動的である．

1.3　フーリエの問題

熱理論の主な対象を以上のように数え挙げた上で，フーリエは扱うべき問いを述べる．

> 理論の主要な対象を以上に挙げたが，これから，わたくしが設定した問題の本質は十分に明らかになる．それぞれの物質のうちに観察しなければならない要素的な性質は何か，そして，どんな実験がこれらを正確に決定するために最適なのか．固体材料の内部の熱分布を支配する恒常的な法則があるのなら，その数学的な表現はどのようなものなのか．また，どのような解析によって，主要な設問の完璧な解をこの表現から導き出すことができるのか．

---

[11] つまり，「理性神」による天地創造時．「理性神」は以後の経過には干渉はしないとされた．なお，命題 6.6 参照．

上で述べられた問いは一般の熱現象の解析に関わるものである．さらに，地球上の熱収支について具体的な問題を挙げている．

> なぜ地温は，地球半径に比べて，こんなに浅いところで変動しなくなるのか？この惑星の運動の不均等により地表下に太陽熱の振動が起きるわけであるが，この周期の長さと地温が一定になる深さの間にはどんな関係が成り立つのだろうか．

> 各地域が今日のような多様な気候になって，しかも，維持されるようになるには，どのくらいの時間が経ったのか．そして，今となって，平均温度を変動させている原因は何になるのか．なぜ，太陽から地球までの距離の年次的な変化だけではこの惑星の表面の重要な温度変化が起きないのか．

> どのような徴候から地球が原初の熱を完全に失ってはいないことが認識できるのか；消失減衰の正確な法則とはどのようなものか．

ただし，フーリエの関心は必ずしも地球上に限られていたわけでもないようである．

> この根源的な熱が，多数の観測から示されるように，完全には発散していないとすれば，大深度においては巨大なものであり得ながら，しかし，今日では各地の平均気温に目だった影響をもはや及ぼすことはない．我々がそこで観測する効果は太陽光線の作用によるものである．しかし，これら二つの熱源，一方は，根源的かつ原始的であって，地球固有のもの，他方は太陽の存在に基づくものであるが，他にもっと普遍的な原因があって，

1.3. フーリエの問題

太陽系が今占めている**天空の温度**を決定してはいないだろうか．観測事実によってこの原因は必須とされるが，この全く新たな疑問において，精密理論の結論はどうなのだろうか．どうしたら，この**空間の温度**の定数値を決定し，それから各惑星の温度の定数値を導き出せるだろうか．

　これらの疑問に放射熱の性質に依存するものを加えなければならない．冷却，つまり，最小の熱の反射の物理的な原因については非常にはっきりと知られているが，この効果は数学的にどう表現されるだろうか．

　大気の温度は，大気温を測る熱量計が，金属面または艶消し面で太陽光線を直ちに受け取る場合，あるいは，雲ひとつない夜空の下でまる一晩地球からの放射熱及びもっとも遠方のもっとも冷たい大気部分の放射熱にさらされる場合に，どのような一般原則に従うべきなのだろうか．

　熱せられた物体の表面の一点から放射される熱線の強さは温度勾配で変わり，それは実験によって示唆される法則に従っているが，この法則と熱平衡の一般的な事実との間に必然的な数学的な関係があるのではないか；そして，この強度の変動の物理的な原因は何か．

フーリエは，以上の問題の扱いで有効な微分方程式としての表現が錯綜した状況にも適用できるかの検討も行おうとしている．

　最後に，熱が流体に浸透し，温度と分子密度の絶え間ない変化によって内部の運動を定めるときに，なお，微分方程式によって，このような複綜した結果の法則を

表すことができるだろうか．そして，水力学の一般方程
式にどんな変更が従うのか．

そして，この仕事の重要さの再確認である．ところが，フーリエの母国フランスでなかなか評価されなかったそうであるが，実に不思議ではある．

これらが，わたくしが解決した主な疑問であり，また，以前は少しの計算にも及んでいなかったものである．さらに，数学的理論には民生での利用や工業技術と複層的な関連があることを考えると，その応用の全くの広大さに気付くだろう．この理論が一連の相異なる現象の系列を含んでいることは明らかであり，自然の科学の重要な部分を見過ごそうというのでない限り，この理論の研究の省略はできないだろう．

1.4 どう解決したのか – 数学解析の重要さ

フーリエは，以上の問題について，微分方程式の形での表現と，さらに，方程式の一般的な解法の提案によって，解決されたことを述べる．熱に関するわずかな数の原理から，数学的法則，つまり，方程式が導かれ，さらに，地球環境における熱収支も，適切なモデル化により，これらの方程式が適用できる形で扱えるのである．

この理論の諸原理は，有理力学のものと同様に，ほんのわずかな数の始原的な事実から導かれる．ただし，これらの事実は，その原因についての考察には立入らないが，広く観測された結果として，また，あらゆる実験において検証されたものとして，数学者が認めるものである．

1.4. どう解決したのか – 数学解析の重要さ

上では,まず,フーリエは熱現象そのものの原因について考察しているのではなく,観測された結果を少数の原理に帰着させて数学的記述をするということを強調しているわけである[12].

> 熱の伝播の微分方程式は,もっとも一般的な条件を表し,そして,物理的問題を純粋解析の問題に帰着させる.これがまさしく理論の目的である.これら方程式は平衡や運動の方程式と変わらない厳密さで示される.この比較が見やすいように,証明は平衡や運動の力学の基礎を作り上げた定理のものと類似になるものを優先した.これらの方程式は,異なる形をとるものの,半透明物体における発光熱の分布や流体内部の温度や密度の変動が引き起こす運動を表現する場合にも成り立つ.これら方程式に含まれる係数は,まだ正確には測定されていない変動に従うが,われわれにとって最重要な考察対象の自然な疑問においては,温度の限界値の差異はほとんどなく,われわれは係数の変動を省略できる.

> 熱の運動の方程式は,音響物体の振動や,あるいは,液体の最終的な揺動を表すものと同じく,もっとも近年発見され,完成のための余地の大いにある微積分学の一分枝に属する.これらの微分方程式を確立した暁には,積分が求められるべきである.つまり,一般解から所与の条件をすべて満足する特有の解に移行するということである.この困難な研究には特別な解析を要する.それは新たな定理群に基づかなければならないのであるが,その目指すところは今ここで説明できない[13].これら

---

[12] 山本([58], **1**, p.118)に注意されているニュートンの重力に関する言明と似ている.
[13] フーリエには感覚的にしか説明できなかったことを論理的にも数学的に

に基づく方法により解に一切の曖昧さも不定さも残らない．最終的な数値的な応用にまで導くものである．この方法は，あらゆる研究で必要なものであって，これなしには無益な変換に到達するだけになろう．

　これら，われわれに熱の運動方程式の積分を知らしめた同じ定理群は，長年解が望まれていた，力学の一般解析の問いに対し直ちに応用される．

フーリエは，改めて，数学解析と自然哲学との深い関わりについての信念を吐露している．

　自然についての深い研究が数学的発見のもっとも豊穣な源泉である．この研究は，探求に明確な目標を与える一方で，曖昧な設問や出口のない計算の排除という長所があるだけではなく，数学解析そのものを構築し，さらに，そこから，われわれが何にもまして知るべき諸要素を発見するための確実な手段である．これら基本的な諸要素は，すべての自然現象のうちに再現されるものに他ならないのであり，このことはこれからも保持すべき知識なのである．

　例えば，数学者が抽象的な性質を考察し，この意味で一般解析に属していた同一の表現式が，大気中の光の運動と同じく固体材質中の熱の消散を表し，また，確率論のあらゆる主要な問いに現われることがわかる．

　解析的な方程式は，古代の幾何学者には未知であって，デカルトが最初に曲線や曲面の研究において導入したものであるが，図形の性質や有理力学の対象物の性質

も揺るぎのないものとして整理拡張して行くことが 19 世紀後半以降今日に至るまで延々と続いていると言うことができる．例えば，[67].

1.4. どう解決したのか – 数学解析の重要さ

に対してだけに限られるものではない．これらは，すべての一般現象に対しても拡大されるものであり，この他に，より普遍的で，より簡明で，過誤や曖昧さからもより縁遠いような，つまり，自然界の存在の不変な関係を解き明かすのに，よりふさわしい言語はあり得ないのである．

　数学解析には，このいう観点から考察すると，自然そのものと同様の広がりがあり，あらゆる感知可能な関係の定義を与え，時間，空間，力，温度を測るものである．この難解な科学はゆっくりと形成されてきたが，一旦獲得した原理はすべて保持しながら，人間精神の多大な変遷と過誤の只中で，留まることなく，増大し，堅固になってきたのである．

フーリエは，数学解析が人間の能力の不備を補う上で有用であり本質的であることを強調する．

　その主要な特徴は明晰さであり，混乱した想念を表す記号はどこにもない．もっとも多様な現象に接近し，これらを統一する秘密の類比の覆いを剥ぐ．材料が空気や光のように極端な希薄さゆえにわれわれにはつかまえられない場合でも，物体が，広大な空間の内，われわれから遠方にある場合でも，天空での何世紀も遠く離れて引き続く現象について知りたい場合でも，地球内部の到底近づきようのない大深度において重力と熱が働く場合でも，数学解析はなおこれらの法則を捕捉することができる．数学解析は，これらの現象を眼前に現わし測れるものにするのであるが，人生の短さと感覚の不完全さを補う人間の理性の能力のように思われる．注目すべきことは，数学解析は，あらゆる現象の研究で同じ道筋をたど

り，同一の言語で解釈する．まさに，宇宙の構図の統一性と単純性を検証し，自然界のすべての原因を支配するこの不変な秩序を一層鮮明にしているのである．

　熱理論の問いは自然界の一般法則から生ずる簡明で恒常的な構造からの多数の実例である．そして，われわれがこれらの現象における秩序を感じ取れたならば，音楽の感動と似た印象を受けることになるであろう．

　物体の形状は無限に多様であり，それらを貫通する熱の分布は恣意的で乱雑でもあり得るが，あらゆる不均等は急速に薄まり，時間の経過と共に消えてしまう．現象の進行は，より規則的になり，より単純になって，ついに，あらゆる場合に同一であって，初期の配置の痕跡をもはや留めない，決まった法則に従うようになる．

　すべての観測からこれらの結果は確認されており，これらから導かれる解析により，次の三点が，分離され，明白に説明される： 1° 一般条件，すなわち，熱の本来の性質に基づくもの，2° 形状あるいは表面状態の偶発的だが持続的な効果，3° 初期分布の非継続的な効果．

1.5 「熱の解析的理論」の記述の姿勢について

　序章では，この後さらに，著者が冗長にも見える丁寧な記述を行なうという選択をしたことの釈明がある．

　　われわれは本著作において熱理論のすべての原理を提示し，すべての基本的な疑問を解決した．これらの叙述をより簡潔な形に行なって，単純な問いを省略し，もっとも一般的な結果を最初に示すこともできたであろう．

1.5. 「熱の解析的理論」の記述の姿勢について　17

　しかし，理論の根源そのものを示し，その徐々の進歩を見せたかったのである．この知識が獲得され，諸原理が完全に確定されたときには，われわれが他で行ったように，もっとも拡張された解析的な方法を直ちに用いるのが望ましい．それは，また，本著作と並行する，いわば，補完的な報文[14]において今後行おうとすることであり，また，そこでは，われわれ次第とは言うものの，解析の応用に適した精確さによって，諸原理の展開を補充する予定である．

　それらの報告文が目的とするのは，放射熱の理論，地球の熱の問題，居住区の温度の問題，理論的結果と種々の実験による観察結果との比較，そして，流体内の熱運動の方程式の提示である．

節を改めて，最終的な出版（1822年）に至るまでの経緯や1808年以降の公表済みの内容，さらに，続編の予定や，関連する他の人たちの研究への言及が続く（訳出は略す）．特に，博物学者アレクサンダー・フォン・フンボルトの地球上さまざまな土地での気候観察報告への言及がなされている[15]．
　序章最後の節で，次のように言う．

　　この著作で説明した新しい理論は，これ以降，数理科学に集約され，恒常的な基盤の上に鎮座する．今日得られている要素は保存され，なお，新たな拡大が続いて行くだろう．器具は改善され，実験も重ねられて行くだろう．われわれが構築した解析は，より一般の方法，つまり，より簡明で，より豊穣で，多くの種類の現象に共通

---
[14] 実際には出版されなかった．
[15] フンボルトの旅行記はチャールズ・ダーウィンの航海の動機づけになった．

のものから，導かれることになるだろう．固体や流体に対し，また，蒸気や永久気体[16]に対し，熱に関する特記すべき性質及びそれらを表す諸係数の変動を決定するだろう．地球上のさまざまな場所において，さまざまな深度の地温や，大気，大海，あるいは湖沼における太陽熱の強度や効果，定常か変動か，を観測するだろう．そして，惑星域に固有の天空の温度を知ることになるだろう．理論そのものがこれらの計測へと導き，精確な数値をもたらすだろう．これからは，このような実測の上でなければ，有意義な進歩はなし得ないであろう．なぜなら，数学解析は，一般的かつ単純な現象から自然法則の表現を導き出すことはできるが，これらの法則を非常に入り組んだ結果に対し種別に応用するためには正確な観測を長く続けるということが欠かせないからである．

---

[16] 液化する点から十分に遠い状態にある気体をさす．理想気体は永久気体の極限と考えられている（山本 [58], **3**, p.49 参照．）．

2

フーリエによる
熱伝導の方程式の導出

$$\phi x = \frac{1}{\pi} \int_{-\infty}^{+\infty} d\alpha \phi\alpha \int_0^\infty dq \cos.(q(x-\alpha))$$

$$\frac{dv}{dt} = \frac{K}{CD}\left(\frac{d^2v}{dx^2} + \frac{d^2v}{dy^2} * \frac{d^2v}{dz^2}\right)$$

$$\frac{1}{2}\pi\varphi x = \sin.x \int_0^\pi \varphi x \sin.x dx + \sin.2x \int_0^\pi \varphi x \sin.2x dx$$
$$+ \sin.3x \int_0^\pi \varphi x \sin.3x dx + etc.$$

$$\frac{1}{2}\pi\varphi x = \frac{1}{2}\int_0^\pi \varphi x dx + \cos.x \int_0^\pi \varphi x \cos.x dx$$
$$+ \cos.2x \int_0^\pi \varphi x \cos.2x dx + \cos.3x \int_0^\pi \varphi x \cos.3x dx + etc.$$

2.1 熱伝導のモデル

フーリエは，熱の本質についての議論を巧みに避けながら，熱の伝導についての数理を言語化する．熱現象の実験と観察，さらに，結果の分析や整理によって，熱の伝導が一様で等方的な（つまり，伝導方向による偏りがない）物体内では，近接する2点間の熱の移動が温度差に比例し，比例定数は2点間の距離だけに依存するという命題を導き，これを出発点におく．すなわち，

命題 2.1 この物体内の2点 P, Q の温度は，それぞれ α, β とする．このとき，単位時間の間に，点 P は点 Q から $\varphi(d)(\beta - \alpha)$ の熱を受け取り，点, Q は点 P から $\varphi(d)(\alpha - \beta)$ の熱を受け取る．ここで，$\varphi(d)$ は2点 P, Q の距離 d と物体に依存して決まる定数である．

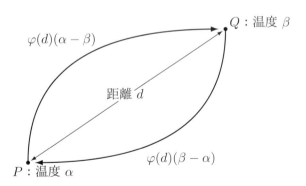

ラプラスを始めとするフーリエと同時代の学者も同様の命題を得ている．しかし，比例定数 $\varphi(d)$ は仮想的なもので，現実に計測できるわけではない．フーリエは，さらに「熱の流れ[1]」という鍵となるアイデアによって，この命題の本質的な

---

[1] [10]，第 I 章，第 IV 節，第 67 項．熱の流れ（仏：Flux de chaleur）．

内容を抽出し，整理した．温度分布を各点で（原理的に）測定可能な「温度関数」として捉えなおし，熱の量を温度関数によって表すとともに，「熱の流れ」を「温度関数」の導関数を通して記述することができた．

フーリエは次のような理想的状況をモデルとして考察する[2]．

命題 2.2 上下 2 枚の平面，ここでは天井と床と呼ぶことにするが，これらの間に熱伝導が等方的な一様な物体 $\mathscr{B}$ が充填されているとする．床と天井の温度は，それぞれ，いたるところ定温 a, b とし，これらの温度は何らかの手段で保たれているとする．$a > b$ であれば，床から天井に向けての垂直方向の熱の移動があるが，床も天井も温度は一定に保たれているから，物体内の熱の移動と言っても，実は時間経過には依らないはずである．このとき，物体 $\mathscr{B}$ の内部の温度分布を見るために，物体内に床と天井に平行な平面を想定し，この平面上の点の温度を考える．床からこの平面までの垂直高を z，床から天井までの垂直高を e とすると[3]，この平面上のどの点の温度も

$$v = a + \frac{b-a}{e} z \tag{2.1}$$

で与えられる．

---

[2] [10]．第 I 章，第 IV 節，第 65-70 項．
[3] フーリエの原著に従って，e とした．仏語 *étendue*（拡がり）あるいは *élévation*（高み）の略か．今日，e は異なる使われ方をされることが多いので，抵抗を覚える向きもあるかと思い，釈明をしておく．

2. フーリエによる熱伝導の方程式の導出

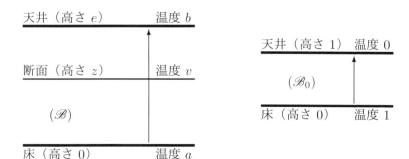

命題 2.2 において,特に,床から天井への垂直距離が単位長 1 であって,床の温度[4]が 1,天井の温度が 0 にそれぞれ保たれている場合を,参照用の基準例とし[5],床と天井の間に充填されている($\mathscr{B}$ と熱的には同質な)物体を $\mathscr{B}_0$ と改めて呼ぶことにする.

系 2.1 このとき,物体 $\mathscr{B}_0$ 内の床に平行な平面上の各点での温度を u とすると,この平面の床からの垂直距離が z ならば,$u = 1 - z$ である.

命題 2.1 と命題 2.2 は,実験や観測に基づきながらも理想化と言うべき飛躍を伴った言明である.(2.1) が命題 2.1 と整合することを見るために,フーリエは床と天井の間に,これらに平行な平面を Π_1, Π_2 の 2 枚想定し,それぞれの単位面積を単位時間に通過する熱の量が一致する,言い換えれば,この物体内のいかなる場所でも熱の滞留が生じないことに注意している.床から Π_1 への垂直距離を z_1,Π_2 への垂直距離を z_2 とする.Π_1 の任意の点を P_1,P_1 から微小距離 $\epsilon > 0$ だけ垂直下方の点を P_1^-,垂直上方の点を P_1^+ とし,$P_1^\pm$ にお

---

[4] フーリエに従い,水銀柱 760mm の大気圧のもとでの水の氷点を 0,沸点を 1 とする.

[5] すなわち,$e = 1, a = 1, b = 0$ である.

2.1. 熱伝導のモデル

ける温度を $v_1^{\pm}$ としよう．命題 2.1 によれば，単位時間に P_1^+ が P_1^- から受け取る熱の量は $v_1^- - v_1^+$ に比例する．他方，Π_2 の任意の点 P_2 から微小距離 ϵ だけ垂直上方の点を P_2^+，垂直下方の点を P_2^- とし，$P_2^{\pm}$ における温度を $v_2^{\pm}$ とすると，単位時間に P_2^+ が P_2^- から受け取る熱の量は $v_2^- - v_2^+$ に比例する．しかも，(2.1) により，

$$v_1^- - v_1^+ = v_2^- - v_2^+ \left(= -2\epsilon \frac{b-a}{e} \right)$$

である．これから，単位時間内に平面 Π_1 の単位面積を通過する熱の量と平面 Π_2 の単位面積を通過する熱の量の一致が結論される．特に，物体 $\mathscr{B}$ 内の「熱の流れ」は一定であり，これを

$$F = -2\epsilon\,\varphi(2\epsilon)\,\frac{b-a}{e}$$

で表すことができる．ただし，ここで，ϵ が顔を出すのはいかにも気持ちが悪い．ところで，同様の議論により，$2\epsilon\varphi(2\epsilon)$ は，物体 $\mathscr{B}_0$ （系 2.1）における「熱の流れ」F_0 に他ならないことが従う．これより，

$$\frac{F}{F_0} = -\frac{b-a}{e}$$

となる．この式の重要な点は，説明上の階梯として，参照物体 $\mathscr{B}_0$ の温度分布を考えてはいるが，定数 $2\epsilon\varphi(2\epsilon)$ は右辺に現われず，したがって，ϵ など気にするに及ばないことである．すなわち，$\mathscr{B}_0$ 内の「熱の流れ」F_0 は参照基準として理解されるべきものであり，これは原理的に観測にかかる量である．そこで，改めて，$\mathscr{B}_0$ における「熱の流れ」として得られる定数を K とおき，この関係式を書き直そう．

命題 2.3 命題 2.2 の状況下で，物体 $\mathscr{B}$ 内の熱の流れ F は

$$F = -K\frac{b-a}{e} = -K\frac{dv}{dz} \qquad (2.2)$$

であたえられる．K は，$\mathscr{B}$ を構成する物質の内部伝導率と呼ばれる定数である．第3辺に現われる $\dfrac{dv}{dz}$ は，(2.1) によるもので，温度勾配を表す．

これが，フーリエの法則の基本形である．

2.2 熱の流れ

フーリエは，さらに，命題 2.2 における「熱の流れ」のアイデアを，空間内の一般の物体における熱現象の扱いに適用した．「熱の流れ」，すなわち，物体内の熱の伝導が ((2.2) が本質的に示すように) 物体内の温度分布を表す「温度関数」の勾配によって，記述されると主張したのである (後述の命題 2.4)．

フーリエは，この主張に基づいて，温度関数が従うべき方程式，熱伝導の方程式を導き出し，さらに，それを解くことによって予測される温度分布の状況が実際の観測と適合することを確かめた．要するに，フーリエは命題 2.1 の内容を「温度関数」と物体の熱定数の「内部伝導率」とに分離し，理論的にも実験的にも，操作可能な記述として整理したわけである．

さて，今，一様で熱の伝導が等方的な物体 $\mathscr{M}$ が空間内にあり，この物体内に熱の移動が (原因は不問として) 認められるとする．空間の直交座標系[6]によって物質 $\mathscr{M}$ 内の点 P には位置座標 $P(x_0, y_0, z_0)$ が与えられ，一方，点 P における温度は (温度変化を想定して) 位置座標に加えて時刻 t に依存するので，$v(x, y, z, t)$ のように表される．

---

[6] 以下の議論は，特に断らない限り，直交座標系 (x, y, z) に基づく．ただし，原点の位置や各座標軸の取り方については，必要になるまで指定はしない．

2.2. 熱の流れ

命題 2.2 における考察を点 P の近くの微細領域の考察に適用しよう．この微細領域に限定すると，温度変化はなめらかであり，特に，点 P を通る熱の移動は P を通るなめらかな曲線，熱移動曲線に沿っていると考えてよいであろう．すると，領域は微細であるから，P において熱移動曲線への接線をとり，接線に垂直な 2 枚の平面の間に P を挟み込むことができる[7]．このとき，P のまわりの微小領域での熱の移動の様子を理想化したものとして，熱の移動の向きを上向きとし，P の上下の 2 枚の平面を床と天井として，命題 2.2 の $\mathscr{B}$ の状況が得られることになる．

それでは，(2.2) は，どう翻訳されるべきか．点 P における熱移動曲線への接線に垂直な微小面積（平面）dS を微小時間 dt に通過する熱の流れ F_P は，この点における温度勾配 $\operatorname{grad} v = \left(\dfrac{\partial v}{\partial x}, \dfrac{\partial v}{\partial y}, \dfrac{\partial v}{\partial z} \right)$ を考えると，その微小面積 dS の法線方向 $\nu_P = (\nu_x, \nu_y, \nu_z)$ への成分 $\operatorname{grad} v \cdot \nu_P$ に，内部伝導

---

[7] 点 P を通る熱移動曲線を

$$x = X(s),\ y = Y(s),\ z = Z(s),\ -\epsilon < s < \epsilon$$

（ただし，$x_0 = X(0),\ y_0 = Y(0),\ z_0 = Z(0)$）で表すと，$P$ における接線方向は $(X'(0), Y'(0), Z'(0))$ で与えられ，接線は

$$x = x_0 + X'(0)s,\ y = y_0 + Y'(0)s,\ z = z_0 + Z'(0)s$$

となる．熱移動曲線沿いの温度関数 $v(X(s), Y(s), Z(s))$ は接線に沿って

$$v(x_0, y_0, z_0) + \left\{ \dfrac{\partial v}{\partial x}(x_0, y_0, z_0)\, X'(0) + \dfrac{\partial v}{\partial y}(x_0, y_0, z_0)\, Y'(0) \right.$$
$$\left. + \dfrac{\partial v}{\partial z}(x_0, y_0, z_0)\, Z'(0) \right\} s$$

で近似される．s の係数は $\left. \dfrac{d}{ds} v(X(s), Y(s), Z(s)) \right|_{s=0}$ に他ならない．

率 K を乗じ，負号を付したもので表される[8]：

$$F_P = -K\nu_P \cdot \operatorname{grad} v$$
$$= -K\left(\nu_x \cdot \frac{\partial v}{\partial x} + \nu_y \cdot \frac{\partial v}{\partial y} + \nu_z \cdot \frac{\partial v}{\partial z}\right).$$

ここで熱移動曲線として想定したものが具体的にどのような曲線となるかは実際にはわからない．ν_P などは熱移動曲線あってのものであり，想定すべきものは少ないほどよいのだから，物体内部の熱の流れは，ベクトル場として把握し，しかも，温度関数 $v(x,y,z,t)$ の勾配ベクトル場 $\operatorname{grad} v(x,y,z,t)$ に物体固有の内部伝導率 K を乗じて負号を付したものとするのが正しい姿勢であると言える．すなわち，フーリエの法則を得る：

命題 2.4 一様で熱の伝導が等方的な物体 $\mathscr{M}$ が空間内にあり，この物体内に熱の移動が（原因は不問として）認められるとする．$\mathscr{M}$ の内部の各点における温度が知られている，言い換えれば，内部の各点における温度を表す関数，温度関数 $v(x,y,z,t)$ が知られているとする．このとき，物質の内部伝導率 K と温度勾配 $\operatorname{grad} v$ が定めるベクトル場：

$$F = -K\operatorname{grad} v(x,y,z,t) \tag{2.3}$$

が熱の流れのベクトル場であり，これによって $\mathscr{M}$ における熱の移動が記述される．

---

[8] 法線方向 ν_P は P における熱移動曲線の接線方向を正規化したものと一致する．すなわち，

$$\nu_x = \frac{X'(0)}{R}, \quad \nu_y = \frac{Y'(0)}{R}, \quad \nu_z = \frac{Z'(0)}{R}$$
$$R = \sqrt{X'(0)^2 + Y'(0)^2 + Z'(0)^2}$$

である．

注意 2.1 熱の流れと言っても，熱と共に何らかの物質が物体内を移動することを想定しているわけではない．熱の移動は，温度の変位に反映されるが，何らかの物質の構造の変化を意味するわけではない．したがって，この定式化は熱の作用によって物質の性質の変化が生ずるような状況には適用できない．

2.3 熱伝導の偏微分方程式の導出

さて，物質内に閉曲面 Σ で囲まれた部分領域 V があるとき，熱の流れ F によって時刻 t_0 から時刻 $t_0+\tau$ までに V に留まる熱の量は

$$\begin{aligned}\mathscr{Q}(V,t_0,t_0+\tau) &= -\int_{t_0}^{t_0+\tau}\int_{\Sigma} F\cdot n\,d\sigma\,dt \\ &= K\int_{t_0}^{t_0+\tau}\int_{\Sigma}\operatorname{grad} v\cdot n\,d\sigma\,dt\end{aligned}$$

である．ここで，$d\sigma$ は Σ の面積要素，n は Σ における外向き法線ベクトルである．特に，V が熱の移動に沿っての微細な管状領域とし，V の境界面 Σ は，熱の移動方向に垂直な両端の断面 S_1, S_2 および熱移動曲線群が形作る側面 L とから成っているとする：$\Sigma = S_1 \cup L \cup S_2$．この場合，側面 L の構成から，L の上では $\operatorname{grad} v\cdot n = 0$ である．また，断面 S_1 では外向き法線ベクトル場 n の向きと熱移動曲線の接線の向き ν_1 は逆転する（$n = -\nu_1$）が，S_2 においては接線の向き ν_2 は n の向きと一致する（$n = \nu_2$）．熱は断面 S_1 を通過して V に流入し，断面 S_2 から出ていくのである．ここで，ガウ

ス・ストークス の定理を適用すれば,

$$-K \int_{\Sigma} \operatorname{grad} v \cdot n \, d\sigma$$
$$= -K \int_{S_1} \operatorname{grad} v \cdot \nu \, d\sigma + K \int_{S_2} \operatorname{grad} v \cdot \nu \, d\sigma$$
$$= K \int_{V} \operatorname{div} \operatorname{grad} v \, d\omega$$

となる.$d\omega$ は V の体積要素である.したがって,熱の流れ F によって時刻 t_0 から時刻 $t_0 + \tau$ までに V に留まる熱の量は

$$\mathscr{Q}(V, t_0, t_0 + \tau) = K \int_{t_0}^{t_0+\tau} \int_{V} \operatorname{div} \operatorname{grad} v(x,y,z,t) \, d\omega \, dt \tag{2.4}$$

となる.

注意 2.2 ガウス・ストークスの定理(あるいは ガウス・オストログラツキーの定理)について,フーリエは原初の無限小解析に近い扱いをしている.ガウス・ストークスの定理は,1 変数関数の場合の微分積分学の基本定理の多変数版であり,フーリエの時代にはすでに実質的に知られていたようである(公刊されたのは,ザンクト・ペテルスブルクの数学者オストログラツキーによるものが一番早いらしいが).概略的な表現であるが,やや一般的な状況下では,閉曲面 Σ (面積要素 $d\sigma$)の内部の領域を Ω (体積要素 $d\omega$)とし,Σ における外内向き法線ベクトル場を $n = (n_x, n_y, n_z)$ とすると,一般のベクトル場 $\mathbf{U} = (\alpha, \beta, \gamma)$ について,

$$\int_{\Sigma} \mathbf{U} \cdot n \, d\sigma = \int_{\Omega} \operatorname{div} \mathbf{U} \, d\omega \tag{2.5}$$

が成り立つというのが，この定理の主張である．ただし，$\mathbf{U}$, したがって，成分 α, β, γ は (x, y, z) のなめらかな関数であり，$\mathbf{U} \cdot n = \alpha \cdot n_x + \beta \cdot n_y + \gamma \cdot n_z$ は，$\mathbf{U}$ の法線方向の成分に相当し，

$$\operatorname{div} \mathbf{U} = \frac{\partial}{\partial x}\alpha + \frac{\partial}{\partial y}\beta + \frac{\partial}{\partial z}\gamma \tag{2.6}$$

はベクトル場 $\mathbf{U}$ の発散（divergence）である．詳細は，微分積分学の標準的な教科書（例えば，[51] をご覧いただきたい[9]）．

ところで，物質の単位重量を温度 0 から単位温度 1 にまで上昇させるために要した熱の量をこの物質の比熱と言い，C と書く．すなわち，単位温度の物質の単位重量は熱の量 C を持っているのである．物体の温度と熱の量の関係を見るために，物体 $\mathscr{M}$ の内部の点 $P(x_0, y_0, z_0)$ について，P を含む微細領域 U を考え，U の温度は点 P における温度 u_0 と至るところ一致するとみなしてもよいとしよう．今，物体 $\mathscr{M}$ の密度を D とすると，U の重量は $W = (U \text{ の体積}) \times D$ である．U の温度が u_0 であることは，U の熱の量が $CD \times (U \text{ の体積}) \times u_0$ とみなされることを意味する．物体 $\mathscr{M}$ 内の任意の領域は微細な部分領域の合併として（つまり，積分によって）表されることに注意すれば，次がわかる．

命題 2.5 物体 $\mathscr{M}$ において温度は，なめらかな関数 $v(x, y, z, t)$ によって与えられているとする．$\mathscr{M}$ の任意の部分領域 V の熱の量は，時刻 t_0 のとき

$$Q_V(t_0) = CD \int_V v(x, y, z, t_0) \, d\omega \tag{2.7}$$

である．

---

[9] なお，付録 §A.2 参照．

2. フーリエによる熱伝導の方程式の導出

特に，(2.4) と比較すると

$$\mathscr{Q}(V, t_0, t_0 + \tau)$$
$$= Q_V(t_0 + \tau) - Q_V(t_0)$$
$$= C\,D \int_V \{v(x, y, z, t_0 + \tau) - v(x, y, z, t_0)\}\,d\omega$$

あるいは

$$\mathscr{Q}(V, t_0, t_0 + \tau)$$
$$= C\,D \int_V \left\{ \int_{t_0}^{t_0+\tau} \frac{\partial}{\partial t} v(x, y, z, t)\,dt \right\} d\omega \tag{2.8}$$

が従う．

物体内部での熱伝導の方程式は，(2.4) と (2.8) とから得られるのである．

命題 2.6 物体 $\mathscr{M}$ 内部の各点 (x, y, z) で，時刻 t のとき，なめらかな温度関数 $v = v(x, y, z, t)$ は，

$$\frac{\partial}{\partial t} v = \frac{K}{C\,D} \left(\frac{\partial^2}{\partial x^2} v + \frac{\partial^2}{\partial y^2} v + \frac{\partial^2}{\partial z^2} v \right) \tag{2.9}$$

を満足する．$\dfrac{K}{C\,D}$ を熱拡散係数（または，熱拡散率）と言い，$k = \dfrac{K}{C\,D}$ とかくことがある．

実際，(2.4) と (2.8) とから，

$$\int_V \left\{ \int_{t_0}^{t_0+\tau} \frac{\partial}{\partial t} v\,dt \right\} d\omega = \frac{K}{C\,D} \int_{t_0}^{t_0+\tau} \int_V \operatorname{div}\operatorname{grad} v\,d\omega\,dt$$

となる．ここで，両辺の積分順序の違いは気にしないことにし，τ が極めて小さく，V が点 $P(x_0, y_0, z_0)$ を含む極めて小さい領域の場合を念頭におくと，

$$\frac{\partial}{\partial t} v = \frac{K}{C\,D} \operatorname{div}\operatorname{grad} v$$

が $t = t_0$ のとき P において成り立つ．P は $\mathscr{M}$ の内部の任意の点であり，t_0 は任意の時刻であるから，x_0, y_0, z_0, t_0 を改めて x, y, z, t と書くことができる．なお，

$$\operatorname{div}\operatorname{grad} = \frac{\partial^2}{\partial x^2} + \frac{\partial^2}{\partial y^2} + \frac{\partial^2}{\partial z^2} \tag{2.10}$$

は，今日，ラプラシアン（ラプラス作用素）と呼ばれている偏微分作用素であり，$\triangle$（あるいは ∇^2）と書くこともある．

注意 2.3　繰り返しになるが，以上は，空間の直交座標系に基づく議論である．座標系の取り方を変えると，(2.10) および (2.9) の表現も変更を受ける．

2.4　物体表面における温度

ところで，物体 $\mathscr{M}$ が有限の大きさのときは，何らかの定温の媒質内に置かれており，この媒質の温度によっては，$\mathscr{M}$ の表面を通じての熱のやりとりが $\mathscr{M}$ と媒質との間に起きているはずである．例えば，$\mathscr{M}$ の表面（の一部）が定温の媒質に完璧接触して媒質の温度によって定温（例えば，a）に管理されている場合は，物体 $\mathscr{M}$ の温度関数は，媒質と完璧接触している表面部分では，この値を採らなければならない．つまり，温度関数が接触部分で境界条件

$$v = a \tag{2.11}$$

を満たすように，物体 $\mathscr{M}$ 内の温度分布が成立することになる．

それでは，$\mathscr{M}$ は温度 0 の大気中に置かれている[10]とし，$\mathscr{M}$ が高温であるならば，$\mathscr{M}$ の表面からは熱の放散が起きている

---

[10] ただし，大気は $\mathscr{M}$ から受け取った熱の効果が現れないように，常に流れているとする．つまり，物体は気温 0 の風の流れの中にある．

であろう．このような物体表面を通して，物体と物体の置かれた環境との熱のやりとりは，どう記述されるべきか．

ここで，命題 2.1 のアイデアが思い起こされる．基本的には，物体表面の温度と物体に接している媒質の温度の差が物体からその外的な環境へ移動する熱の量を決めるはずである（ニュートンの冷却法則[11]）．そこで，物体 $\mathscr{M}$ は一定温度 b の大気中に置かれているとする．$\mathscr{M}$ の表面 S はなめらかな曲面 $\mathscr{S}$ であるとし，物体の表面温度，つまり，$\mathscr{S}$ 上の点 P で v とする．このとき，P からは単位面積あたりで，単位時間に

$$H(v-b) \tag{2.12}$$

の熱が外気内に放出される（すなわち，P に隣接する外気内の点が受け取る）．ここで，H は物体 $\mathscr{M}$ と大気の接触状態で決まる定数，外部伝導率（あるいは，表面伝導率）であり，これは計測可能である．

他方，物体内部の熱の流れ $F = -K \operatorname{grad} v$ によって，物体 $\mathscr{M}$ の表面 $\mathscr{S}$ では，その外向き法線ベクトルを n として，単位面積あたり単位時間に $F \cdot n$ の熱が通過する．物体表面における熱の移動には，解釈が二つあるわけだが，両者は同じものを指しているはずであり，熱の量としては一致していなければならない．したがって，次が得られる．

命題 2.7 物体 $\mathscr{M}$ の表面 $\mathscr{S}$ は温度 0 に保たれた大気の流れの中に位置しているとする．$\mathscr{S}$ の各点において，

$$Hv + Kn \cdot \operatorname{grad} v = 0 \tag{2.13}$$

が成り立たなければならない．

---

[11] 山本 [58]，**1**．p.123 参照．

命題 2.2 において，天井が定温 b に保たれているのではなく，定温 b の大気の流れに触れているとする．定温 a に保たれている床からの熱が天井から大気中に放出されているとするのである．$a > b$ として，このときの床と天井の間に充填された物体 $\mathscr{B}$ 内の温度分布は次のように記述される．

命題 2.8 床からの垂直距離が z の床面に平行な平面上の各点における温度は

$$v = a + \frac{H}{He + K}(a - b)z \tag{2.14}$$

である．

実際，天井での温度を仮に β とすると，物体内の温度は，(2.1) から

$$v = a + \frac{\beta - a}{e}z$$

となる．したがって，熱の流れは，

$$F = -K\frac{\beta - a}{e}$$

である．他方，外界との温度差による天井からの熱の流出は $H(\beta - b)$ である．(2.13) により，

$$-K\frac{\beta - a}{e} = H(\beta - b)$$

すなわち

$$\frac{He + K}{e}(\beta - a) = H(b - a)$$

となるが，これから (2.14) は直ちに従う．

2.5 熱伝導の方程式とフーリエによる解法の原理

ここまでの議論をまとめておこう．

（3次元）物体 $\mathscr{M}$ 内部の熱の分布は，物体内の点 (x, y, z) における時刻 t での温度 $v(x, y, z, t)$ によって記述される．一方，$\mathscr{M}$ 内部における初期（すなわち，$t = 0$ のとき）の温度分布 $v_0(x, y, z)$ を知れば，以後の物体内の温度変化はフーリエの導いた熱伝導の方程式に従うから，この方程式の解を求めることによって，完全に記述することができる．以上が，フーリエの主張である．

すなわち，$\mathscr{M}$ の内部においては，温度関数 $v = v(x, y, z, t)$ は，

$$\frac{\partial}{\partial t} v = \frac{K}{CD} \left(\frac{\partial^2}{\partial x^2} + \frac{\partial^2}{\partial y^2} + \frac{\partial^2}{\partial z^2} \right) v \tag{2.9}$$

をみたす．その際，$\mathscr{M}$ の表面 $\mathscr{S}$ の各点では，$\mathbf{n}$ が単位外向き法線ベクトルを表すとして，

$$H v + K \mathbf{n} \cdot \operatorname{grad} v = 0 \tag{2.13}$$

がなりたっているとする[12]．さらに，初期条件は，$\mathscr{M}$ の内部において，

$$v(x, y, z, 0) = v_0(x, y, z) \tag{2.15}$$

である[13]．

フーリエは，典型的な物体 $\mathscr{M}$ の場合に，方程式 (2.9) (2.13) (2.15) を解いてみせる．フーリエの関心は飽くまでも解の具体的な構成であり，そのために種々の工夫を重ねている．特に，変数分離解といわれる解の重ねあわせによる (2.9) (2.13) の解の構成を組織的に行っている．フーリエは，方針を整理

---

[12] $\mathbf{n} \cdot \operatorname{grad}$ を $\dfrac{\partial}{\partial \mathbf{n}}$ と書くことがある．

[13] 命題 2.6, 命題 2.7 をまとめたものである．ただし，方程式の導出において，(2.9) に関しては，物体 $\mathscr{M}$ 内での熱の伝わり方は一様であり，(2.13) では，さらに，表面 $\mathscr{S}$ はなめらかで，したがって，$\mathscr{S}$ の各点で法ベクトルが立てられ，また，物体 $\mathscr{M}$ は温度 0 の大気の流れの中にあるとの前提が置かれている．

2.5. 熱伝導の方程式とフーリエによる解法の原理　35

して述べているわけではないが，(2.9) を解くにあたって，実際は，まず，適当な定数 τ のもとで，$\mathscr{M}$ で定義された関数 $u = u(x, y, z)$ を，$\mathscr{M}$ において，方程式

$$\frac{K}{CD}\left(\frac{\partial^2}{\partial x^2} + \frac{\partial^2}{\partial y^2} + \frac{\partial^2}{\partial z^2}\right)u + \tau u = 0 \tag{2.16}$$

をみたし，さらに，その際，$\mathscr{M}$ の表面 $\mathscr{S}$ において，境界条件

$$H u + K \mathbf{n} \cdot \operatorname{grad} u = 0 \tag{2.17}$$

を満たすものとして求める．すなわち，固有値問題をまず解く．

詳細は後述するが，有界な物体 $\mathscr{M}$ の場合では，(2.16) (2.17) に非自明な解 u が存在するような定数，すなわち，固有値 τ は正の実数列 $0 < \tau_1 < \tau_2 < \cdots$ をなし，各 τ_k に対して，(2.16) (2.17) の解，すなわち，固有関数 $u_k(x, y, z)$ が定数倍を除いて確定する．$\mathscr{M}$ がよい形をしていると，適切な座標系の選択により，これら $u_k(x, y, z)$ が変数分離解として，τ_k ともども，具体的に求められる．フーリエの目論見は，まさに，この点にあり，さらに，定数列 $c_k, k = 1, 2, \cdots$，を補って

$$v(x, y, z, t) = \sum_{k=1}^{\infty} \mathrm{e}^{-\tau_k t} c_k u_k(x, y, z) \tag{2.18}$$

とおくと，この $v(x, y, z, t)$ は (2.9)(2.13) を（形式的には）満足しており，(2.15) に対応して，

$$v_0(x, y, z) = \sum_{k=1}^{\infty} c_k u_k(x, y, z) \tag{2.19}$$

が従うので，これらを具体的な $\mathscr{M}$ の場合に検証することが課題になるのである．

形式的な計算だが，固有値が正になることを確かめておこう．

2. フーリエによる熱伝導の方程式の導出

補題 2.1 τ を固有値, u を対応する固有関数（$\neq 0$）とする. dV を $\mathscr{M}$ の体積要素 $dxdydz$, dS を表面 $\mathscr{S} = \partial\mathscr{M}$ の面積要素とする. このとき,

$$\tau \int_{\mathscr{M}} u^2 \, dV = \frac{K}{CD} \int_{\mathscr{M}} u^2 \, dV + \frac{H}{CD} \int_{\mathscr{S}} u^2 \, dS \quad (2.20)$$

特に, $\tau > 0$ である.

実際, (2.16) の両辺に（固有関数）u を乗じ, 若干変形すると,

$$\tau u^2 + \frac{K}{CD}\left(\frac{1}{2}\mathrm{div}(\mathrm{grad}(u^2)) - \mathrm{grad}\, u \cdot \mathrm{grad}\, u\right) = 0$$

となるから, $\mathscr{M}$ 上で積分し, $dV = dxdydz$ として,

$$\tau \int_{\mathscr{M}} u^2 \, dV + \frac{K}{2CD} \int_{\mathscr{M}} \mathrm{div}(\mathrm{grad}(u^2)) \, dV$$
$$= \frac{K}{CD} \int_{\mathscr{M}} \mathrm{grad}\, u \cdot \mathrm{grad}\, u \, dV$$

が得られる. 左辺第 2 項は, (2.17) より

$$\int_{\mathscr{M}} \mathrm{div}(\mathrm{grad}(u^2)) \, dV = 2 \int_{\mathscr{S}} u \cdot \frac{\partial}{\partial n} u \, dS$$
$$= -\frac{2H}{K} \int_{\mathscr{S}} u^2 \, dS$$

となる. ただし, ここで,

$$\left.\frac{\partial u}{\partial n}\right|_{\mathscr{S}} = n \cdot \mathrm{grad}\, u|_{\mathscr{S}}$$

を利用した.

次に, 同じく形式的な計算ながら, 異なる固有値 τ_k, τ_ℓ に対応する固有関数 u_k, u_ℓ の直交関係を見よう. まず, 対称性に注意しよう.

2.5. 熱伝導の方程式とフーリエによる解法の原理   37

補題 2.2　$u_1 = u_1(x,y,z)$ および $u_2 = u_2(x,y,z)$ は，$\mathscr{M}$ を含む領域でなめらかで，$\mathscr{M}$ の表面 $\mathscr{S}$ においては，いずれも，(2.17) を満足しているとする．このとき，

$$\int_{\mathscr{M}} \mathscr{L} u_1 \cdot u_2 \, dV = \int_{\mathscr{M}} u_1 \cdot \mathscr{L} u_2 \, dV \qquad (2.21)$$

すなわち，$\mathscr{L}$ の対称性が成り立つ．ただし，$\mathscr{L}$ は (2.16) に現われる偏微分作用素：

$$\mathscr{L} = \frac{K}{CD} \left(\frac{\partial^2}{\partial x^2} + \frac{\partial^2}{\partial y^2} + \frac{\partial^2}{\partial z^2} \right)$$

である．

ここで重要なことは，(2.21) の成立が偏微分作用素 $\mathscr{L}$ だけでなく，境界条件 (2.17) をも合わせて考慮した結果であることである．実際，

$$\begin{aligned}\mathscr{L} u_1 \cdot u_2 &- u_1 \cdot \mathscr{L} u_2 \\ &= \frac{K}{CD} \operatorname{div}(u_2 \operatorname{grad}(u_1) - u_1 \operatorname{grad}(u_2))\end{aligned}$$

となるから，

$$\begin{aligned}&\int_{\mathscr{M}} \{\mathscr{L} u_1 \cdot u_2 - u_1 \cdot \mathscr{L} u_2\} \, dV \\ &= \frac{K}{CD} \int_{\mathscr{M}} \operatorname{div}\bigl(u_2 \operatorname{grad}(u_1) - u_1 \operatorname{grad}(u_2)\bigr) \, dV \\ &= \frac{K}{CD} \int_{\mathscr{S}} \left\{ u_2 \frac{\partial}{\partial n} u_1 - u_1 \frac{\partial}{\partial n} u_2 \right\} dS = 0\end{aligned}$$

である．最後の等号は，u_1, u_2 に対し，境界条件 (2.17) を用いたことによる．

補題 2.3 相異なる固有値 $\tau_k \neq \tau_\ell$ それぞれに対応する固有関数 u_k, u_ℓ について,

$$\int_{\mathscr{M}} u_k \cdot u_\ell \, dV = 0 \tag{2.22}$$

が成り立つ.

実際,

$$\begin{aligned}
-\tau_k \int_{\mathscr{M}} u_k \cdot u_\ell \, dV &= \int_{\mathscr{M}} \mathscr{L} u_k \cdot u_\ell \, dV \\
&= \int_{\mathscr{M}} u_k \cdot \mathscr{L} u_\ell \, dV \\
&= -\tau_\ell \int_{\mathscr{M}} u_k \cdot u_\ell \, dV
\end{aligned}$$

となるからである.

注意 2.4 補題 2.1 を踏まえると, $\dfrac{CD}{K}\tau = \kappa^2$ として, (2.16) をヘルムホルツ方程式

$$\left(\frac{\partial^2}{\partial x^2} + \frac{\partial^2}{\partial y^2} + \frac{\partial^2}{\partial z^2} \right) u + \kappa^2 u = 0 \tag{2.23}$$

の形に書き換えることができる. (2.23) は, 熱伝導の方程式の他にも, 波動方程式などの数理物理における重要な基礎方程式の扱いで現れる.

3

変数分離解と直交関数系

$$\phi x = \frac{1}{\pi} \int_{-\infty}^{+\infty} d\alpha \phi\alpha \int_0^\infty dq \cos.\bigl(q(x-\alpha)\bigr)$$

$$\frac{dv}{dt} = \frac{K}{CD}\left(\frac{d^2v}{dx^2} + \frac{d^2v}{dy^2} * \frac{d^2v}{dz^2}\right)$$

$$\frac{1}{2}\pi\varphi x = \sin.x \int_0^\pi \varphi x \sin.x dx + \sin.2x \int_0^\pi \varphi x \sin.2x dx$$
$$+ \sin.3x \int_0^\pi \varphi x \sin.3x dx + etc.$$

$$\frac{1}{2}\pi\varphi x = \frac{1}{2}\int_0^\pi \varphi x dx + \cos.x \int_0^\pi \varphi x \cos.x dx$$
$$+ \cos.2x \int_0^\pi \varphi x \cos.2x dx + \cos.3x \int_0^\pi \varphi x \cos.3x dx + etc.$$

3.1 さまざまな形状の物体の場合

フーリエは,物体 $\mathscr{M}$ として,さまざまな形状のものを考察している.最初に,直交座標系によって論ずるのが適切な形状の物体を見よう.命題 2.2,命題 2.8 で扱った平行な二枚の平面の間に充填されている物体や,断面が長方形の(半)無限の角柱,また,有限の直方体が,この場合の基本的な対象である.

例 3.1 物体 $\mathscr{M}$ を三次元空間の直方体

$$\mathscr{M} = \{(x,y,z); 0 \le x \le a,\ 0 \le y \le b,\ 0 \le z \le c\}$$
$$(a > 0,\ b > 0,\ c > 0)$$

を考察する.$\mathscr{M}$ の頂点を

$$A(0,0,0),\quad B(a,0,0),\quad C(a,b,0),\quad D(0,b,0),$$
$$E(0,0,c),\quad F(a,0,c),\quad G(a,b,c),\quad H(0,b,c)$$

とおく.$\mathscr{M}$ の表面は 3 対の平行な長方形の組

$$ABFE,\ DCGH;\quad BCGF,\ ADHE;\quad ABCD,\ EFGH$$

からなる.境界条件 (2.13)(命題 2.7)は,例えば,$ABFE$,$DCGH$ 上で,それぞれ

$$Hv - K\frac{\partial}{\partial y}v = 0,\qquad Hv + K\frac{\partial}{\partial y}v = 0$$

となる.なお,$c \to \infty$ とすれば,z-軸方向に無限に伸びる角柱が得られる.

3.1. さまざまな形状の物体の場合

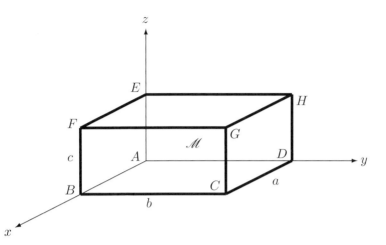

フーリエは，また，$\mathscr{M}$ として球体や厚さ有限の円板，あるいは，(半)無限の円柱を論じている．これらは，直交座標系よりも，球座標系，あるいは，円柱座標系を用いる方がよいことがある．

例 3.2 物体 $\mathscr{M}$ を三次元空間の（厚さ c の）円板（高さ c の円柱）

$$\mathscr{M} = \{(x,y,z); x^2 + y^2 \leq R^2,\ 0 \leq z \leq c\} \quad (R > 0,\ c > 0)$$

とする．特に，$c \to \infty$ ならば，$\mathscr{M}$ は z-軸方向に無限に伸びる円柱になる．

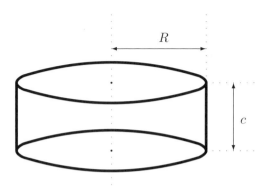

ここで,円柱座標系

$$\begin{cases} x = r\cos\theta \\ y = r\sin\theta \\ z = z \end{cases} , \quad r > 0,\ 0 \leq \theta < 2\pi \qquad (3.1)$$

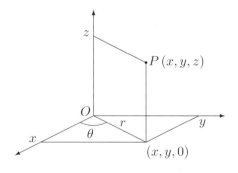

を用いる[1]と,

$$\mathscr{M} = \{(r,\theta,z)\,;\, r \leq R,\ 0 \leq \theta < 2\pi,\ 0 \leq z \leq c\}$$

となる. $\mathscr{M}$ の表面は, 上下の面 $z = 0, z = c$ および側面 $r = R$ である. ラプラシアン (2.10) は

$$\triangle = \frac{\partial^2}{\partial r^2} + \frac{1}{r}\frac{\partial}{\partial r} + \frac{1}{r^2}\frac{\partial^2}{\partial \theta^2} + \frac{\partial^2}{\partial z^2} \tag{3.2}$$

となり, 熱伝導の偏微分方程式 (2.9) は, $r < R$ において

$$\frac{\partial}{\partial t}v = \frac{K}{CD}\left\{\frac{\partial^2}{\partial r^2} + \frac{1}{r}\frac{\partial}{\partial r} + \frac{1}{r^2}\frac{\partial^2}{\partial \theta^2} + \frac{\partial^2}{\partial z^2}\right\}v \tag{3.3}$$

となる. 実際, (3.1) から

$$\frac{\partial}{\partial x} = \cos\theta\,\frac{\partial}{\partial r} - \frac{\sin\theta}{r}\frac{\partial}{\partial \theta}, \quad \frac{\partial}{\partial y} = \sin\theta\,\frac{\partial}{\partial r} + \frac{\cos\theta}{r}\frac{\partial}{\partial \theta}$$

となり, これより,

$$\frac{\partial^2}{\partial x^2} + \frac{\partial^2}{\partial y^2} = \frac{\partial^2}{\partial r^2} + \frac{1}{r}\frac{\partial}{\partial r} + \frac{1}{r^2}\frac{\partial^2}{\partial \theta^2}$$

が従うからである. (2.13) は, 上面 $z = c$, 下面 $z = 0$ では, それぞれ,

$$Hv + K\frac{\partial}{\partial z}v = 0, \quad Hv - K\frac{\partial}{\partial z}v = 0 \tag{3.4}$$

となり, 側面 $r = R$ においては

$$Hv + K\frac{\partial}{\partial r}v = 0 \tag{3.5}$$

となる.

---

[1] (x, y) の部分だけに制限すると, 平面の直交座標 (x, y) を極座標 (r, θ) で表現する式になる. 平面内の極座標では θ は偏角と呼ばれるが, 空間内の円柱座標では方位角と呼ばれる.

例 3.3 物体 $\mathscr{M}$ を三次元空間の半径 R (, 厚さ c) の円板から同心の半径 $R_1\,(<R)$ (, 厚さ c) の円板をくりぬいたもの

$$\mathscr{M} = \{(x,y,z);\, R_1^2 \le x^2+y^2 \le R^2,\, 0 \le z \le c\} \quad (R > R_1 > 0,\, c > 0)$$

とする.

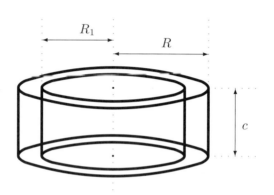

例 3.2 と同様に, 円柱座標系 (3.1) を用いると,

$$\mathscr{M} = \{(r,\theta,z);\, R_1 \le r \le R,\, 0 \le \theta < 2\pi,\, 0 \le z \le c\}$$

となる. $\mathscr{M}$ の表面は, 上下の面 $z=0,\, z=c$ および内外の側面 $r=R_1,\, r=R$ である. 熱方程式の表現は, 例 3.2 同様に, (3.3) であるが, 境界条件として, (3.4) (3.5) だけでなく, 側面 $r=R_1$ におけるもの

$$Hv - K\frac{\partial}{\partial r}v = 0 \tag{3.6}$$

を加えなければならない.

3.1. さまざまな形状の物体の場合

問 3.1 例 3.3 の $\mathscr{M}$ と方位角 θ の半平面との共通部分（断面）は,

$$x = (R_1 + \xi)\cos\theta,\ y = (R_1 + \xi)\sin\theta,\ z = \zeta$$
$$(0 \le \xi \le R - R_1,\ 0 \le \zeta \le c)$$

で与えられる長方形である. そこで,

$$\begin{cases} x = (R_1 + \xi)\cos\theta \\ y = (R_2 + \xi)\sin\theta \\ z = z \end{cases} \quad (3.7)$$

$$(0 \le \xi \le R - R_1,\ 0 \le \theta < 2\pi,\ 0 \le z \le c)$$

によって, x, y, z 座標系を ξ, θ, z 座標系に変換する. 対応する体積要素は $(R_1+\xi)d\xi d\theta dz$ であり, ラプラシアンは

$$\begin{aligned}&\frac{\partial^2}{\partial x^2} + \frac{\partial^2}{\partial y^2} + \frac{\partial^2}{\partial z^2} \\ &= \frac{\partial^2}{\partial \xi^2} + \frac{1}{R_1+\xi}\frac{\partial}{\partial \xi} + \frac{1}{(R_1+\xi)^2}\frac{\partial^2}{\partial \theta^2} + \frac{\partial^2}{\partial z^2}\end{aligned} \quad (3.8)$$

となる. なお, 境界作用素 (3.5)(3.6) は, それぞれ,

$$K\frac{\partial}{\partial \xi} + H,\quad -K\frac{\partial}{\partial \xi} + H$$

となる.

例 3.4 物体 $\mathscr{M}$ は三次元空間内の球体

$$\mathscr{M} = \{(x,y,z)\,;\, x^2 + y^2 + z^2 \le R^2\} \quad (R > 0)$$

とする. 球座標系: $r > 0,\ 0 \le \theta < 2\pi,\ 0 < \psi < \pi$

$$\begin{cases} x = r\sin\psi\cos\theta \\ y = r\sin\psi\sin\theta \\ z = r\cos\psi \end{cases}, \quad (3.9)$$

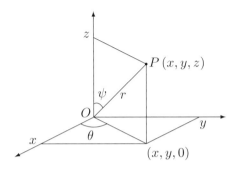

を用いると，$\mathscr{M} = \{r \leq R\}$ となる．球座標系では，熱伝導の方程式 (2.9) は

$$\frac{\partial}{\partial t} v = \frac{K}{D\,C} \left\{ \frac{\partial^2}{\partial r^2} + \frac{2}{r} \frac{\partial}{\partial r} + \frac{1}{r^2} \Lambda_{\theta,\psi} \right\} v \tag{3.10}$$

となる．実際．ラプラシアン (2.10) は，

$$\triangle = \frac{\partial^2}{\partial r^2} + \frac{2}{r} \frac{\partial}{\partial r} + \frac{1}{r^2} \Lambda_{\theta,\psi} \tag{3.11}$$

ただし，

$$\Lambda_{\theta,\psi} = \frac{1}{\sin^2 \psi} \frac{\partial^2}{\partial \theta^2} + \frac{\partial^2}{\partial \psi^2} + \frac{\cos \psi}{\sin \psi} \frac{\partial}{\partial \psi} \tag{3.12}$$

と表される．実際，球座標系では，x, y, z 各方向への偏微分が

$$\begin{cases} \frac{\partial}{\partial x} = \sin\psi \cos\theta \frac{\partial}{\partial r} + \frac{\cos\psi \cos\theta}{r} \frac{\partial}{\partial \psi} - \frac{1}{r} \frac{\sin\theta}{\sin\psi} \frac{\partial}{\partial \theta} \\ \frac{\partial}{\partial y} = \sin\psi \sin\theta \frac{\partial}{\partial r} + \frac{\cos\psi \sin\theta}{r} \frac{\partial}{\partial \psi} + \frac{1}{r} \frac{\cos\theta}{\sin\psi} \frac{\partial}{\partial \theta} \\ \frac{\partial}{\partial z} = \cos\psi \frac{\partial}{\partial r} - \frac{\sin\psi}{r} \frac{\partial}{\partial \psi} \end{cases} \tag{3.13}$$

と表されるからである．この座標系では $r^2 \sin\psi \, dr \, d\psi \, d\theta$ が体積要素となる．$\mathscr{M}$ の体積は，周知の

$$\int_0^{2\pi} \int_0^{\pi} \int_0^R r^2 \sin\psi \, dr \, d\psi \, d\theta = \frac{4\pi}{3} R^3$$

である．$\mathscr{M}$ の表面は，球面 $r = R$ である．球面 $r = R$ の面積要素は，$R^2 \sin\psi\, d\psi\, d\theta$ となり，表面積は

$$\int_0^\pi \int_0^{2\pi} R^2 \sin\psi\, d\psi\, d\theta = 4\pi R^2$$

である．$\mathscr{M}$ の表面の外向きの単位法線ベクトル場は $\dfrac{\partial}{\partial r}$ となる．したがって，(2.13) は $r = R$ において

$$Hv + K\frac{\partial}{\partial r}v = 0 \tag{3.14}$$

となる．

　フーリエは，断面の内径が極めて小さい金属性の円環の熱伝導について詳しく述べている．正確には，フーリエが扱ったのは，例 3.3 において，$R - R_1$ および c が極めて小さい場合であった[2]．その場合は，断面は長方形であるが，断面が円の場合を考える方が（対称性の観点からも）自然ではなかろうかと思い，ここでは，座標を明記した上で，方程式 (2.9) の変形を方針とする考察をしてみよう．実は，フーリエが想像さえできなかったこととは言え，円環体の処理は，まさに，プラズマのトカマク系の議論の根幹をなすものであり，そこではトロイダル座標系が用いられる．

---

[2] フーリエのアイデアについては，後述する（§4.7）．改めて熱方程式 (2.9) の導出過程を追跡している．

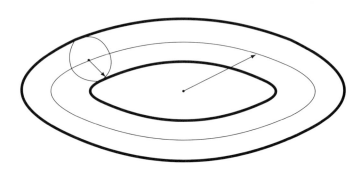

例 3.5 物体 $\mathscr{M}$ は三次元空間内の円環体とする．$\mathscr{M}$ の断面は，xy-平面上の単位円周の点を中心とする半径 ϵ の円板とする．座標系としては，トロイダル座標系をとる．まず，円柱座標系 (3.1) において，パラメーター $c > 0$ を加えて，r, z を，$\xi \geq 0$，$0 \leq \eta < 2\pi$，の関数として

$$r = c\frac{\sinh\xi}{\cosh\xi - \cos\eta}, \quad z = c\frac{\sin\eta}{\cosh\xi - \cos\eta} \qquad (3.15)$$

と表現すると，新たな座標系 η, ξ, θ，すなわち，トロイダル座標系が得られる（[37] 参照）．詳しくは，点 $P(x,y,z)$ が載る方位角 θ の平面上に 2 焦点

$$F_-\left(-c\cos\theta, -c\sin\theta, 0\right), \quad F_+\left(c\cos\theta, c\sin\theta, 0\right)$$

をとり，P と焦点 F_-，F_+ との距離 d_-，d_+ の比の自然対数を

$$\xi = \ln\frac{d_-}{d_+}, \quad d_- = (r+c)^2 + z^2, \quad d_+ = (r-c)^2 + z^2$$

とし,角 $\angle F_-PF_+$ を η :

$$\cos\eta = -\frac{4c^2 - d_-^2 - d_+^2}{2d_- d_+}$$

と定める(余弦定理).$\eta = \pi$ となるのは,P が線分 F_-F_+ 上にあるときであり,その延長上にあるときは,$\eta = 0$ または $\eta = 2\pi$ となる.一般に,$\xi \to +\infty$ とすると,$r \to c, z \to 0$,すなわち,xy-平面上の半径 c の円周の方程式に収束する.また,方位角 θ の平面上では

$$(x+y)^2 + (z - c\cot\eta)^2 = \frac{c^2}{\sin^2\eta}, \quad x^2 + y^2 = r^2 \quad (3.16)$$

となり,したがって,中心 $r = 0, z = c\cot\eta$,半径 $\dfrac{c}{|\sin\eta|}$ の円周を表す[3].さらに,$k > 1$(定数)として,$\xi = \ln k$ は,方位角 θ の平面上で,円周:

$$\left(r - \frac{k^2+1}{k^2-1}c\right)^2 + z^2 = \frac{4k^2}{(k^2-1)^2}c^2 \quad (3.17)$$

を描く.ここで,$k \to +\infty$ とすると,円周は点 $r = c, z = 0$,つまり,焦点に収束する.特に,円周 (3.17) が,$k = k_0, c = c_0$ のときに,中心 $r = 1, z = 0$,半径 ϵ ならば,

$$\frac{k_0^2+1}{k_0^2-1}c_0 = 1, \quad \frac{2k_0}{k_0^2-1}c_0 = \epsilon, \quad k_0 > 1$$

すなわち,

$$c_0 = \sqrt{1-\epsilon^2}, \quad k_0^2 = \frac{1+c_0}{1-c_0} > 1 \quad (3.18)$$

であるから,$k \geq k_0$, $c = c_0$ であるときの (3.17) によって,円環体 $\mathscr{M}$ は表される[4].言い換えれば,$\mathscr{M}$ は,トロイダル

---

[3] $\eta = 0$ 及び $\eta = \pi$ のときは極限移行として理解する.

[4] ただし,平面 $z = 0$ 上の,中心が原点,半径が c_0 の円周は除かれている.なお,$1 > c_0 > 1 - \epsilon$ である.

座標系 ξ, η, θ を用いると,

$$\begin{aligned}
x &= c_0 \frac{\sinh\xi \, \cos\theta}{\cosh\xi - \cos\eta} \\
y &= c_0 \frac{\sinh\xi \, \sin\theta}{\cosh\xi - \cos\eta} \\
z &= c_0 \frac{\sin\eta}{\cosh\xi - \cos\eta}
\end{aligned} \quad (3.19)$$

により,

$$\xi \geq \xi_0 = \frac{1}{2}\ln\frac{1+c_0}{1-c_0}, \quad 0 \leq \eta < 2\pi, \quad 0 \leq \theta < 2\pi$$

と表される[5]. トロイダル座標系 (3.19) による体積要素は

$$dxdydz = c_0^3 \frac{\sinh(\xi)}{(\cosh(\xi)-\cos(\eta))^3} \, d\xi d\eta d\theta$$

であり, したがって, $\mathscr{M}$ の体積は

$$c_0^3 \int_0^{2\pi} d\theta \int_0^{2\pi} d\eta \int_{\xi_0}^{\infty} \frac{\sinh(\xi)}{(\cosh(\xi)-\cos(\eta))^3} \, d\xi = 2\pi\epsilon^2$$

と計算される. さらに,

$$\begin{cases}
\frac{\partial}{\partial x} = \frac{(1-\cos\eta\cosh\xi)\cos\theta}{c_0}\frac{\partial}{\partial \xi} - \frac{\sin\eta\sinh\xi\cos\theta}{c_0}\frac{\partial}{\partial \eta} \\
\qquad - \frac{(\cosh\xi-\cos\eta)\sin\theta}{c_0}\frac{\partial}{\partial \theta} \\
\frac{\partial}{\partial y} = \frac{(1-\cos\eta\cosh\xi)\sin\theta}{c_0}\frac{\partial}{\partial \xi} - \frac{\sin\eta\sinh\xi\sin\theta}{c_0}\frac{\partial}{\partial \eta} \\
\qquad + \frac{(\cosh\xi-\cos\eta)\cos\theta}{c_0}\frac{\partial}{\partial \theta} \\
\frac{\partial}{\partial z} = -\frac{\sin\eta\sinh\xi}{c_0}\frac{\partial}{\partial \xi} - \frac{1-\cos\eta\cosh\xi}{c_0}\frac{\partial}{\partial \eta}
\end{cases}$$

---

[5] 脚注4)に注意. $\xi = +\infty$ が除外された円周に相当する. $\xi = \xi_0$ が $\mathscr{M}$ の表面を表す.

により,ラプラシアンは

$$
\begin{aligned}
&\frac{\partial^2}{\partial x^2}+\frac{\partial^2}{\partial y^2}+\frac{\partial^2}{\partial z^2}\\
&=\frac{(\cosh(\xi)-\cos(\eta))^3}{c_0^2\sinh(\xi)}\left\{\frac{\partial}{\partial\xi}\left(\frac{\sinh\xi}{\cosh\xi-\cos\eta}\frac{\partial}{\partial\xi}\right)\right.\\
&\quad+\sinh\xi\frac{\partial}{\partial\eta}\left(\frac{1}{\cosh\xi-\cos\eta}\frac{\partial}{\partial\eta}\right)\\
&\quad\left.+\frac{1}{\sinh\xi(\cosh\xi-\cos\eta)}\frac{\partial^2}{\partial\theta^2}\right\}
\end{aligned} \quad (3.20)
$$

と表現される.

問 3.2 $\mathscr{M}$ は例 3.5 の円環体とする.円柱座標系 (3.1) のもとで,方位角 θ の半平面による $\mathscr{M}$ の断面は,中心 $P_\theta(\cos\theta,\sin\theta,0)$ の円板 (半径 ϵ) である.この円板内に,P_θ を極とする極座標系 ρ,ϕ を入れることにより,円環体 $\mathscr{M}$ は円環座標系

$$
\begin{cases} x=(1+\rho\cos\phi)\cos\theta \\ y=(1+\rho\cos\phi)\sin\theta \\ z=\rho\sin\phi \end{cases} \quad (3.21)
$$

($0<\rho<\epsilon$, $0\leq\phi<2\pi$, $0\leq\theta<2\pi$) によって表される.体積要素は $\rho(1+\rho\cos\phi)\,d\theta d\phi d\rho$ となる.また,

$$
\begin{cases} \frac{\partial}{\partial x}=-\frac{\sin\theta}{1+\rho\cos\phi}\frac{\partial}{\partial\theta}-\frac{\sin\phi\cos\theta}{\rho}\frac{\partial}{\partial\phi}+\cos\phi\cos\theta\frac{\partial}{\partial\rho} \\ \frac{\partial}{\partial y}=\frac{\cos\theta}{1+\rho\cos\phi}\frac{\partial}{\partial\theta}-\frac{\sin\phi\sin\theta}{\rho}\frac{\partial}{\partial\phi}+\cos\phi\sin\theta\frac{\partial}{\partial\rho} \\ \frac{\partial}{\partial z}=\frac{\cos\phi}{\rho}\frac{\partial}{\partial\phi}+\sin\phi\frac{\partial}{\partial\rho} \end{cases} \quad (3.22)
$$

となり，ラプラシアンについては

$$
\begin{aligned}
&\frac{\partial^2}{\partial x^2} + \frac{\partial^2}{\partial y^2} + \frac{\partial^2}{\partial z^2} \\
&= \frac{1}{(1+\rho\cos\phi)^2}\frac{\partial^2}{\partial\theta^2} \\
&\quad + \frac{1}{\rho^2(1+\rho\cos\phi)}\frac{\partial}{\partial\phi}\left((1+\rho\cos\phi)\frac{\partial}{\partial\phi}\,\cdot\,\right) \\
&\quad + \frac{1}{\rho(1+\rho\cos\phi)}\frac{\partial}{\partial\rho}\left(\rho(1+\rho\cos\phi)\frac{\partial}{\partial\rho}\,\cdot\,\right)
\end{aligned}
\tag{3.23}
$$

である．$\mathscr{M}$ の表面 $\rho = \epsilon$ における外向き単位法線ベクトル場は $\frac{\partial}{\partial\rho}$ であり，したがって，境界条件 (2.13) は

$$Hv + K\frac{\partial}{\partial\rho}v = 0 \tag{3.24}$$

となる．

　フーリエは，モデル的な考察の延長上に，境界条件も変数に対する周期性も想定する必要のない場合，すなわち，直線，平面，あるいは，空間のそれぞれ全体における熱伝導も論じている．これらについては，後に論ずる（§6.1 以降）．

3.2　変数分離解

　フーリエは，導き出した熱伝導の方程式の解を構成し，観測や実験の結果と照合している．さらに，命題 2.2 で扱ったモデルの場合でも，熱伝導の方程式の形で再確認している．すなわち，床から天井に向かって一方向にしか熱の流れがないと考えることにより，温度関数は床からの垂直高さ z と経過時間 t の 2 変数のみに依存する関数 $v = v(z,t)$ として，熱伝

3.2. 変数分離解

導の方程式を

$$\frac{\partial}{\partial t} v = \frac{K}{CD} \frac{\partial^2}{\partial z^2} v, \quad 0 < z < e \quad (3.25)$$

と書くことができる．命題 2.2 の場合だと，床および天井では定温の物体に完璧接触しているので

$$v(0,t) = a, \quad v(e,t) = b \quad (3.26)$$

を満たす．しかし，もし，床では温度は管理されているが，天井では，単に，温度 b の媒質にさらされているのであれば，

$$v(0,t) = a, \quad K\frac{dv}{dz}(e,t) + H\left(v(e,t) - b\right) = 0 \quad (3.27)$$

となる（e：天井高）．方程式 (3.25) と境界条件 (3.26) または (3.27) との組み合わせで，温度関数 $v(z,t)$ が定まるのである．

さて，(3.25) の解として得られるであろう温度関数が，もし，変数 z, t ごとの関数の積になるようであれば，

$$v(z,t) = Z(z)\,T(t) \quad (3.28)$$

と表されるように適当な関数 $Z(z)$ 並びに $T(t)$ があるであろう．もとより，$T(t)$ も $Z(z)$ も自明なものではない，つまり，恒等的に消えるようなものではないとする．このように変数ごとの関数の積として表される解を変数分離解という．変数分離解がどの程度の重要度を持っているかは，フーリエの立脚点からは，結果を見ればわかることである．

そこで，$v(z,t) = Z(z)\,T(t)$ を (3.25) に代入し，両辺を $Z(z)\,T(t)$ で割ると，

$$\frac{T'(t)}{T(t)} = \frac{K}{CD} \frac{Z''(z)}{Z(z)} = \lambda \quad (3.29)$$

と書き換わる．左辺は変数 t にしか関係せず，右辺に現われるのは変数 z である．しかも，z, t は独立に動く．したがって，λ は，t にも z にも依存することはないはずであり，変数として z, t を考えている限り，定数としてよい．

一番簡単な場合は $\lambda = 0$ のときである．

命題 3.1　命題 2.2 における温度分布 (2.1) は，(3.29) を，$\lambda = 0$ として，境界条件 (3.26) のもとで解くことにより得られる．また，命題 2.8 の場合は，境界条件 (3.27) によって，温度分布 (2.14) が得られる．

実際，$\lambda = 0$ ならば，(3.29) は

$$T'(t) = 0, \quad Z''(z) = 0$$

となるから，$T(t) \equiv$ 定数 $\neq 0$ であり，$T(t)\, Z(z)$ は z の 1 次式 $Z_0(z)$ になる．したがって，(3.26) のもとでは，

$$v(t, z) = Z_0(z) = a + (b-a)\frac{z}{e}$$

が従い，(3.27) のもとでは，

$$v(t, z) = Z_0(z) = a + \frac{H(b-a)}{K + He} z$$

が得られる．すなわち，§2 の (2.1) および (2.14) が再現された．

補題 3.1　$\lambda \neq 0$ ならば，$\lambda = -\dfrac{K}{CD}\nu^2$, $\nu \neq 0$, すなわち，$\lambda < 0$ である．

実際，$\lambda \neq 0$ ならば，

$$T'(t) = \lambda T(t), \quad Z''(z) = \mu Z(z), \quad \lambda = \frac{K}{CD}\mu$$

が従う．ゆえに，$T(t)$ については，

$$T(t) = c_\lambda \, \mathrm{e}^{\lambda t}, \quad c_\lambda = 定数 \neq 0$$

である．他方，命題3.1の証明で現れる $c_0 \, Z_0(z)$ との和 $c_0 \, Z_0(z) + T(t) \, Z(z)$ も (3.25) の解になることに注意し，境界における $c_0 \, Z_0(z)$ の効果を念頭に置くと，境界では，

$$Z(0) = 0, \quad Z(e) = 0$$

または

$$Z(0) = 0, \quad K \, Z'(e) + H \, Z(e) = 0$$

が満たされるべきことになる．λ，あるいは，μ の符号を検討しよう[6]．

$$\mu \int_0^e Z(z)^2 \, dz = \int_0^e Z''(z) \, Z(z) \, dz$$
$$= \int_0^e \left\{ (Z'(z) Z(z))' - Z'(z)^2 \right\} dz$$

により，

$$\mu \int_0^e Z(z)^2 \, dz = -\int_0^e Z'(z)^2 \, dz$$

または，

$$\mu \int_0^e Z(z)^2 \, dz = -\frac{H}{K} Z(e)^2 - \int_0^e Z'(z)^2 \, dz$$

となり，いずれにしても，$\mu < 0$ でなければならない．したがって，$\mu = -\nu^2$ ($\nu \neq 0$) とおくことができる．

われわれの課題は，かくて，微分方程式

$$Z''(z) = -\nu^2 \, Z(z), \quad 0 < z < e. \quad (\nu \neq 0) \qquad (3.30)$$

---

[6] 以下の議論は，§2.5 で紹介した補題 2.1 のものと本質的に同じである．

の自明でない[7]解で,区間の境界において,

$$Z(0) = 0, \quad Z(e) = 0 \tag{3.31}$$

または

$$Z(0) = 0, \quad K\,Z'(e) + H\,z(e) = 0 \tag{3.32}$$

を満たすものを,$-\nu^2$ との組み合わせで,探すことになる.このような問題 (3.30) (3.31) または (3.30) (3.31) は固有値問題と呼ばれる.自明ではない解が存在するような $-\nu^2$ を固有値,非自明な解を固有関数という.

命題 3.2 固有値問題 (3.30) (3.31) は,固有値は

$$\nu_n = \frac{n\pi}{e},\ n = 1, 2, \cdots$$

により定まり,このとき,固有関数 $Z_n(z) = c_n \sin \nu_n z$ を持つ($c_n \neq 0$ は任意の定数である).一方,固有値問題 (3.30) (3.32) においては,固有値は

$$K \cos \nu e + H \frac{\sin \nu e}{\nu} = 0, \quad \nu \neq 0, \tag{3.33}$$

を満たす $\nu = \nu_n$ によって定まる.このとき,固有関数は $Z_n(z) = c_n \sin \nu_n z$ である.

注意 3.1 $H = 0$ となるのは,天井面 $z = e$ において断熱されているとき,つまり,熱が流出しないときである.このときは,(3.32) のもとで,固有値は $\cos \nu = 0$ を満たす.すなわち,$\nu_n = \frac{2n-1}{2}\pi,\ n = 1, 2, \cdots$ であり,対応する固有関数は,$Z_n(z) = c_n \sin \nu_n z,\ n = 1, 2, \cdots$ である.

---

[7] 恒等的に,消える,つまり,0 となる関数は,方程式 (3.30) も境界条件 (3.31) あるいは (3.32) も必ず満たすので,自明であり,意味のある考察を導かない.

問 3.3 $H > 0$ とする. 各 $n = 1, 2, \cdots$ について,

$$\nu + \frac{H}{K}\tan(\nu e) = 0, \quad \frac{(2n-1)\pi}{2e} < \nu < \frac{n\pi}{e} \quad (3.34)$$

を満たす $\nu = \nu_n$ が一意的に定まる. $\bar{\nu}_n = \nu_n - (n-1)\dfrac{\pi}{e}$ とすると

$$\bar{\nu}_1 > \bar{\nu}_2 > \cdots > \bar{\nu}_n > \cdots > \frac{\pi}{2e}, \quad \bar{\nu}_n \to \frac{\pi}{2e} \quad (n \to \infty)$$

となる（ヒント：(3.33) 左辺の関数のグラフを利用せよ[8]）.

注意 3.2 ν_n は, (3.34) で求めたものとする. $\{\sin\nu_n z\}$ は共通の周期を持っていない.

以上より，(3.25) の変数分離解は $Z_0(z)$ および

$$T_n(t)\,Z_n(z) = c_n\exp\{-\nu_n^2 t\}\sin\nu_n z, \quad n = 1, 2, \cdots$$

である. ν_n の値は, 境界条件 (3.31) か (3.32) によって異なる.

これらの有限和 $Z_0(z) + T_1(t)\,Z_1(z) + \cdots + T_N(t)\,Z_N(t)$, すなわち

$$Z_0(z) + \sum_{n=1}^{N} c_n\exp\{-\nu_n^2 t\}\sin\nu_n z$$

は (3.25) の解になる. 係数として現れる c_n は, この記法のもとでは, 一部のみなら消えていてもよい. フーリエは, $N \to \infty$, すなわち, 無限和を考察し, それによって, (3.25) の一般的な温度関数

$$v(z, t) = Z_0(z) + \sum_{n=1}^{\infty} c_n\exp\{-\nu_n^2 t\}\sin\nu_n z \quad (3.35)$$

---

[8] フーリエは (3.34) 左辺の関数のグラフを用いた説明をしている（[10], 第 286, 287 項）.

を表すことができると想定した．特に，$t = 0$ のとき，つまり，初期の温度分布が $v(z,0) = v_0(z)$ であるとすれば，無限和

$$v_0(z) = Z_0(z) + \sum_{n=1}^{\infty} c_n \sin \nu_n z \tag{3.36}$$

によって，$v_0(z)$ を表すというアイデア[9]に到達した．フーリエの時代の数学では，しかし，このアイデアの全貌は明らかにはできなかった．

注意 3.3 実は，

$$Z_0(z) = \sum_{n=1}^{\infty} a_n \sin \nu_n z \tag{3.37}$$

という展開が成り立つ．詳細は次節で述べる．

3.3 直交関数系

さて，(3.36) を若干書き直して，

$$f(z) = \sum_{n=1}^{\infty} c_n Z_n(z), \quad 0 < z < e \tag{3.38}$$

としてみよう．ここで，$\sin \nu_n z$ とせずに，$Z_n(z)$ と書いたのは，固有関数であることを意識したいからである．この表現には，いくつも検討すべき問題がある．第一に，右辺は何かを表しているか，例えば，z の値のそれぞれに対して，有限部分和の列は収束しているか．第二に，収束しているとしても，左辺の関数との関係はどうか．例えば，各 c_n は左辺に基づい

---

[9] ベルヌーイやオイラーらの弦の振動に関する力学的な考察が先行してあったが，フーリエは，それらの考察における媒質の運動法則などの物理的側面は捨象する一方で三角級数などの機能的な面を一層発展させたのである．

3.3. 直交関数系

て決定できるのか．この決定のための手続きはあるのか．これらの検討を具体的に開始すると，また，新たな課題に逢着することになろう．(3.38) が期待に適う意味を持つとき，これを フーリエ級数展開，一般には，固有関数展開[10] という．

まず，部分和

$$f_N(z) = \sum_{n=1}^{N} c_n Z_n(z) \quad (N = 1, 2, 3, \cdots) \tag{3.39}$$

$(0 < z < e)$ を見ると，右辺は，各 z に対して意味があり，z の関数を定めるので，関数名を左辺で与えたものと考えてよい．それでは，$f_N(z)$ の知識から係数 c_n を求めることができるだろうか．

鍵となるのが，固有関数系 $Z_n(z) = \sin \nu_n z$ の直交性である．

命題 3.3 $Z_n(z) = \sin \nu_n z$, $n = 1, 2, \cdots$, を命題 3.2 の固有関数系とする．このとき，$\nu_n^2 \neq \nu_m^2$, $n \neq m$, ならば

$$\int_0^e Z_n(z) Z_m(z) \, dz = 0, \quad n \neq m, \tag{3.40}$$

が成り立つ．

実際，(3.30) より

$$-(\nu_n^2 - \nu_m^2) Z_n(z) Z_m(z) = Z_n''(z) Z_m(z) - Z_n(z) Z_m''(z)$$
$$= \bigl(Z_n'(z) Z_m(z) - Z_n(z) Z_m'(z)\bigr)'$$

である．両辺を 0 から e まで積分すると，右辺の積分は，境界条件 (3.31) (3.32) いずれのもとでも消える．

---

[10] ただし，歴史的には，固有関数展開として意識されるようになったのはフーリエより後である．ここでの扱いは，後知恵であって，それによる限界があることに留意してください．なお，[60] 参照．

注意 3.4 $Z_n(z)$ を命題 3.3 のものとする.

$$s_n = \int_0^e Z_n(z)^2\,dz$$

とおくと,

$$s_n = \left\{\begin{array}{ll} \dfrac{1}{2}e, & \text{(3.31) のとき} \\ \dfrac{1}{2}e + \dfrac{1}{2}\dfrac{HK}{H^2+K^2\nu_n^2}, & \text{(3.32) のとき} \end{array}\right\} > 0 \quad (3.41)$$

となる.実際,$Z_n(z) = \sin\nu_n z$ より,左辺の積分値は

$$\frac{e}{2} - \frac{\sin 2\nu_n e}{4\nu_n} = \frac{e}{2} - \frac{\cos\nu_n e \sin\nu_n e}{2\nu_n}$$

となる.(3.32) のとき,$H \neq 0$ ならば (3.34) を使う[11].

(3.40) (3.41) を (3.39) に適用すると $n = 1, 2, \cdots, N$ として

$$\int_0^e f_N(z)\,Z_n(z)\,ds = \int_0^e f_N(z)\sin\nu_n z\,dz = s_n\,c_n$$

が成り立つ[12].それゆえ,フーリエ級数展開 (3.38) が意味を持つためには,まず,フーリエ係数

$$\int_0^e f(z)\,Z_n(z)\,dz = \int_0^e f(z)\sin\nu_n z\,dz = s_n\,c_n \quad (3.42)$$

($n = 1, 2, 3, \cdots$)が計算でき(てい)なければならない.つまり,$f(z)$ に課すべき特性は,第一に,これらの積分がすべて定義できることである.

---

[11] すなわち,

$$\cos\nu e \sin\nu e = \frac{\tan\nu e}{1+\tan^2\nu e} = -\frac{HK\nu}{H^2+K^2\nu^2}$$

を利用する.

[12] なお,$n = N+1, N+2, \cdots$ ならば,

$$\int_0^e f_N(z)\,Z_n(z)\,ds = \int_0^e f_N(z)\sin\nu_n z\,dz = 0$$

となる.

3.3. 直交関数系

例 3.6 例として，(3.37) を念頭に

$$\int_0^e Z_0(z)\, Z_n(z)\, dz = a_n s_n$$

を計算しよう．まず，

$$\int_0^e \sin \nu_n z\, dz = \frac{1}{\nu_n}(1 - \cos \nu_n e)$$

$$\int_0^e z \sin \nu_n z\, dz = -\frac{e}{\nu_n} \cos \nu_n e + \frac{1}{\nu^2}(\cos \nu_n e - 1)$$

だから，境界条件 (3.31) の場合は，$\nu_n e = n\pi$ より

$$\int_0^e Z_0(z) Z_n(z)\, dz = \begin{cases} (a+b)\frac{e}{n\pi} - 2(b-a)\frac{e}{n^2\pi^2}, & n\ \text{奇数} \\ -(b-a)\frac{e}{n\pi}, & n\ \text{偶数} \end{cases}$$

であり，境界条件 (3.32) のときは，

$$\int_0^e Z_0(z) Z_n(z)\, dz \\ = ae \frac{1 - \cos \nu_n e}{\nu_n e} - \frac{(b-a)e^2 H}{K + He}\left(\frac{\cos \nu_n e}{\nu_n e} - \frac{1 - \cos \nu_n e}{\nu_n^2 e^2}\right)$$

であるが，$\nu_n e \sim (2n-1)\frac{\pi}{2}$ $(n \to \infty)$ から，$n \to \infty$ のとき

$$\int_0^e Z_0(z) Z_n(z)\, dz \sim \frac{2ae}{(2n-1)\pi} - \frac{4(b-a)e^2 H}{K + He}\frac{1}{(2n-1)^2 \pi^2}$$

となる．

一番の課題は，フーリエ級数展開 (3.38) の右辺の無限和が意味を持つか，つまり，各 z で収束し，z の関数を定めるか，また，このとき，フーリエ係数 (3.42) が再現できるか，さらに，(3.39) による関数 $f_N(z)$ が $f(z)$ に収束するか，という表現式 (3.38) の合理性の検証である．この課題は，フーリエによって初めて本格的に提起されたものであり，必要な収束

概念の分析を含めて,問題の完全な理解と解決は,後年の数学者たちの仕事となった.

(3.38) の合理性を巡る詳細な議論は後述することにして,ここでは,この表現が $f(z) = v_0(z) - Z_0(z)$ に対して合理性のあるものである,つまり,無限和 (3.36) は期待された性質を備えているものとしよう.ここまでの議論は,次のようにまとめられる.

命題 3.4 熱伝導の方程式 (3.25) を満たす温度関数 $v(z,t)$ は,境界条件 (3.26) または (3.27) のもとで,初期分布 $v_0(z)$ に基づいて構成することができる.

具体的には,境界条件 (3.26) または (3.27) に基づき,

$$Z_0(z) = \begin{cases} a + (b-a)\frac{z}{e}, & \text{(3.26) のとき} \\ a + \frac{H(b-a)}{K+He} z, & \text{(3.27) のとき} \end{cases} \tag{3.43}$$

を求める.命題3.2 の固有値 $\{-\nu_n^2\}$ と固有関数系 $\{Z_n(z)\}$ によって,

$$v(z,t) = Z_0(z) + \sum_{n=1}^{\infty} c_n \exp(-\nu_n^2 t) Z_n(z) \tag{3.44}$$

が求める解になる($0 < z < e,\ t > 0$).ただし,$n-1, 2, \cdots$ に対し,

$$c_n = \frac{1}{s_n} \int_0^e (v_0(z) - Z_0(z)) Z_n(z)\, dz \tag{3.45}$$

すなわち,

$$v_0(z) = Z_0(z) + \sum_{n=1}^{\infty} c_n Z_n(z) \tag{3.46}$$

である.

特に, (3.44) から予想されることは, $t \to \infty$ のとき,

$$\exp(-\nu_n^2 t) \to 0 \quad \text{だから} \quad v(z,t) \to Z_0(z)$$

となるだろう, つまり, 定常状態 (平衡状態) は初期分布に依らないだろうということである. 一方, 部分和

$$v_N(z,t) = Z_0(z) + \sum_{n=1}^{N} c_n \exp(-\nu_n^2 t) Z_n(z) \qquad (3.47)$$

が $v(z,t)$ のよい近似を与えることも期待できるだろうから, 特に, $N = 0, 1$ の場合で, 十分に実用に耐える温度関数の知見が得られるだろうということにもなるわけである. だが, もちろん, 相応の留保は要るのである.

注意 3.5 各 $\exp(-\nu_n^2 t) Z_n(t)$, したがって, それらの有限和 $v_N(z,t)$ は, z, t に関して, 繰り返し, いくらでも偏微分できる.

3.4　フーリエ級数展開の収束性について

初期分布 $v_0(z)$ に (実際に要求されるものよりも) 強い条件を課せば, 比較的容易に無限和 (3.46) の収束を示すことができる.

まず, (3.38) について, 関数 $f(z)$ が比較的緩やかな条件 (二乗可積分性)

$$N_f^2 = \int_0^e f(z)^2 \, dz < +\infty \qquad (N_f > 0) \qquad (3.48)$$

を満たしている[13] として, フーリエ係数の様子を見ておこう.

---

[13] 例えば, $-M < f(z) < M$ ($0 \leq z \leq e$) が成り立てば, $f(z)^2 < M^2$, したがって, (3.48) は満たされる. ただし, (3.48) のような条件はフーリエの時代には十分には意識されてはいなかった.

命題 3.5 (3.48) のもとで,
$$|c_n| \leq \frac{N_f}{\sqrt{s_n}} \leq \sqrt{\frac{2}{e}} N_f, \quad n = 1, 2, \cdots \quad (3.49)$$
となる.

実際, フーリエ係数の計算式 (3.42) にコーシー・ブニャコフスキーの不等式を適用し, (3.41) (3.48) で整理すればよい.

注意 3.6 一般に区間 I 上で二乗可積分な二個の実数値関数 $f(z), g(z)$ (つまり, (3.48) の類比の条件:
$$N_f^2 = \int_I f(z)^2 \, dz < +\infty, \quad N_g^2 = \int_I g(z)^2 \, dz < +\infty$$
を満たすもの: $N_f, N_g \geq 0$) について, 成り立つ不等式
$$\left| \int_I f(z) \, g(z) \, dz \right| \leq \sqrt{\int_I f(z)^2 \, dz} \sqrt{\int_I g(z)^2 \, dz} \quad (3.50)$$
をコーシー・ブニャコフスキーの不等式という. ここで, 区間 I は (3.50) 両辺の積分が定義できるものであればよい. (3.48) においては, $I = [0, e]$ であった.

さて, 命題 3.2 および引き続く注意 3.1, 問 3.3 によって
$$\sum_{n=1}^{\infty} \frac{1}{\nu_n^2} < +\infty \quad (3.51)$$
が成り立つことに注意しよう. したがって, 特に,
$$\epsilon_N = \sum_{n=N+1}^{\infty} \frac{1}{\nu_n^2} \to 0, \quad N \to \infty \quad (3.52)$$
である.

初期分布 $v_0(z)$ が二乗可積分, つまり, (3.48) を満たしているとする. このとき, $t > 0$ では, 万事がうまく行っているのである.

3.4. フーリエ級数展開の収束性について

命題 3.6 $t > 0$ とする．初期分布 $v_0(z)$ が二乗可積分ならば，(3.44) 右辺の無限級数は収束し，t, z の関数 $v(z,t)$ を定める．しかも，$v(z,t)$ は，t, z に関して繰り返し，何回でも偏微分可能であって，熱伝導の方程式 (3.25) を満たす．さらに，$N \to \infty$ のとき，$\mathrm{v}_N(z,t)$ の任意の偏導関数は，対応する $v(z,t)$ の偏導関数に収束する．

実際，まず，$\kappa > 0$ として，

$$\max_{d>0} d^\kappa \mathrm{e}^{-d} = \kappa^\kappa \mathrm{e}^{-\kappa} = C_\kappa < +\infty \tag{3.53}$$

となることに注意しよう[14]．

さて，$v_0(z)$ が条件 (3.48) を満たせば，$v_0(z) - Z_0(z)$ も (3.48) を満足することは容易にわかる[15]．したがって，命題 3.5 により，対応するフーリエ係数は $f = v_0 - Z_0$ として

$$|c_n| \leq \sqrt{\frac{2}{e}} N_f, \quad n = 1, 2, 3, \cdots$$

となる．他方，$|Z_n(z)| \leq 1$ だから，(3.44) 右辺の無限級数の各項は

$$\left| c_n \exp(-\nu_n^2 t) Z_n(z) \right| \leq \left| c_n \exp(-\nu_n^2 t) Z_n(z) \right| \leq \sqrt{\frac{2}{e}} \frac{C_2}{t} \frac{1}{\nu_n^2}$$

という評価を満たす．したがって，(3.51) により，(3.44) 右辺は収束し，左辺の関数 $v(z,t)$ が定まる．しかも，この考察と (3.52) によって，

$$|v(z,t) - v_N(z,t)| \leq \sqrt{\frac{2}{e}} \frac{C_2}{t} \epsilon_N, \quad 0 < z < e$$

---

[14] ちなみに，$\min_{\kappa>0} C_\kappa = \mathrm{e}^{-1}$ である．他方，$\kappa \to 0$ あるいは $\kappa \to +\infty$ のいずれの場合も $C_\kappa \to +\infty$ となる．

[15] 注意 3.6 を利用せよ．

が従う[16]. さらに, $i = 0, 1, 2, \cdots, j = 0, 1, 2, \cdots$ に対し,

$$\left| \frac{\partial^{i+j}}{\partial z^i \partial t^j} \left(Z_n(z) \exp(-\nu_n^2 t) \right) \right| \leq \nu_n^{i+2j} \exp(-\nu_n^2 t)$$

となるから (3.53) が適用できる. それゆえ, (3.44) 右辺を項別に偏微分した級数も収束し, $v(z,t)$ を偏微分したものと一致し, 偏微分と総和の操作が交換できることがわかる. 特に, $v(z,t)$ は (3.25) を満たす.

また, 同様の考察によって, $0 < z < e$ のとき,

$$\left| \frac{\partial^{i+j}}{\partial z^i \partial t^j} v(z,t) - \frac{\partial^{i+j}}{\partial z^i \partial t^j} v_N(z,t) \right| \leq \sqrt{\frac{2}{e}} \frac{C_{i+2j+2}}{t} \epsilon_N$$

が得られる.

問題は, $t = 0$ のとき, つまり, (3.46) が条件 (3.48) のもとで意味を持つかどうかの検討である.

(3.38) を思い起こそう.

命題 3.7 $f(z)$ は $0 < z < e$ においてなめらか, 特に, 有界な 2 階導関数 $f''(z)$ があるとし, $f(0) = f(e) = 0$ または $f(0) = 0, Kf'(e) + Hf(e) = 0$ を満たすとする. このとき, フーリエ係数に対し,

$$|c_n| \leq N_{f''} \frac{\sqrt{s_n}}{\nu_n^2}, \quad n = 1, 2, \cdots$$

が成り立つ.

実際,

$$c_n = \int_0^e f(z) Z_n(z) \, dz = -\frac{1}{\nu_n^2} \int_0^e f(z) Z''(z) \, dz$$

---
[16] すなわち, v_N は v に, $0 < z < e$ に関して一様に, $t > 0$ に関して広義一様に, 収束している.

であるが，部分積分を繰り返すことにより，

$$\int_0^e f(z)\,Z''(z)\,dz$$
$$= [f(z)Z_n'(z) - f'(z)Z_n(z)]_0^e - \int_0^e f''(z)\,Z_n(z)\,dz$$
$$= -\int_0^e f''(z)\,Z_n(z)\,dz$$

となる．ここで，$f(z)$ の境界における仮定を利用した．仕上げには (3.53) を利用すればよい．

以上の議論から次を得る．

命題 3.8 初期分布 $v_0(z)$ は $f(z) = v_0(z) - Z_0(z)$ が命題 3.7 の仮定を満足するものとする．このとき，(3.46) の右辺は $0 < z < e$ において，関数 $v_0(z)$ に収束する[17]．つまり，等式 (3.46) は正しい．(3.44) は $0 < z < e, t \geq 0$ において収束し，$v(z, 0) = v_0(z)$ である．

$v_0(z)$ に対する要請は，実は，強すぎるものであるが，ここでは，関数とそのフーリエ級数展開との関係の見やすさを優先した．より詳しくは後述する．

3.5 変数分離解補遺

例 3.1，つまり，直方体 $\mathscr{M}$ の の場合は，ここまでの議論の延長上で取り扱うことができる．熱伝導の方程式 (2.9) の解を変数分離解をもとにして構成できるのである．ここでは，§2.5 で示した考えを，例 3.1 の直方体 $\mathscr{M}$ の場合に適用し，固有値問題として扱ってみよう．すなわち，$\mathscr{M}$ における方程式

$$\frac{K}{C\,D}\left(\frac{\partial^2}{\partial x^2} + \frac{\partial^2}{\partial y^2} + \frac{\partial^2}{\partial z^2}\right) u + \tau u = 0 \qquad (2.16)$$

---

[17] 実は，一様収束する．

を，$\mathscr{M}$ の境界（表面）$\mathscr{S}$ での境界条件

$$Hu + Kn\cdot\mathrm{grad}\,u = 0 \tag{2.17}$$

のもとで成り立たせるような適当な定数 τ と（非自明な）関数 $u = u(x,y,z)$ を求めよう．

関数 $u(x,y,z)$ が1個の関数のみに依存する（自明でない）関数の積，つまり，変数分離形

$$u(x,y,z) = X(x)\,Y(y)\,Z(z) \tag{3.54}$$

として，(2.16) に代入すると，若干の整理の結果，

$$\frac{K}{CD}\left(\frac{X''(x)}{X(x)} + \frac{Y''(y)}{Y(y)} + \frac{Z''(z)}{Z(z)}\right) + \tau = 0$$

が得られる．変数 x, y, z は独立に動くから，この等式は，左辺の各項が定数であることを意味する．すなわち，適当な定数 ξ, η, ζ により，

$$\frac{X''(x)}{X(x)} = \xi, \quad \frac{Y''(y)}{Y(y)} = \eta, \quad \frac{Z''(z)}{Z(z)} = \zeta$$

$$0 \le x \le a, \quad 0 \le y \le b, \quad 0 \le z \le c$$

$$\xi + \eta + \zeta + \frac{CD}{K}\tau = 0$$

とおくことができる．

補題 3.2 $H > 0$ とする．定数 ξ, η, ζ の符号は

$$\xi < 0, \quad \eta < 0, \quad \zeta < 0$$

でなければならない．

3.5. 変数分離解補遺

実際,例えば,$Z(z)$ をとれば,

$$Z''(z) = \zeta\, Z(z), \quad 0 < z < c \tag{3.55}$$

となり,$Z(z)$ に課すべき境界条件は,(2.17) から

$$H\, Z(0) - K\, Z'(0) = 0, \quad H\, Z(c) + K\, Z'(c) = 0 \tag{3.56}$$

となる.さて,$H > 0$ ならば,補題 2.1 の議論を思い起こすと

$$\begin{aligned}
\zeta \int_0^c Z(z)^2\, dz &= \int_0^c Z(z)\, Z''(z)\, dz \\
&= [Z(z)\, Z'(z)]_0^c - \int_0^c Z'(y)^2\, dz \\
&= -\frac{H}{K}(Z(c)^2 + Z(0)^2) - \int_0^c Z'(y)^2\, dz < 0
\end{aligned}$$

だから,$\zeta < 0$ となる.$\xi < 0$,$\eta < 0$ も全く同様に示される.

さて,(3.55) は,適当な $\nu \neq 0$ によって

$$\zeta = -\nu^2 < 0 \tag{3.57}$$

とすることができる.そこで,

$$Z(z) = A \cos \nu z + B \sin \nu z$$

とおき,上掲の境界条件と照合すると,

$$H\, A - K\, \nu B = 0$$
$$H\, (A \cos \nu c + B \sin \nu c) + K\, (-A \nu \sin \nu c + B \nu \cos \nu c) = 0$$

となるから,A, B の係数の行列式は消えなければならない:

$$\begin{vmatrix} H & -K \nu \\ H \cos \nu c - K \nu \sin \nu c & H \sin \nu c + K \nu \cos \nu c \end{vmatrix} = 0$$

すなわち,

$$(H^2 - K^2\nu^2)\sin\nu c + 2HK\nu\cos\nu c = 0 \tag{3.58}$$

が成り立たなければならない. 特に, $H > 0$ ならば, グラフを考察すれば明らかなように, 各区間

$$\left((n-1)\frac{\pi}{c}, n\frac{\pi}{c}\right), \quad n = 1, 2, \cdots,$$

に, この方程式の根 $\nu = \nu_n$ が 1 個ずつある.

以上を命題の形に整理しよう.

命題 3.9 (3.54) における $Z(z)$ は, 固有値問題 (3.55) (3.56) の固有関数として得られる. 固有値は (3.58) を満たす $\nu \neq 0$ によって, $\zeta = -\nu_n^2$ ($n = 1, 2, \cdots$) となり, 対応する固有関数は

$$Z_n(z) = \nu_n \cos\nu_n z + \frac{H}{K}\sin\nu_n z \quad (\text{の定数倍})$$

である. $H > 0$ ならば, $Z_n(z)$, $n = 1, 2, \cdots$, に共通周期 (> 0) はない.

固有関数 $Z_n(z)$, 固有値 $-\nu_n^2$ については, 直交性やフーリエ級数の収束性について, §3.3 §3.4 とほぼ並行した議論が成立する.

注意 3.7 $H = 0$ (境界面で断熱されている場合) ならば, 固有値は $\nu = \nu_n = \dfrac{n\pi}{c}$, $n = 1, 2, \cdots$, に加え, $\nu = \nu_0 = 0$ (対応する固有関数 $Z_0(z) = $ 定数) も忘れてはならない.

変数分離解 (3.54) の他の因子 $X(x)$ も $Y(y)$ も, それぞれに設定された固有値問題の固有関数 $X_\ell(x), Y_k(y)$ として得ら

3.5. 変数分離解補遺

れ,対応する固有値,$\xi = -\lambda_\ell^2 < 0$, $\eta = -\mu_m^2 < 0$ も (3.58) の類比の関係式から求められる.すなわち,

$$X_\ell(x) = \lambda_\ell \cos \lambda_\ell x + \frac{H}{K} \sin \lambda_\ell x \text{ (の定数倍)}$$

$$(H^2 - K^2 \lambda_\ell^2) \sin \lambda_\ell a + 2HK\lambda_\ell \cos \lambda_\ell a = 0$$

$$\ell = 1, 2, \cdots$$

および

$$Y_m(y) = \mu_m \cos \mu_m y + \frac{H}{K} \sin \mu_m y \text{ (の定数倍)}$$

$$(H^2 - K^2 \mu_m^2) \sin \mu_m b + 2HK\mu_m \cos \mu_m b = 0$$

$$m = 1, 2, \cdots$$

である.

注意 3.8 $\ell, m, n = 1, 2, \cdots$ とする.

$$\tau_{\ell,m,n} = \frac{K}{CD}(\lambda_\ell^2 + \mu_m^2 + \nu_n^2)$$

とおくと,

$$v_{\ell,m,n}(x,y,z,t) = X_\ell(x) Y_m(y) Z_n(z) \exp(-\tau_{\ell,m,n} t)$$

は,直方体 $\mathscr{M}$ (例 3.1)における熱伝導方程式 (2.9) を境界条件ともども満たす.したがって,これらの 1 次結合

$$v(x,y,z,t) = \sum_{\ell=1}^{\infty} \sum_{m=1}^{\infty} \sum_{n=1}^{\infty} c_{\ell,m,n}\, v_{\ell,m,n}(x,y,z,t)$$

も(意味が付けば)(2.9) と境界条件とを満たす($c_{\ell,m,n}$:定数[18]).

---

[18] $H = 0$ の場合は,さらに,定数項 $c_{0,0,0}$ を加える.

問 3.4 $H > 0$ とする.温度関数の初期分布 $v_0(x, y, z) = v(x, y, z, t)$ によって,

$$c_{\ell,m,n} = \frac{\int_{\mathscr{M}} v_0(x,y,z) X_\ell(x) Y_m(y) Z_n(z) \, dxdydz}{\int_{\mathscr{M}} X_\ell(x)^2 Y_m(y)^2 Z_n(z)^2 \, dxdydz}$$

である.

注意 3.9 ヘルムホルツの方程式 (2.23) について,変数分離解が存在するような座標系の選択とそれに伴う変数分離解の構成についての詳細な議論が [37], 第 5 章(特に, 5.1 節)にある(まとめは,章末 pp.655–666).なお,この箇所は,物体 $\mathscr{M}$ の幾何学的な対称性の構造をより強く意識して整理し直すことができると思われる.

4

周期関数とベッセル関数

$$\phi x = \frac{1}{\pi} \int_{-\infty}^{+\infty} d\alpha \phi \alpha \int_0^\infty dq \cos.(q(x-\alpha))$$

$$\frac{dv}{dt} = \frac{K}{CD}\left(\frac{d^2v}{dx^2} + \frac{d^2v}{dy^2} * \frac{d^2v}{dz^2}\right)$$

$$\frac{1}{2}\pi\varphi x = \sin.x \int_0^\pi \varphi x \sin.x dx + \sin.2x \int_0^\pi \varphi x \sin.2x dx$$
$$+ \sin.3x \int_0^\pi \varphi x \sin.3x dx + etc.$$

$$\frac{1}{2}\pi\varphi x = \frac{1}{2}\int_0^\pi \varphi x dx + \cos.x \int_0^\pi \varphi x \cos.x dx$$
$$+ \cos.2x \int_0^\pi \varphi x \cos.2x dx + \cos.3x \int_0^\pi \varphi x \cos.3x dx + etc.$$

4.1 円柱座標と変数分離解

例 3.2 では，半径 R，高さ c の円柱内の熱伝導の方程式を円柱座標 r, θ, z を使って書き直した．この場合も，基礎となる考察を固有値問題の変数分離解から始めることは有効である．そこで，変数分離解を

$$u(r,\theta,z) = P(r)\,\Theta(\theta)\,Z(z) \tag{4.1}$$

とする．z, θ, r の変動域は，それぞれ，$0 \leq z \leq c, 0 \leq \theta < 2\pi$ および $0 < r \leq R$ である．θ に関しては，$\Theta(\theta)$ は周期 2π の周期関数として考える[1]．この変数分離解を，方程式

$$\frac{K}{CD}\left(\frac{\partial^2}{\partial r^2} + \frac{1}{r}\frac{\partial}{\partial r} + \frac{1}{r^2}\frac{\partial^2}{\partial \theta^2} + \frac{\partial^2}{\partial z^2}\right)u + \tau u = 0 \tag{4.2}$$

に代入し，整理すると，

$$\frac{P''(r)}{P(r)} + \frac{1}{r}\frac{P'(r)}{P(r)} + \frac{1}{r^2}\frac{\Theta''(\theta)}{\Theta(\theta)} + \frac{Z''(z)}{Z(z)} + \frac{CD}{K}\tau = 0$$

が得られる．ここで，r, θ, z は独立な変数だから，適当な定数 ζ, μ があって，

$$Z''(z) = \zeta\, Z(z) \tag{3.55}$$

$$\Theta''(\theta) = \mu\, \Theta(\theta) \tag{4.3}$$

$$r^2\, P''(r) + r\, P'(r) + (r^2\, \lambda + \mu)P(r) = 0 \tag{4.4}$$

$$0 < z < c, \quad 0 \leq \theta < 2\pi, \quad 0 < r \leq R, \quad \lambda = \zeta + \frac{CD}{K}\tau$$

とならなければならない．なお，$\tau > 0$ である．

境界面での様子であるが，円柱を囲む媒質の温度は 0 であるとして，$H > 0$，すなわち，熱の流出があり，

$$K\frac{\partial}{\partial n}u + H\, u = 0 \tag{4.5}$$

---

[1] すなわち，$\Theta(\theta + 2\pi) = \Theta(\theta), -\infty < \theta < \infty$, が成り立つ．

が境界面で成り立っているとしよう.ここで,$\frac{\partial}{\partial n}$ は境界面での外向き単位法線微分である.したがって,境界条件も,変数分離解の各因子について分離できる.すなわち,$Z(z)$ については,下底面 $z=0$ および上底面 $z=c$ で,

$$-K\,Z'(0)+H\,Z(0)=0, \quad K\,Z'(c)+H\,Z(c)=0 \quad (3.56)$$

が満たされるとしてよい.

注意 4.1 $Z(z)$ は (3.55) (3.56) を満たしており,結局,ここまでに繰り返し論じてきた固有値問題の場合に帰着する.特に,命題 3.9 で与えている固有値 $\zeta=-\nu_n^2<0$,固有関数 $Z_n(z)$ が,今の場合も得られる.

4.2 周期関数因子

変数分離解 (4.1) の因子 $\Theta(\theta)$ は,周期 2π の関数として,

$$\Theta''(\theta)=\mu\,\Theta(\theta), \quad \Theta(\theta+2\pi)=\Theta(\theta) \quad (4.6)$$

($-\infty<\theta<+\infty$) を満足する.境界条件はないが,代わりに,周期性の要請がある.これも固有値問題である.

周期上での積分を考えると,

$$\mu\int_0^{2\pi}\Theta(\theta)^2\,d\theta=\int_0^{2\pi}\Theta''(\theta)\Theta(\theta)\,d\theta=-\int_0^{2\pi}\Theta'(\theta)^2\,d\theta$$

だから,$\mu=0$ かつ $\Theta(\theta)=c_0$ (定数) の場合[2]を除き,$\mu<0$ となる.$\mu<0$ のときは,よく知られているように,固有値 $\mu=-m^2$, $m=1,2,\cdots$ に対して,固有関数 $\cos m\theta$ および $\sin m\theta$ が得られ,これらは独立であって,直交する:

$$\int_0^{2\pi}\cos m\theta\,\sin m\theta\,d\theta=0. \quad (4.7)$$

---

[2] フーリエの変数分離解では,この場合だけを考察している.

実際，左辺の被積分関数は $\dfrac{1}{2m}\dfrac{d}{d\theta}(\sin m\theta)^2$ に他ならないからである．

さらに，$n^2 \neq m^2$ ならば，a, b, c, d を任意の定数として

$$\int_0^{2\pi} \{a\cos m\theta + b\sin m\theta\} \times \\ \times \{c\cos n\theta + d\sin n\theta\}\,d\theta = 0 \qquad (4.8)$$

$$\int_0^{2\pi} \{a\cos m\theta + b\sin m\theta\}\,d\theta = 0 \quad (m \neq 0) \qquad (4.9)$$

である[3]．ちなみに，

$$\int_0^{2\pi} \cos^2 m\theta\,d\theta = \int_0^{2\pi} \sin^2 m\theta\,d\theta = \pi \qquad (4.10)$$

である．

フーリエ級数の基本は，一般の周期関数を三角関数系

$\cos m\theta,\ m = 0, 1, 2, \cdots$ および $\sin n\theta,\ n = 1, 2, \cdots$

によって表現することである．

周期 2π の関数 $f(\theta)$ が三角関数系の 1 次結合として表されるとするならば，

$$f(\theta) = c_0 + a_1\cos\theta + a_2\cos 2\theta + \cdots \\ + b_1\sin\theta + b_2\sin 2\theta + \cdots \qquad (4.11)$$

と表されるに違いない．すると，上掲の直交関係を念頭に置

---

[3] $n^2 \neq m^2$ のとき，固有値が異なるから $\sin n\theta$ あるいは $\cos n\theta$ が $\sin m\theta$ あるいは $\cos m\theta$ と直交する．$n = 0$ の場合も含む．

くと,

$$c_0 = \frac{1}{2\pi} \int_0^{2\pi} f(\theta)\, d\theta, \tag{4.12}$$

$$a_n = \frac{1}{\pi} \int_0^{2\pi} f(\theta) \cos n\theta\, d\theta, \tag{4.13}$$

$$b_n = \frac{1}{\pi} \int_0^{2\pi} f(\theta) \sin n\theta\, d\theta, \tag{4.14}$$

$$n = 1, 2, 3, \cdots$$

となるはずである.

周期 2π の関数 $f(\theta)$ について, (4.11) の右辺が (4.12) (4.13) (4.14) で与えられた係数のもとで意味を持ち, θ の関数を定め, しかも, その関数が $f(\theta)$ を再現するときに, (4.11) を $f(\theta)$ の三角級数展開といい, 右辺の級数を $f(\theta)$ のフーリエ級数という. (4.12) (4.13) (4.14) で与えられる係数を $f(\theta)$ のフーリエ係数とよび, 特に, $a_1, a_2, \cdots$ を余弦係数, $b_1, b_2, \cdots$ を正弦係数という. c_0 は平均値であるが, $a_0 = 2c_0$ を $1 = \cos(0 \cdot \theta)$ に対応する余弦係数として扱うこともある.

問 4.1　周期 2π の関数 $g(\theta)$ の 1 周期上の積分の値は, 周期区間の取り方に依らない：

$$\int_0^{2\pi} g(\theta)\, d\theta = \int_\delta^{\delta+2\pi} g(\theta)\, d\theta \quad (\delta：任意の実数).$$

特に, (4.12) (4.13) (4.14) において, 積分区間を $(-\pi, \pi)$ に変えてもフーリエ係数の値には影響しない.

問 4.2　周期 2π の関数 $g(\theta), h(\theta)$ について, 積 $g(\theta)h(\phi-\theta)$ は θ の関数として周期 2π になる.

問 4.3 周期 2π の関数 $g(\theta), h(\theta)$ について

$$\int_0^{2\pi} g(\theta)h(\phi-\theta)\,d\theta = \int_0^{2\pi} g(\phi-\theta)h(\theta)\,d\theta$$

が成り立ち，ϕ の関数として，周期 2π である．

フーリエ係数 (4.12) 〜 (4.14) の積分変数の表現を θ から ϕ に改めると (4.11) の右辺の一部は

$$c_0 + a_1\cos\theta + b_1\sin\theta$$
$$-\frac{1}{\pi}\int_0^{2\pi}\left\{\frac{1}{2}+\cos\phi\cos\theta+\sin\phi\sin\theta\right\}f(\phi)\,d\phi$$
$$=\frac{1}{2\pi}\int_0^{2\pi}(1+2\cos(\theta-\phi))\,f(\phi)\,d\phi$$

となる．この延長上の形式的な演算によれば，(4.11) 右辺は

$$\frac{1}{2\pi}\int_0^{2\pi}(1+2\cos(\theta-\phi)+2\cos 2(\theta-\phi)+\cdots)f(\phi)\,d\phi$$
$$=\frac{1}{2\pi}\int_0^{2\pi}\left(1+2\sum_{n=1}^{\infty}\cos n(\theta-\phi)\right)f(\phi)\,d\phi$$

と書き改められる．第二辺の被積分項に現われる無限和を整理し，まとめて，

$$\frac{1}{2\pi}\left(1+2\sum_{n=1}^{\infty}\cos n\theta\right) = \delta_p(\theta) \tag{4.15}$$

とするならば，$\delta_p(\theta)$ は周期 2π と考えられ，さらに，(4.11) は

$$f(\theta) = \int_0^{2\pi}\delta_p(\theta-\phi)\,f(\phi)\,d\phi = \int_0^{2\pi}f(\theta-\phi)\delta_p(\phi)\,d\phi$$

あるいは

$$f(\theta) = \int_{-\pi}^{\pi}f(\theta-\phi)\,\delta_p(\phi)\,d\phi \tag{4.16}$$

と表されることになる．つまり，$\delta_p(\theta)$ は周期的デルタ関数ということになる．しかし，もともと (4.15) には記号以上の意味はない．

実際，(4.15) 左辺の無限和については，N 項までの総和

$$\frac{1}{2\pi}\left(1+2\sum_{n=1}^{N}\cos n\theta\right)$$
$$=\begin{cases}\dfrac{2N+1}{2\pi}, & \theta\equiv 0\mod 2\pi \\ \dfrac{1}{2\pi}\dfrac{\sin(N+\frac{1}{2})\theta}{\sin\frac{1}{2}\theta}, & \theta\not\equiv 0\mod 2\pi\end{cases} \quad (4.17)$$

は[4]，$N\to\infty$ のとき，$\theta\equiv 0\mod 2\pi$ ならば $+\infty$ に発散し，一方，$\theta\not\equiv 0\mod 2\pi$ ならば有界に留まるのだが，例えば，$\theta\equiv\pi$ の場合には，$\pm\frac{1}{2\pi}$ の間を振動することから明らかなように，収束はしていない．しかし，(4.16) の成立には全く見込みがないわけではない．

問 4.4 (4.17) の成立を確かめよ[5]．

(4.17) の右辺はディリクレ核と呼ばれ，$D_N(\theta)$ と表される：

$$D_N(\theta)=\begin{cases}\dfrac{2N+1}{2\pi}, & \theta\equiv 0\mod 2\pi \\ \dfrac{1}{2\pi}\dfrac{\sin(N+\frac{1}{2})\theta}{\sin\frac{1}{2}\theta}, & \theta\not\equiv 0\mod 2\pi\end{cases} \quad (4.18)$$

(4.16) の代わりに

$$\lim_{N\to\infty}\int_{-\pi}^{\pi}f(\theta-\phi)\,D_N(\phi)\,d\phi=f(\theta) \quad (4.19)$$

---

[4] $\theta\equiv 0\mod 2\pi\Leftrightarrow\theta=2n\pi, n=0,\pm 1,\pm 2,\cdots$ である．
[5] ヒント：ド・モアヴルの等式 $\cos n\theta=\frac{1}{2}\{e^{-n\sqrt{-1}\,\theta}+e^{n\sqrt{-1}\,\theta}\}$ を利用し，等比級数の総和として扱うとよい．

あるいは

$$\lim_{N \to \infty} \int_{-\pi}^{\pi} \{f(\theta - \phi) - f(\theta)\} D_N(\phi) \, d\phi = 0 \qquad (4.20)$$

の成立,すなわち,(4.15)(4.16) を念頭に置けば,

$$\delta_p(\phi) = \lim_{N \to \infty} D_N(\phi) = \frac{1}{2\pi} \left(1 + 2 \sum_{n=1}^{\infty} \cos n\phi \right)$$

が意味を持つ場合について検討しよう.

問 4.5 等式

$$\int_{-\pi}^{\pi} D_N(\phi) \, d\phi = 1, \quad N = 1, 2, \cdots$$

を確かめよ.

さて,

$$g(\phi, \theta) = \frac{f(\theta - \phi) - f(\theta)}{2\pi \sin \frac{1}{2}\phi}$$

とおくと,

$$\int_{-\pi}^{\pi} \{f(\theta - \phi) - f(\theta)\} D_N(\phi) \, d\phi \\ = \int_{-\pi}^{\pi} g(\phi, \theta) \sin\left(N + \frac{1}{2}\right) \phi \, d\phi$$

となる.

補題 4.1 $g(\phi, \theta)$ (は,ϕ, θ それぞれについて周期 2π である)が,$-\pi \leq \phi \leq \pi$ において(θ によらずに)有界:$M > 0$ があって

$$|g(\phi, \theta)| \leq M, \quad -\pi \leq \phi \leq \pi \quad (-\pi \leq \theta \leq \pi) \qquad (4.21)$$

となるならば,任意の θ に対し,(4.20) が成り立つ.

4.2. 周期関数因子

注意 4.2 (4.21) が成り立つための十分条件は，$f(\theta)$ が周期内でリプシッツ連続であること，すなわち，ある $L > 0$ があって

$$|f(\phi) - f(\psi)| \leq L |\phi - \psi| \quad (|\phi - \psi| < 2\pi)$$

が成り立つことである．実際，このとき，

$$|g(\phi, \theta)| \leq \frac{L}{2\pi} \frac{|\phi|}{|\sin \frac{1}{2}\phi|} \leq \frac{L}{\pi} \max_{-\pi/2 \leq \phi \leq \pi/2} \left|\frac{\sin \phi}{\phi}\right| = M$$

である．

補題 4.1 は，リーマン・ルベーグの定理（後述の定理 7.1 参照）から従う．

ここまでを一応まとめておこう．

定理 4.1 周期関数 $f(\theta)$ が周期内でリプシッツ連続ならば，

$$\lim_{N \to \infty} \int_{-\pi}^{\pi} f(\theta - \phi) D_N(\phi) \, d\phi = f(\theta)$$

が成り立つ．

問 4.6 $f(\theta)$ が周期内で指数 η, $0 < \eta < 1$, のヘルダー連続，すなわち，

$$|f(\phi) - f(\psi)| \leq L_\eta |\phi - \psi|^\eta \quad (|\phi - \psi| < 2\pi)$$

を満たすならば，$g(\phi, \theta)$ は ϕ の関数として，周期区間で絶対可積分，すなわち，

$$\int_{-\pi}^{+\pi} |g(\phi, \theta)| \, d\phi < +\infty$$

である．このときも，（リーマン・ルベーグの定理によって）任意の θ に対し，(4.20) が成り立つ．したがって，定理 4.1 をこの場合に拡張できる．

例 4.1 周期 2π の関数の例を挙げる：$a > 0$ は任意の定数として，
$$f(\phi) = \sum_{n=-\infty}^{\infty} e^{-a(\phi - 2\pi n)^2}$$
とおくと，$-a(\phi - 2n\pi)^2 \leq -3a\pi^2 n^2 + 3a\phi^2$ だから，右辺の級数は，ϕ の任意の値に対して収束する．これより，$f(\phi)$ が周期 2π の周期関数であることがわかる．しかも，右辺の級数は ϕ に関して（任意の階数の）項別微分も収束するから，$f(\phi)$ は ϕ の関数として，無限回微分可能である．フーリエ係数を計算しよう：

$$c_0 = \frac{1}{2\pi} \int_0^{2\pi} f(\phi)\, d\phi = \frac{1}{2\pi} \int_{-\infty}^{\infty} e^{-a\phi^2}\, d\phi = \frac{1}{2\sqrt{a\pi}}$$

$$a_m = \frac{1}{\pi} \int_0^{2\pi} f(\phi) \cos m\phi\, d\phi$$
$$= \frac{2}{\pi} \int_0^{\infty} e^{-a\phi^2} \cos m\phi\, d\phi = \frac{1}{\sqrt{a\pi}} \exp\left(-\frac{m^2}{4a}\right)$$

$$b_m = \frac{1}{\pi} \int_0^{2\pi} f(\phi) \sin m\phi\, d\phi = \frac{1}{\pi} \int_{-\infty}^{\infty} f(\phi) \sin m\phi) = 0$$

したがって

$$f(\phi) = \frac{1}{2\sqrt{a\pi}} \left\{ 1 + 2 \sum_{m=1}^{\infty} \exp\left(-\frac{m^2}{4a}\right) \cos m\phi \right\}$$

である[6]．

注意 4.3 虚数部分が正の複素数 τ, $\Im \tau > 0$, に対し，$q = e^{i\pi\tau}$ とおく．ヤコービのテータ関数は $\zeta \in \mathbb{C}$ として，

$$\theta_3(\zeta|\tau) = 1 + 2 \sum_{m=1}^{\infty} q^{m^2} \cos 2m\zeta$$

---
[6] [10], 第 IV 章第 II 節第 281 項参考．

と定義される[7]. 例 4.1 は,

$$\sum_{n=-\infty}^{\infty} e^{-a(\phi-2\pi n)^2} = \frac{1}{2\sqrt{a\pi}} \theta_3 \left(\frac{1}{2}\phi \middle| \frac{i}{4a} \right)$$

を導いている.

4.3 動径を含む因子とベッセル関数

つぎに, $P(r)$ を見よう. 前節までの議論で $\zeta = -\nu_n^2$, $\mu = -m^2$ としたので, これより $0 < r < R$ において

$$r^2 P''(r) + r P'(r) + (\lambda r^2 - m^2) P(r) = 0 \quad (4.22)$$

$$\lambda = \frac{CD}{K} \tau - \nu_n^2$$

と整理される. 変数分離解の意義を考えると, $P(r)$ は, $r \to 0$ のとき, 少なくとも有界に留まっていなければならない.

また, 側面 $r = R$ では

$$K P'(R) + H P(R) = 0 \quad (4.23)$$

となる.

λ の選択は任意ではない.

補題 4.2 $\lambda > 0$, したがって, $\lambda = \alpha^2$ ($\alpha > 0$) とおくことができる.

実際, $m = 0$ の場合,

$$r P''(r) + P'(r) + \lambda r P(r) = 0 \quad (4.24)$$

---

[7] テータ関数は, 他に, $\theta_1(\zeta|\tau)$, $\theta_2(\zeta|\tau)$, $\theta_4(\zeta|\tau)$ がある. [65]（第 21 章）, [42]（第 20 章）参照.

と簡易化できる．$P(r)$ を乗じて，0 から R まで積分すると，

$$RP'(R)P(R) - \int_0^R P'(r)^2 r dr + \lambda \int_0^R P(r)^2 r dr = 0$$

となる．(4.23) より，$P(r) \neq 0$ ならば，

$$\lambda = \frac{1}{\int_0^R P(r)^2 r dr} \left(\frac{H}{K} R P(R)^2 + \int_0^R P'(r)^2 r dr \right) > 0$$

である．また，$m \geq 1$ の場合は，(4.22) の左辺に $P(r)$ を乗じて，0 から R まで積分すると，

$$\left(\frac{H}{K} + \frac{1}{2R} \right) R^2 P(R)^2$$
$$+ \int_0^R (rP'(r))^2 dr + \left(m^2 - \frac{1}{2} \right) \int_0^R P(r)^2 dr$$
$$= \lambda \int_0^R r^2 P(r)^2 dr$$

が従う．すなわち，この場合も，$P(r) \neq 0$ ならば $\lambda > 0$ でなければならない．

以上より，$\alpha = \sqrt{\lambda} > 0$ として (4.22) を書き直すと，

$$r^2 P''(r) + r P'(r) + (\alpha^2 r^2 - m^2) P(r) = 0() \qquad (4.25)$$

を得る．したがって，$P(r)$ の $r \to 0$ のときの挙動を考慮すると，基本的な特殊関数としてよく知られている m-次の第1種ベッセル関数 $J_m(s)$ によって

$$P(r) = J_m(\alpha r) \qquad (4.26)$$

と表すことができる．

4.3. 動径を含む因子とベッセル関数

ところで,m-次の第1種ベッセル関数 $J_m(s)$ とは何か. $J_m(s)$ は2階の常微分方程式(m 次ベッセルの微分方程式)

$$s^2 y''(s) + s y'(s) + (s^2 - m^2) y(s) = 0 \tag{4.27}$$

の整関数解である.べき級数表示は

$$J_m(s) = \sum_{k=0}^{\infty} (-1)^k \frac{(\frac{s}{2})^{m+2k}}{k!\,(m+k)!} \tag{4.28}$$

である.右辺は収束半径 $= +\infty$,すなわち,任意の複素数 s に対して収束する[8].

注意 4.4 フーリエは,0-次および 1-次の第1種ベッセル関数 $J_0(s), J_1(s)$ をべき級数を利用して計算している.特に,

$$J_0(s) = \frac{1}{\pi} \int_0^{\pi} \cos(s \sin \theta)\,d\theta \tag{4.29}$$

および

$$\frac{d}{ds} J_0(s) = -J_1(s) \tag{4.30}$$

を得ている[9].

(4.26) のもとで,境界条件 (4.23) から

$$\alpha J_m'(\alpha R) + \frac{H}{K} J_m(\alpha R) = 0 \tag{4.31}$$

が満たされていなければならない.

---

[8] 第1種ベッセル関数は,パラメータ m が一般の複素数 γ のときにも定義できる:

$$J_\gamma(s) = \left(\frac{s}{2}\right)^\gamma \sum_{k=0}^{\infty} (-1)^k \frac{(\frac{s}{2})^{2k}}{k!\,\Gamma(\gamma+k+1)}, \quad s \neq 0.$$

γ が整数 m のときは,$J_m(s)$ は s の整関数で,$J_{-m}(s) = (-1)^m J_m(s)$ となる.γ が非整数のときは,$J_\gamma(s)$ と $J_{-\gamma}(s)$ は,(4.27)(において $m = \gamma$ としたもの)の独立な解になる.

[9] [10], 第 6 章.なお, [64], 第 1.5 節参照.

命題 4.1 (4.31) を満たす α は単調増大列

$$0 < \alpha_{m,1} < \alpha_{m,2} < \alpha_{m,3} < \cdots \to \infty$$

を成す．しかも，直交関係

$$\int_0^\sigma J_m(\alpha_{m,k}\,s)\,J_m(\alpha_{m,\ell}\,s)\,s\,ds = 0, \quad k \neq \ell$$

が成り立つ．

実際，(4.27) により，$\alpha_{m,k} \neq \alpha_{m,\ell}$ として，

$$\left(\alpha_{m,\ell}^2 - \alpha_{m,k}^2\right) J_m(\alpha_{m,\ell}\,s) J_m(\alpha_{m,k}\,s)\,s$$
$$= J_m(\alpha_{m,\ell}\,s) \left(\alpha_{m,k}\,s\,J_m'(\alpha_{m,k}\,s)\right)'$$
$$\quad - \left(\alpha_{m,\ell}\,s\,J_m'(\alpha_{m,\ell}\,s)\right)' J_m(\alpha_{m,k}\,s)$$

となる．右辺を積分したものは部分積分により，

$$\int_0^R \Big\{ J_m(\alpha_{m,\ell}\,s)\,(\alpha_{m,k}\,s\,J_m'(\alpha_{m,k}\,s))'$$
$$\quad - (\alpha_{m,\ell}\,s\,J_m'(\alpha_{m,\ell}\,s))' J_m(\alpha_{m,k}\,s) \Big\}\,ds$$
$$= J_m(\alpha_{m,\ell}\,R)\,\alpha_{m,k}\,R\,J_m'(\alpha_{m,k}\,R)$$
$$\quad - \alpha_{m,\ell}\,R\,J_m'(\alpha_{m,\ell}\,R)\,J_m(\alpha_{m,k}\,R)$$

となるが，境界条件 (4.31) によって，これは消えてしまう．

系 4.1 $P_{m,k}(r) = J_m(\alpha_{m,k}r)$ は，微分方程式 (4.25) および境界条件 (4.31) を満足する．

以上を踏まえて，変数分離解 (4.1) に戻ろう．

4.3. 動径を含む因子とベッセル関数 87

命題 4.2 $m = 0, 1, 2, \cdots, k, n = 1, 2, \cdots$ に対し,

$$u_{m,k,n}(r, \theta, z) = J_m(\alpha_{m,k}) \left\{ \begin{array}{c} \cos m\theta \\ \sin m\theta \end{array} \right\} \sin \nu_n z \tag{4.32}$$

は，境界条件 (4.5) をみたし，方程式 (4.2) を，

$$\tau = \tau_{m,k,n} = \frac{K}{CD}(\alpha_{m,k}^2 + \nu_n^2) \tag{4.33}$$

のときに満足する変数分離解である.

したがって,

$$\begin{aligned} v(r, \theta, z, t) = \\ = \sum_{m,k,n} a_{m,k,n} \, \mathrm{e}^{-\tau_{m,k,n} t} \, J_m(\alpha_{m,k} r) \cos m\theta \, \sin \nu_n z \\ + \sum_{m,k,n} b_{m,k,n} \, \mathrm{e}^{-\tau_{m,k,n} t} \, J_m(\alpha_{m,k} r) \sin m\theta \, \sin \nu_n z \end{aligned} \tag{4.34}$$

は，(右辺の総和が意味を持てば) 熱伝導の方程式 (3.3) ならびに境界条件 (3.4)(3.5) を満足する (はずである). さらに, 初期分布については,

$$\begin{aligned} v_0(r, \theta, z) = \sum_{m,k,n} a_{m,k,n} \, J_m(\alpha_{m,k} r) \cos m\theta \, \sin \nu_n z \\ + \sum_{m,k,n} b_{m,k,n} \, J_m(\alpha_{m,k} r) \sin m\theta \, \sin \nu_n z \end{aligned} \tag{4.35}$$

が成り立つはずだから,

$$a_{0,k,n} = \frac{\int_0^{2\pi} d\theta \int_0^R r\,dr \int_0^c dz \, v_0(r, \theta, z) J_0(\alpha_{0,k} r) \sin \nu_n z}{2\pi \int_0^R r\,dr \int_0^c dz \, J_0(\alpha_{0,k} r)^2 \sin^2 \nu_n z}$$

となり，また，$m \geq 1$ ならば，$a_{m,k,n}$ および $b_{m,k,n}$ は，それぞれ,

$$\int_0^{2\pi} d\theta \int_0^R r\,dr \int_0^c dz \, v_0(r, \theta, z) \cos m\theta \, J_m(\alpha_{m,k} r) \sin \nu_n z$$

および

$$\int_0^{2\pi} d\theta \int_0^R r\,dr \int_0^c dz\, v_0(r,\theta,z) \sin m\theta\, J_m(\alpha_{m,k} r) \sin \nu_n z$$

を分子とし,

$$\pi \int_0^R r\,dr \int_0^c dz\, J_m(\alpha_{m,k} r)^2 \sin^2 \nu_n z$$

を共通の分母とする分数として表される.

注意 4.5 m 次ベッセルの微分方程式 (1.27) は,多項式係数の 2 階の常微分方程式

$$Q_0(s)\,y''(s) + Q_1(s)\,y'(s) + Q_2(s)\,y(s) = 0 \qquad (4.36)$$

の典型的な例になっている ($Q_0(s) = s^2$, $Q_1(s) = s$, $Q_2(s) = s^2 - m^2$).一般に,$Q_0(s) = 0$ となるような $s = s_0$ を方程式 (4.36) の特異点という.$s = s_0$ のまわりで,多項式 $Q_0(s), Q_1(s), Q_2(s)$ を

$$Q_0(s) = (s-s_0)^a\,\overline{Q}_0(s), \quad Q_1(s) = (s-s_0)^b\,\overline{Q}_1(s)$$
$$Q_2(s) = (s-s_0)^c\,\overline{Q}_2(s)$$

のように,$s-s_0$ の冪と,$\overline{Q}_0(s_0) \neq 0$, $\overline{Q}_1(s_0) \neq 0$, $\overline{Q}_2(s_0) \neq 0$ となる多項式 $\overline{Q}_0(s), \overline{Q}_1(s), \overline{Q}_2(s)$ との積で表せることに注意しよう.なお,このとき,$s = s_0$ の近くで

$$R_1(s) = \frac{\overline{Q}_1(s)}{\overline{Q}_0(s)} = \sum_{k=0}^{\infty} A_k (s-s_0)^k,\ A_0 \neq 0$$

$$R_2(s) = \frac{\overline{Q}_2(s)}{\overline{Q}_0(s)} = \sum_{k=0}^{\infty} B_k (s-s_0)^k,\ B_0 \neq 0$$

4.3. 動径を含む因子とベッセル関数

とべき級数で表される.特に,

$$a = 2, \quad b = 1, \quad c = 0$$

となるとき,$s = s_0$ は確定特異点といわれる.(4.36) は,確定特異点 $s = s_0$ の近くでは,

$$(s-s_0)^2\, y''(s) + (s-s_0)\, R_1(s)\, y'(s) + R_2(s)\, y(s) = 0 \quad (4.37)$$

と書き表すことができる.このとき,$s = s_0$ のまわりでのべき級数解

$$y(s) = (s-s_0)^\mu \sum_{k=0}^\infty C_k\, (s-s_0)^k, \quad C_0 \neq 0 \quad (4.38)$$

を想定し,その (4.37) への代入結果として得られるはずのべき級数が消えるとして,係数 C_k を逐次決定することにより,方程式 (4.37) の解が求められる(未定係数法).m-次の第 1 種ベッセル関数 $J_m(s)$ は方程式 (4.27) からこのようにして求められたものである.

未定係数法の粗筋を紹介する.べき級数解 (4.38) を方程式 (4.37) に代入し,結果をべき級数の形に整理すると,

$$(s-s_0)^\mu \sum_{k=0}^\infty Y_k\, (s-s_0)^k = 0$$

すなわち,すべての係数 Y_k について $Y_k = 0$ $(k = 0, 1, 2, \cdots)$ でなければならないから,各 $Y_k = 0$ を具体的に書き表してみよう.$k = 0$ に対しては,$Y_0 = 0$ から

$$\mathcal{I}(\mu)\, C_0 = 0$$

となる.ここで,

$$\mathcal{I}(X) = X(X-1) + A_0 X + B_0 \quad (4.39)$$

とした. $k \geq 1$ に対しては, $Y_k = 0$, つまり,

$$\mathcal{I}(k+\mu)\,C_k = -\sum_{\ell=0}^{k-1}(A_{k-\ell}\,(\ell+\mu)+B_{k-\ell})\,C_\ell$$

が得られる. $C_0 \neq 0$ だから

$$\mathcal{I}(\mu) = \mu(\mu-1) + A_0\mu + B_0 = 0 \qquad (4.40)$$

でなければならない. (4.40) を方程式 (4.37) の決定方程式といい, その根を方程式 (4.37) の指数という. $k \geq 1$ のときに $\mathcal{I}(k+\mu) \neq 0$ ならば, C_k は C_0 によって決定される[10]. なお, 一般に, 未定係数法だけで, (4.37) の独立な解をすべて求めることはできない.

4.4 例 3.3 の場合について

この場合も例 3.2 と同様に, 方程式 (4.2) の変数分離解 (4.1) を想定することができる. 各因子がみたすべき方程式は, 例 3.2 と共通, すなわち, (3.55) (4.3) (4.4) であるが, $P(r)$ については, $(0<)\,R_1 \leq r \leq R$ が考察すべき区間となり, したがって, 境界条件は,

$$\begin{cases} -K\,P'(R_1) + H\,P(R_1) = 0 \\ K\,P'(R) + H\,P(R) = 0 \end{cases} \qquad (4.41)$$

となる.

以上から, $Z(z)$, $\Theta(\theta)$ については, 例 3.2 と同様に, $\zeta = -\nu^2(=-\nu_n^2)$ 並びに $\mu = -m^2$ のもとで, $P(r)$ についての方程式 (4.22) にたどり着ける.

---

[10] ベッセルの方程式 (4.27) の場合, 決定方程式は $\mathcal{I}(X) = X^2 - m^2$ である. したがって, $\mathcal{I}(\pm m) = 0$ であり, $m \geq 0$ に対しては, $\mathcal{I}(m+k) \neq 0$ ($k \geq 1$) である.

4.4. 例 3.3 の場合について

問 4.7 補題 4.2 の類比が成り立つ．すなわち，境界条件 (4.41) を満足し，$R_1 \leq r \leq R$ における (4.22) をみたすような $P(r) (\neq 0)$ があるならば，$\lambda > 0$ でなければならない．

今の場合も，例 3.2 の場合同様，$\alpha = \sqrt{\lambda}$ とおいて，(4.22) から，$0 < R_1 < r < R$ のもとで

$$r^2 P''(r) + r P'(r) + (\alpha^2 r^2 - m^2) P(r) = 0 \qquad (4.42)$$

が得られる．α（したがって λ）の決定のために，境界条件 (4.41) が用いられるが，ここで，例 3.2 の場合と扱いが異なってくる．変数 r の下限が $R_1 > 0$ であることが基本的な違いであって，$P(r)$ の表現は，(4.42) の二つの独立な解，すなわち，第 1 種ベッセル関数 $J_m(s)$ だけでなく，第 2 種ベッセル関数 $Y_m(s)$ に基づくものをも考慮して，

$$P(r) = a J_m(\alpha r) + b Y_m(\alpha r) \qquad (4.43)$$

の形でなければならない．ただし，a, b は 0 にならない適当な定数である．ここで，$Y_m(s)$ は，ベッセルの微分方程式 (4.27) の解であって，

$$Y_m(s) = \lim_{\gamma \to m} \frac{J_\gamma(s) \cos \gamma \pi - J_{-\gamma}(s))}{\sin \gamma \pi}$$
$$= \frac{1}{\pi} \frac{\partial}{\partial \gamma} J_\gamma(s) \Big|_{\gamma = m} + (-1)^m \frac{1}{\pi} \frac{\partial}{\partial \gamma} J_\gamma(s) \Big|_{\gamma = -m}$$

で与えられ，$s > 0$ において，$J_m(s)$ とは独立である[11]．特に，ロンスキー行列式（ロンスキアン）は

$$J_m(s) Y_m'(s) - J_m'(s) Y_m(s) = \frac{4}{\pi} \frac{1}{s}, \quad s > 0, \qquad (4.44)$$

---
[11] $s \gg 1$ のとき，漸近展開（ハンケル展開）

$$J_m(s) \sim \left(\frac{2}{\pi s}\right)^{1/2} \Big\{ \cos\left(s - \frac{m\pi}{2} - \frac{\pi}{4}\right) \cdot U_m(s)$$
$$- \sin\left(s - \frac{m\pi}{2} - \frac{\pi}{4}\right) \cdot V_m(s) \Big\}$$

となる.

問 4.8 (4.44) を確認せよ（ヒント：(4.44) の左辺を $w(s)$ とすると，$sw(s) = $ 定数 が (4.27) から導かれる．脚注11)を利用せよ.）．

境界条件 (4.41) より

$$\left(\alpha K J'_m(\alpha R) + H J_m(\alpha R)\right) a \\ + \left(\alpha K Y'_m(\alpha R) + H Y_m(\alpha R)\right) b = 0$$

$$\left(-\alpha K J'_m(\alpha R_1) + H J_m(\alpha R_1)\right) a \\ + \left(-\alpha K Y'_m(\alpha R_1) + H Y_m(\alpha R_1)\right) b = 0$$

となるが，a, b は自明ではないから，対応する行列式

$$\begin{aligned}\Delta_m(\alpha) \\ = &-\alpha^2 K^2 \Big(J'_m(\alpha R_1) Y'_m(\alpha R) - Y'_m(\alpha R_1) J'_m(\alpha R)\Big) \\ & - \alpha K H \Big(J'_m(\alpha R_1) Y_m(\alpha R) - Y'_m(\alpha R_1) J_m(\alpha R)\Big) \\ & + \alpha K H \Big(J_m(\alpha R_1) Y'_m(\alpha R) - Y_m(\alpha R_1) J'_m(\alpha R)\Big) \\ & + H^2 \Big(J_m(\alpha R_1) Y_m(\alpha R) - Y_m(\alpha R_1) J_m(\alpha R)\Big)\end{aligned} \quad (4.45)$$

は消えなければならない：$\Delta_m(\alpha) = 0$.

$$Y_m(s) \sim \left(\frac{2}{\pi s}\right)^{1/2} \Big\{ \sin\left(s - \frac{m\pi}{2} - \frac{\pi}{4}\right) \cdot U_m(s) \\ + \cos\left(s - \frac{m\pi}{2} - \frac{\pi}{4}\right) \cdot V_m(s) \Big\}$$

が成り立つ．$U_m(s), V_m(s)$ は $\frac{1}{s}$ の級数で

$$U_m(s) = 1 + \mathrm{O}(\frac{1}{s^2}), \quad V_m(s) = 1 + \mathrm{O}(\frac{1}{s})$$

である．この漸近関係は，両辺を s で微分しても保たれる（[65], p.368, p.371 参照）．

4.4. 例 3.3 の場合について

補題 4.3 行列式 (4.45) は，$\alpha_{m,k} \to \infty, k \to \infty,$ となる無限個の零点

$$\Delta_m(\alpha) = 0, \quad \alpha = \alpha_{m,k}, \quad k = 1, 2, \cdots \qquad (4.46)$$

を持つ．このとき，(4.43) は，$c_{m,k}$ を任意の定数として

$$P_{m,k}(r) = c_{m,k}\left(a_{m,k}\,J_m(\alpha_{m,k}\,r) + b_{m,k}\,Y_m(\alpha_{m,k}\,r)\right)$$
$$a_{m,k} = -K\,\alpha_{m,k}\,Y'_m(\alpha_{m,k}\,R) - H\,Y_m(\alpha_{m,k}\,R),$$
$$b_{m,k} = \alpha_{m,k}\,K\,J'_m(\alpha_{m,k}\,R) + H\,J_m(\alpha_{m,k}\,R)$$

となる．

実際，$\alpha \gg 1$ ならば，漸近的に

$$\frac{1}{\alpha}\,\Delta_m(\alpha) \sim -\frac{4K^2}{\sqrt{RR_1}}\,\sin((R-R_1)\alpha) + \mathrm{O}\!\left(\frac{1}{\alpha}\right)$$

となるからである（脚注11) 参照）．

命題 4.3 $\alpha_{m,\ell} \neq \alpha_{m,k}$ ならば，

$$\int_{R_1}^{R} P_{m,\ell}(r)P_{m,k}(r)r\,dr = 0,$$

すなわち，$P_{m,\ell}(r)$ と $P_{m,k}(r)$ とは直交する．

実際，方程式 (4.42) を利用すると，

$$(\alpha_{m,\ell}^2 - \alpha_{m,k}^2)\,P_{m,\ell}(r)P_{m,k}(r)r$$
$$= -\Big(r\,\{P'_{m,\ell}(r)P_{m,k}(r) - P_{m,\ell}(r)P'_{m,k}(r)\}\Big)'$$

となるから，仕上げに，境界条件 (4.41) を使えばよい．

注意 4.6 以上の結果を組み合わせると，(4.34) (4.35) とほぼ同様に（若干複雑になるものの）熱方程式の解を構成することができる．詳細は読者に任せたい．解の第一近似を得るという意味では，(4.46) の正の最小根 $\alpha_{m,1}$ を評価することが大事である．

4.5 球体の場合

例 3.4 では，球座標系による熱伝導の方程式 (3.10) を掲げた．この場合も，対応する固有値問題

$$\frac{K}{DC}\left\{\frac{\partial^2}{\partial r^2}+\frac{2}{r}\frac{\partial}{\partial r}+\frac{1}{r^2}\Lambda_{\theta,\psi}\right\}u(r,\theta,\psi) \\ +\tau\,u(r,\theta,\psi)=0 \quad (4.47)$$

（ただし，$\Lambda_{\theta,\psi}$ は球面ラプラシアン

$$\Lambda_{\theta,\psi}=\frac{1}{\sin^2\psi}\frac{\partial^2}{\partial\theta^2}+\frac{\partial^2}{\partial\psi^2}+\frac{\cos\psi}{\sin\psi}\frac{\partial}{\partial\psi} \quad (3.12)$$

とする）を考え，その解，つまり，固有値 τ と変数分離解

$$u(r,\theta,\psi)=P(r)\,\Theta(\theta)\,\Psi(\psi) \quad (4.48)$$

の形の固有関数を求めることから出発しよう．ここで，

$$0<r<R, \quad 0<\psi<\pi, \quad 0<\theta<2\pi$$

であるが，境界条件は，(3.14) から，$\Psi(\psi)$ には課さず，$P(r)$ に対して

$$H\,P(R)+K\,P'(R)=0 \quad (4.49)$$

とする．一方，$\Theta(\theta)$ は，θ について周期 2π の周期関数を想定する．

(4.47) に代入すれば

$$\frac{r^2 P''(r) + 2r P(r)}{P(r)} + \frac{CD}{K}\tau r^2 + \frac{\Lambda_{\theta,\psi}(\Theta(\theta)\Psi(\psi))}{\Theta(\theta)\Psi(\psi)} = 0$$

が得られる．したがって，従前のように，適当な定数 λ によって

$$\Lambda_{\theta,\psi}(\Theta(\theta)\Psi(\psi)) = \lambda\,\Theta(\theta)\Psi(\psi) \qquad (4.50)$$

$$r^2 P''(r) + 2r P'(r) + \left(\frac{CD}{K}\tau\,r^2 + \lambda\right) P(r) = 0 \qquad (4.51)$$

と表される．(4.50) は，さらに，(3.12) によって整理すると，適当な定数 μ によって，

$$\Theta''(\theta) + \mu\,\Theta(\theta) = 0 \qquad (4.52)$$

$$\Psi''(\psi) + \frac{\cos\psi}{\sin\psi}\,\Psi'(\psi) - \left(\lambda + \frac{\mu}{\sin^2\psi}\right)\Psi(\psi) = 0 \qquad (4.53)$$

となる．ここで，$\Theta(\theta)$ が周期 2π に注意すると，$\mu = m^2$, $m = 0, 1, 2, \cdots$, しかも，

$$\Theta(\theta) = \left\{\begin{array}{c} \cos m\theta \\ \sin m\theta \end{array}\right\} \quad (\text{の定数倍})$$

としてよい（ただし，$m = 0$ のときは，$\cos(0\cdot\varphi) = \cos 0 = 1$ のみ）．したがって，$\mu = m^2$ として，(4.53) を

$$\frac{1}{\sin\psi}\left(\sin\psi \cdot \Psi'(\psi)\right)' - \left(\frac{m^2}{\sin^2\psi} + \lambda\right)\Psi(\psi) = 0 \qquad (4.54)$$

と書き直すことができる．

補題 4.4　(4.54) において，$\lambda < 0$ である．

両辺に $\Psi(\psi)\sin\psi$ を乗じて 0 から π まで積分すると

$$-\int_0^\pi \Psi'(\psi)^2 \sin\psi\,d\psi - n^2 \int_0^\pi \frac{\Psi(\psi)^2}{\sin\psi}d\psi$$
$$= \lambda \int_0^\pi \Psi(\psi)^2 \sin\psi\,d\psi$$

となるから,$\lambda < 0$ でなければならない.

さて,$s = \cos\psi$ とおき,s の関数 $L(s)$ によって,$\Psi(\psi) = L(\cos\psi)$ と表すことができるとする.さらに,$\lambda < 0$ を踏まえて,

$$\lambda = -\ell(\ell+1), \quad \ell = 1, 2, \cdots \tag{4.55}$$

とおけば,(4.54) は,ルジャンドルの微分方程式

$$\begin{aligned}\frac{d}{ds}\Big\{(1-s^2)\frac{d}{ds}L(s)\Big\} \\ + \Big(\ell(\ell+1) - \frac{m^2}{1-s^2}\Big)L(s) = 0, \\ -1 < s < 1\end{aligned} \tag{4.56}$$

に書き直される.

注意 4.7 よく知られているように,(4.56) には,$m = 0$ ならば,多項式解(ℓ-次ルジャンドル多項式 $P_\ell(s)$)がある[12].また,$m = 1, 2, \cdots, \ell$ ならば,ルジャンドルの陪関数

$$P_\ell^m(s) = (1-s^2)^{\frac{1}{2}m}\frac{d^m}{ds^m}P_\ell(s) \tag{4.57}$$

が解になる.これらについての詳細は,青本 [2], 森口他 [36], Watson [64], Whittaker-Watson [65], Olver 他 [42] をご覧いただきたい.

---

[12] ルジャンドル多項式について筆者なりの解釈を加えたものを §B に収めてある.

(4.55) のもとでは，(4.50) は，$Y(\theta,\psi) = \Theta(\theta)\Psi(\psi)$ として

$$\Lambda_{\theta,\psi} Y(\theta,\psi) + \ell(\ell+1) Y(\theta,\psi) = 0 \tag{4.58}$$

である．注意 4.7 を踏まえ，

$$\Psi(\psi) = P_\ell^m(\cos\psi), \quad m = 0, 1, \cdots, \ell,$$

ととることができる．したがって，次を得る．

命題 4.4 $\ell = 1, 2, \cdots$ とする．(4.58) には，$2\ell + 1$ 個の独立な解

$$P_\ell(\cos\psi), \quad P_\ell^m(\cos\psi)\cos m\theta), \quad P_\ell^m(\cos\psi)\sin\theta \tag{4.59}$$

($m = 1, \cdots, \ell$) がある[13]．これらの 1 次結合は，ℓ 次の球面調和関数と呼ばれる．

さて，$\lambda = -\ell(\ell+1)$ のもとで $P(r)$ が満たすべき方程式は

$$\begin{aligned}r^2 P''(r) &+ 2r P'(r) \\&+ \left(-\ell(\ell+1) + \frac{CD}{K}\tau r^2\right) P(r) = 0\end{aligned} \tag{4.60}$$

$(0 < r < R)$ である．$P(r)$ は $r \to 0$ では有界であり，$r = R$ では，境界条件 (4.49) を満足する．一般論（補題 2.1）から，$\tau > 0$ はすでに知るところであるが，今の場合の直接検証もできる．

補題 4.5 境界条件 (4.49) のもとで，$\tau > 0$ である．

---

[13] $\ell = 0$ のときは，定数解だけである．

実際，(4.60) 両辺に $P(r)$ を乗じて 0 から R まで積分し，部分積分など必要な操作を施すと，

$$r^2 P(r) P'(r) \Big|_{r=0}^{R} - \int_0^R r^2 P'(r)^2 dr - \ell(\ell+1) \int_0^R P(r)^2 dr$$
$$+ \frac{CD}{K} \tau \int_0^R r^2 P(r)^2 dr = 0$$

が得られる．左辺第1項は，境界条件 (4.49) により

$$R^2 P(R) P'(R) = -\frac{H}{K} R^2 P(R)^2 < 0$$

である．

さて，方程式 (4.60) において，$r = 0$ は確定特異点であり，決定方程式は

$$\mathcal{I}(X) = X(X-1) + 2X - \ell(\ell+1)$$
$$= (X - \ell)(X + \ell + 1) = 0$$

である．したがって，$r = 0$ で正則な解を

$$P(r) = r^\ell \sum_{j=0}^{\infty} a_j r^j, \quad a_0 \neq 0,$$

の形で求めることができる．ここで，方程式に代入すれば，$a_{-1} = 0$, $a_0 \neq 0$ として

$$\mathcal{I}(\ell + j) a_j + \frac{CD}{K} \tau a_{j-2} = 0, \quad j \geq 1$$

でなければならないから，

$$P(r) = a_0 r^\ell \left\{ 1 + \sum_{j=1}^{\infty} \frac{(-\frac{CD}{K}\tau)^j}{\mathcal{I}(\ell + 2j) \cdots \mathcal{I}(\ell + 2)} r^{2j} \right\}$$

4.5. 球体の場合

となるが,$\mathcal{I}(\ell+2j) = 2^2 j\,(\ell+j+1)$ により, $\ell+\frac{1}{2}$ 次の第 1 種ベッセル関数[14] $J_{\ell+1/2}(s)$ によって

$$P(r) = \Gamma(\ell+3/2)\left(2\sqrt{\frac{K}{CD\tau}}\right)^{\ell+1/2} \times$$
$$\times r^{-1/2} J_{\ell+1/2}\left(\sqrt{\frac{CD\tau}{K}}\,r\right)$$

が得られる. τ の決定は, 境界条件 (4.49) によって, すなわち,

$$\left(r^{-1/2} J_{\ell+1/2}\left(\sqrt{\frac{CD\tau}{K}}\,r\right)\right)' \\ + \frac{H}{K} r^{-1/2} J_{\ell+1/2}\left(\sqrt{\frac{CD\tau}{K}}\,r\right)\Bigg|_{r=R} = 0 \tag{4.61}$$

によって行う.

補題 4.6 $\ell = 1, 2, \cdots$ とする. (4.61) は, τ について, 無数の根 $0 < \tau_{\ell,1} < \tau_{\ell,2} < \cdots$ がある.

(4.61) から, $\rho = \sqrt{\frac{CD\tau}{K}}$ として,

$$\left(H - \frac{K}{2R}\right) J_{\ell+1/2}(R\rho) + K\rho J_{\ell+1/2}'(R\rho) = 0$$

となる. ベッセル関数とその導関数の零点分布の間に成り立つ関係から, 補題が従う.

注意 4.8 方程式 (4.47) において $\tau = 0$ の場合, すなわち,

$$\left\{\frac{\partial^2}{\partial r^2} + \frac{2}{r}\frac{\partial}{\partial r} + \frac{1}{r^2}\Lambda_{\theta,\psi}\right\} u(r,\theta,\psi) = 0$$

---
[14] 脚注8)を見よ.

は，球体 $\mathscr{M}$ 内の調和関数 $u(r,\theta,\psi)$ を求めることに相当する．この場合も変数分離形 (4.48) が有効であるとすれば，方程式系 (4.50) (4.51) が得られる．ただし，(4.51) において，$\tau = 0$ である．また，補題 4.4 に至る議論は τ の値とは無関係だから，今の場合も $\lambda < 0$ としてよい．したがって，

$$\lambda = -\ell(\ell+1), \quad \ell = 1, 2, \cdots$$

とおくと，この場合の (4.51) は，

$$r^2 P''(r) + 2r P'(r) - \ell(\ell+1) P(r) = 0 \tag{4.62}$$

となる．$r = 0$ で正則な (4.62) の解は $P(r) = c r^\ell$（c：定数）しかない．すなわち，r^ℓ と ℓ 次の球面調和関数の積は，調和関数である．一般に，3 次元空間内の調和関数は，これらの重ね合せになる．

4.6　円環体の場合

例 3.5 の場合について注意をしておこう．対応するヘルムホルツ方程式 (2.23) は，(3.20) により

$$\begin{aligned}
&\frac{(\cosh(\xi) - \cos(\eta))^3}{c_0^2 \sinh(\xi)} \times \\
&\times \left\{ \frac{\partial}{\partial \xi} \left(\frac{\sinh \xi}{\cosh \xi - \cos \eta} \frac{\partial}{\partial \xi} \right) \right. \\
&\quad + \sinh \xi \frac{\partial}{\partial \eta} \left(\frac{1}{\cosh \xi - \cos \eta} \frac{\partial}{\partial \eta} \right) \\
&\quad \left. + \frac{1}{\sinh \xi (\cosh \xi - \cos \eta)} \frac{\partial^2}{\partial \theta^2} \right\} u + \kappa^2 u = 0
\end{aligned} \tag{4.63}$$

となる．ここで，$u = u(\theta, \xi, \eta)$ であるが，変数分離解を試みるのは当然であろう．そこで，$\Theta''(\theta) = -\mu^2 \Theta(\theta)$ と，$w(\xi, \eta)$

とによって,
$$u(\theta,\xi,\eta) = \sqrt{\cosh(\xi)-\cos(\eta)}\,\Theta(\theta)\,w(\xi,\eta)$$
と置き,代入計算を行うと,

$$\frac{(\cosh(\xi)-\cos(\eta))^2}{c_0^2 \sinh(\xi)} \left\{ \frac{\partial}{\partial \xi}\left(\sinh(\xi)\frac{\partial}{\partial \xi}w\right) \right.$$
$$\left. + \sinh(\xi)\frac{\partial^2}{\partial \eta^2}w + \frac{\sinh(\xi)}{4}w - \frac{\mu^2}{\sinh(\xi)}w \right\} + \kappa^2 w = 0$$

となる.

ここで,$\kappa = 0$ ならば,$H''(\eta) = -\nu^2 H(\eta)$ によって,$w(\xi,\eta) = \Xi(\xi)H(\eta)$ と置くと,

$$\frac{\partial}{\partial \xi}\left(\sinh(\xi)\frac{\partial}{\partial \xi}\Xi(\xi)\right)$$
$$+ \left\{\left(\frac{1}{4}-\mu^2\right)\sinh(\xi) - \frac{\nu^2}{\sinh(\xi)}\right\}\Xi(\xi) = 0$$

が得られる.しかし,$\kappa > 0$ の場合には,変数分離できない[15]).

注意 4.9　円環体は応用上重要な形状であり,今でも,扱いやすい解の表示が種々工夫されている.

4.7　フーリエによる円環体の熱伝導の扱い

フーリエは,物体の形状によっては,熱伝導の方程式を確立したものとして議論の出発点にせずに,方程式導出の過程を改めて追いかける方がよいことがあるとして,特に,断面の内径が極めて小さい場合の円環体の場合を挙げている.この場合には,一般の媒質における熱伝導の方程式を特化させ

---

[15]) なお,[37],[66] 参照.

るよりも，熱伝導の方程式の導出の方を特化させた方がよいというのである．

そこで，まず，内部伝導率 K，比熱 C，密度 D の媒質から円環体が構成されているとし，さらに，この円環体が温度一定の低温（温度 0）の一様な流れの中にあるときの円環体表面の外部伝導率は H であるとする．一方，円環体の断面は，極めて小さい半径 ϵ の円板[16]し，各断面の中心は半径 R の円，中央円，を描くとする．この中央円の一点を基準にして，この点から測った中央円の弧長を表すパラメータを θ とする．

注意 4.10 円環体の断面の半径 ϵ が極めて小さいとは，円環体内の温度分布を記述するにあたり，各断面においては温度分布は一様，つまり，円環体の温度分布は，中央円の弧長パラメータ θ と時刻 t だけで記述される，すなわち，$v = v(\theta, t)$ と表して議論を進めてよいという了解になる．

この設定のもとで，フーリエの考えをなぞろう．

円環体の中央円上で近接する 2 点 θ，$\theta + d\theta$ における断面，S_θ，$S_{\theta+d\theta}$，に挟まれた円環体の部分 dV について，その熱収支を見るのである．

dV は，直円筒と考えてよく，その断面の周長は $\ell = 2\pi\epsilon$，面積は $S = \pi\epsilon^2$ だから，側面 Σ の面積は $\sigma = \ell d\theta = 2\pi\epsilon d\theta$，体積は $S d\theta = \pi\epsilon^2 d\theta$ となる．円環体内の熱流によって，時刻 t から微小時間 dt 経過する間に，断面 S_θ を $KS\dfrac{d}{d\theta}v(\theta, t)\,dt$ の熱が通過し[17]，断面 $S_{\theta+d\theta}$ を $KS\dfrac{d}{d\theta}v(\theta + d\theta, t)\,dt$ の熱が通過する．また，側面からは $H\sigma v(\theta, t)\,dt$ の熱が放散される．要するに，この極細の円環体内での熱の移動は中央円に沿っ

---

[16] フーリエは断面を長方形としているが，断面の形は以下の議論では本質的ではない．

[17] S_θ の外部法線方向とは，すなわち，θ の減少する方向である．

4.7. フーリエによる円環体の熱伝導の扱い

て,つまり,円環体の緯線方向のみと想定しているわけである.

まず,外部から他に熱が加えられていない場合を考えよう.

命題 4.5 外部からの熱の供給がなければ,

$$\frac{\partial}{\partial t} v(\theta, t) = k \frac{\partial^2}{\partial \theta^2} v(\theta, t) - h\, v(\theta, t), \tag{4.64}$$

$$k = \frac{K}{CD}, \quad h = \frac{H\ell}{CDS} = \frac{H}{CD}\frac{2}{\epsilon} \tag{4.65}$$

となる.ここで,今日の偏微分記号を用いた.

実際,このような円環体の部分 dV では,時間経過 dt の間に

$$-KS \frac{d}{d\theta} v(\theta, t)\, dt + KS \frac{d}{d\theta} v(\theta + d\theta, t)\, dt - H\sigma\, v(\theta, t)\, dt$$
$$= KS \frac{d^2}{d\theta^2} v(\theta, t)\, d\theta dt - H\ell\, v(\theta, t)\, d\theta dt$$

の熱が滞留する.温度の増加量 $\frac{d}{dt} v(\theta, t)\, dt$ は,V の熱容量 $CDS\, d\theta$ に注意して,

$$\frac{KS \frac{d^2}{d\theta^2} v(\theta, t)\, d\theta dt - H\ell\, v(\theta, t)\, d\theta dt}{CDS d\theta}$$

と一致する.

注意 4.11 $v(\theta, t)$ の代わりに $u(\theta, t) = v(\theta, t)\, \mathrm{e}^{-ht}$ をとりあげると,$\frac{\partial}{\partial t} u = k \frac{\partial^2}{\partial \theta^2} u$ となる.

一方,dV は外部から一定温度 $T(>0)$ の熱を加えられているとすると,dt の間に側面を通して受け取る熱の量は,

$$T \sigma dt = \ell T\, d\theta\, dt$$

である．したがって，dV の温度の増加量は

$$\frac{KS \frac{d^2}{d\theta^2} v(\theta,t)\,d\theta dt - H\ell\, v(\theta,t)\,d\theta dt + \ell T d\theta dt}{CD\, S d\theta}$$

となる．以上から，次を得る．

命題 4.6 $\theta = \theta_0$ において温度 T で加熱され，その他の点では全く加熱されていないときは，

$$\frac{\partial}{\partial t} v(\theta,t) = k \frac{\partial^2}{\partial \theta^2} v(\theta,t) - h\, v(\theta,t) + h \frac{T}{H} \delta(\theta - \theta_0) \quad (4.66)$$

となる．ここで，

$$\delta(\theta - \theta_0) = \begin{cases} \infty, & \theta = \theta_0 \\ 0, & \theta \neq \theta_0 \end{cases} \quad (4.67)$$

は $\theta = \theta_0$ における衝撃関数（デルタ関数）である[18]．

フーリエによる (4.64)(4.66) の導出では局所的な考察しかしていないが，温度分布は，パラメーター θ について，中央円の一周の長さ $L = 2\pi R$ を周期として，周期的と考えるべきである．したがって，一点 θ_0 でのみ加熱されている場合は，(4.66) を θ が 1 周期分変動するとして把握するのがよい．

注意 4.12 ただし，(4.64) (4.66) 右辺の係数に（実は (4.65) により）$\dfrac{1}{\epsilon}$ が現れてしまうのは（導出の趣旨から言って）好ましいとは言えない．

---

[18] むしろ，

$$\delta(\theta - \theta_0)\,d\theta = \begin{cases} 1, & \theta = \theta_0 \\ 0, & \theta \neq \theta_0 \end{cases}$$

あるいは，

$$\int_{\text{周期}} \delta(\theta - \theta_0)\,d\theta = 1$$

と把握する．

4.7. フーリエによる円環体の熱伝導の扱い

さらに，フーリエに従って，定常状態の温度分布 $v_e(\theta)$ を検討しよう．フーリエは，(4.66) に相当する場合を考察する．

補題 4.7 このとき，$t \to \infty$ に伴って，温度関数 $v(\theta, t)$ は定常状態の温度分布 $v_e(\theta)$ に移行する．$v_e(\theta)$ は，方程式

$$k \frac{\partial^2}{\partial \theta^2} v_e(\theta) - h\, v_e(\theta) + h \frac{T}{H} \delta(\theta - \theta_0) = 0. \qquad (4.68)$$

を満たす．なお，(4.66) (4.68) において，θ に関する周期性から，以下では，

$$-\frac{L}{2} < \theta < \frac{L}{2}, \quad \theta_0 = 0 \qquad (4.69)$$

と置くことにする．

検証のために，$w(\theta, t) = v(\theta, t) - v_e(\theta)$ とおくと，

$$\lim_{t \to \infty} \int_{-L/2}^{L/2} w(\theta, t)^2\, d\theta = 0$$

が成り立ち，$\lim_{t \to \infty} w(\theta, t) = 0$ となって，確かに，$v_e(\theta)$ が $t \to \infty$ のときの温度分布の平衡状態を表すことを見よう．実際，(4.66) (4.68) から

$$\frac{\partial}{\partial t} w(\theta, t) = k \frac{\partial^2}{\partial \theta^2} w(\theta, t) - h\, w(\theta, t), \quad -\frac{L}{2} < \theta < \frac{L}{2}, \quad (4.70)$$

となるので，両辺に $w(\theta, t)$ を乗じ，θ に関する周期性を利用し，θ について 1 周期だけ積分すると，

$$\begin{aligned}
&\frac{1}{2} \frac{d}{dt} \int_{-L/2}^{L/2} w(\theta, t)^2\, d\theta \\
&= -k \int_{-L/2}^{L/2} \left(\frac{\partial w}{\partial \theta}(\theta, t) \right)^2 d\theta - h \int_{-L/2}^{L/2} w(\theta, t)^2\, d\theta \\
&\leq -h \int_{-L/2}^{L/2} w(\theta, t)^2\, d\theta
\end{aligned}$$

が得られ，したがって[19]，

$$\int_{-L/2}^{L/2} w(\theta,t)^2 \, d\theta \leq \exp(-2h\,t) \int_{-L/2}^{L/2} w(\theta,0)^2 \, d\theta$$

となるが，$t \to \infty$ のときに右辺は 0 に収束する．

さて，定常解 $v_e(\theta)$ を (4.68)(4.69) から具体的に求めよう．簡単のために

$$a = \sqrt{\frac{h}{k}} = \sqrt{\frac{2}{\epsilon}\frac{H}{K}}, \quad b = \frac{H\ell}{KS} = \frac{2}{\epsilon}\frac{T}{K}$$

と置こう．このとき，(4.68) は

$$v_e''(\theta) - a^2 v_e(\theta) + b\,\delta(\theta) = 0, \quad -\frac{L}{2} < \theta < \frac{L}{2}$$

となる．

命題 4.7 定常解は

$$\begin{aligned}
v_e(\theta) = &\frac{b}{2a}\left(\frac{e^{-aL/2}}{e^{aL/2} - e^{-aL/2}} - \eta(\theta)\right) e^{a\theta} \\
&+ \frac{b}{2a}\left(\frac{e^{aL/2}}{e^{aL/2} - e^{-aL/2}} + \eta(\theta)\right) e^{-a\theta}, \quad (4.71) \\
&-\frac{L}{2} < \theta < \frac{L}{2}
\end{aligned}$$

---

[19] グロンウォールの不等式：すなわち，定数 $A > 0$, $B > 0$ として，

$$u(x) \leq A \int_0^x u(y)\,dy + B, \quad x > 0$$

ならば

$$u(x) \leq B\,e^{Ax}, \quad x > 0$$

が成り立つという命題に基づく．検証は難しくない．常微分方程式論の標準的な課程での必須の知識である．

4.7. フーリエによる円環体の熱伝導の扱い

で与えられる.ここで,

$$\eta(\theta) = \begin{cases} 1, & \theta \geq 0 \\ 0, & \theta < 0 \end{cases}$$

はヘビサイド関数である.

事実,求積法(定数変化法)を応用すれば,適当な定数 c_1, c_2 によって

$$v_e(\theta) = c_1 e^{a\theta} + c_2 e^{-a\theta} - \frac{b}{2a} e^{a\theta} \eta(\theta) + \frac{b}{2a} e^{-a\theta} \eta(\theta)$$

と表される.これら c_1, c_2 の決定のために,$v_e(\theta)$ の周期性から導かれる条件

$$v_e\left(\frac{L}{2}\right) = v_e\left(-\frac{L}{2}\right), \quad \int_{-L/2}^{L/2} v_e(\theta) \, d\theta = \frac{b}{a^2} = \frac{T}{H}$$

を利用しよう.すなわち,

$$c_1 - c_2 = -\frac{b}{2a}, \quad c_1 + c_2 = \frac{b}{2a} \left(\frac{e^{aL/2} + e^{-aL/2}}{e^{aL/2} - e^{-aL/2}} \right)$$

から

$$c_1 = \frac{b}{2a} \frac{e^{-aL/2}}{e^{aL/2} - e^{-aL/2}}, \quad c_2 = \frac{b}{2a} \frac{e^{aL/2}}{e^{aL/2} - e^{-aL/2}}$$

となる.

注意 4.13 定常温度分布を表す (4.71) の $v_e(\theta)$ は,直線上の周期 L の周期関数で,不連続点を nL, $n = 0, \pm 1, \pm 2, \cdots$ に持つ関数に拡張できる.(4.71) における $v_e(\theta)$ の表現は複雑に見えるが,連続区間では,$e^{a\theta}$ と $e^{-a\theta}$ の 1 次結合として表されており,定性的な議論では,このことに注意するだけで十分な場合もある.

さて，フーリエは，この極細の円環体上で（加熱点を挟まずに）等間隔に並ぶ3点 $\theta_1, \theta_2, \theta_3$:

$$0 < \theta_1 < \theta_2 < \theta_3 < L, \quad \theta_2 - \theta_1 = \theta_3 - \theta_2 = \lambda > 0$$

について，興味深い観察をしている．

命題 4.8 定常温度分布において，連続区間で等間隔に並ぶ3点における温度の間に関係式

$$\frac{v_e(\theta_1) + v_e(\theta_3)}{v_e(\theta_2)} = e^{a\lambda} + e^{-a\lambda} \geq 2 \tag{4.72}$$

が成り立つ．

実際，$v_e(\theta) = c_1' e^{a\theta} + c_2' e^{-a\theta}$ と置き，

$$\theta_2 = \theta_1 + \lambda, \quad \theta_3 = \theta_1 + 2\lambda$$

を用いて，$v_e(\theta_1) + v_e(\theta_3)$ を計算すればよい．

注意 4.14 フーリエは，温度 $v_e(\theta_1), v_e(\theta_2), v_e(\theta_3)$ が測定可能であり，したがって，(4.72) の左辺の比

$$q = \frac{v_e(\theta_1) + v_e(\theta_3)}{v_e(\theta_2)}$$

は測定に基づいて計算できることに注意している．(4.72) を

$$e^{2a\lambda} - q e^{a\lambda} + 1 = 0$$

と書くと，

$$e^{a\lambda} = \frac{q + \sqrt{q^2 - 4}}{2}, \quad e^{-a\lambda} = \frac{q - \sqrt{q^2 - 4}}{2}$$

4.7. フーリエによる円環体の熱伝導の扱い

が得られる．これより，

$$a = \sqrt{\frac{h}{k}} = \frac{1}{\lambda} \ln\left(\frac{q + \sqrt{q^2 - 4}}{2}\right)$$

が従う．λ, ϵ は既知の量だから，フーリエは $\dfrac{H}{K}$ の値を測定値に基づいて計算できると主張する．

なお，フーリエの議論の当否自体は，フーリエが実施したという測定実験を今日の技術で追試を行うことによって判断できるのではないか．

5

フーリエを超えて

$$\phi x = \frac{1}{\pi} \int_{-\infty}^{+\infty} d\alpha \phi \alpha \int_0^\infty dq \cos.(q(x-\alpha))$$

$$\frac{dv}{dt} = \frac{K}{CD}\left(\frac{d^2v}{dx^2} + \frac{d^2v}{dy^2} * \frac{d^2v}{dz^2}\right)$$

$$\frac{1}{2}\pi\varphi x = \sin.x \int_0^\pi \varphi x \sin.x dx + \sin.2x \int_0^\pi \varphi x \sin.2x dx$$
$$+ \sin.3x \int_0^\pi \varphi x \sin.3x dx + etc.$$

$$\frac{1}{2}\pi\varphi x = \frac{1}{2}\int_0^\pi \varphi x dx + \cos.x \int_0^\pi \varphi x \cos.x dx$$
$$+ \cos.2x \int_0^\pi \varphi x \cos.2x dx + \cos.3x \int_0^\pi \varphi x \cos.3x dx + etc.$$

5. フーリエを超えて

5.1 周期関数のフーリエ級数展開と数列空間

周期 2π の関数 $f(\theta)$ が，三角関数系によって，(4.12) (4.13) (4.14) のもとで[1]，

$$f(\theta) = c_0 + \sum_{n=1}^{\infty} (a_n \cos n\theta + b_n \sin n\theta) \qquad (4.11)$$

と表されることは，フーリエの考察の基礎であった[2]（§4.2）．ところで，このような関数 $f(\theta)$ の特徴は，二乗可積分性，すなわち，

$$\int_{-\pi}^{\pi} f(\theta)^2 \, d\theta < +\infty \qquad (5.1)$$

を満たすことである．(5.1) を満たす関数 $f(\theta)$ の全体のなす集合を $\mathscr{L}^2$ とおこう．

問 5.1 (5.1) のもとで，(4.12) (4.13) (4.14) により，フーリエ係数 $c_0, a_1, b_1, a_2, b_2, \cdots$ が定義され，さらに，

$$|c_0| \leq \frac{1}{\sqrt{2\pi}} \sqrt{\int_{-\pi}^{\pi} f(\theta)^2 \, d\theta} \qquad (5.2)$$

$$|a_n| \leq \frac{1}{\sqrt{\pi}} \sqrt{\int_{-\pi}^{\pi} f(\theta)^2 \, d\theta}, \qquad (5.3)$$

$$|b_n| \leq \frac{1}{\sqrt{\pi}} \sqrt{\int_{-\pi}^{\pi} f(\theta)^2 \, d\theta} \qquad (5.4)$$

$$n = 1, 2, \cdots$$

が成り立つ[3]．

---

[1] 周期上の積分なので，積分範囲は $(0, 2\pi)$ としても $(-\pi, \pi)$ としてもよいことに注意．

[2] ただし，実際の等号の成立については，定理 4.1（あるいは，問 4.6）のような補助的な条件を $f(\theta)$ に課しておくべきことではあった．

[3] ヒント：注意 3.6 参照．

5.1. 周期関数のフーリエ級数展開と数列空間

補題 5.1 (5.1) のもとで,

$$\int_{-\pi}^{\pi} f(\theta)^2 \, d\theta = 2\pi \, c_0^2 + \pi \sum_{n=1}^{\infty} (a_n^2 + b_n^2) < +\infty \qquad (5.5)$$

が成り立つ.

実際, 左辺は (4.11) により

$$\int_{-\pi}^{\pi} f(\theta) \left\{ c_0 + \sum_{n=1}^{\infty} (a_n \cos n\theta + b_n \sin n\theta) \right\} d\theta$$
$$= c_0 \int_{-\pi}^{\pi} f(\theta) \, d\theta +$$
$$+ \sum_{n=1}^{\infty} \left\{ a_n \int_{-\pi}^{\pi} f(\theta) \cos n\theta \, d\theta + b_n \int_{-\pi}^{\pi} f(\theta) \sin n\theta \, d\theta \right\}$$

となるが, (4.12) (4.13) (4.14) により, 右辺に帰着する.

注意 5.1 周期関数 $f(\theta)$ から (4.12) (4.13) (4.14) によって定められる数列 $(c_0, a_1, b_1, a_2, b_2, \cdots)$ を $f(\theta)$ のフーリエ係数列と言おう.

これより, 数列 $\vec{f} = (c_0, a_1, b_1, a_2, b_2, \cdots)$ に対する条件

$$2\pi \, c_0^2 + \pi \sum_{n=1}^{\infty} (a_n^2 + b_n^2) < +\infty \qquad (5.6)$$

と条件 (5.1) とは (4.11) を仲介として同等であることがわかる. (5.6), すなわち, 二乗総和可能性を満たす数列の全体を ℓ^2 と表すと, $\mathscr{L}^2$ の元と ℓ^2 の元の間に, 基本的な関係 (5.5) が成り立っている. この関係自体は, 恐らく, 事実としてフーリエは承知していたと思われるが, 体系的に展開されなければならない必然性には思い及ばなかったであろう.

補題 5.1 を極化した等式, パーセヴァルの等式を次に掲げる.

補題 5.2 周期関数 $f(\theta), g(\theta) \in \mathscr{L}^2$ のフーリエ係数列を,それぞれ,

$$\vec{f} = (c_0, a_1, b_1, a_2, b_2, \cdots) \in \ell^2$$
$$\vec{g} = (w_0, u_1, v_1, u_2, v_2, \cdots) \in \ell^2$$

とする.このとき,

$$\int_{-\pi}^{\pi} f(\theta)\, g(\theta)\, d\theta = 2\pi\, c_0 w_0 + \pi \sum_{n=1}^{\infty} (a_n u_n + b_n v_n) \quad (5.7)$$

が成り立つ.

実際,補題 5.1 と同様に検証できる.(5.7) の両辺が意味を持つことは,コーシー・ブニャコフスキの不等式による(注意 3.6).

補題 5.1,補題 5.2 の意義を見るために,二乗可積分性(または,二乗積分可能性)(5.1) を満たす周期 2π の関数 $f(\theta)$ から成る(つまり,すべて集めた)集合 $\mathscr{L}^2$ と,二乗総和可能性 (5.6) を満たす数列 $\vec{f}$ から成る集合 ℓ^2 の関係について再考しよう.

補題 5.1 は,基本的に,$\mathscr{L}^2$ の任意の元,つまり,関数のフーリエ係数から,ℓ^2 の元の数列が定まり,逆に,ℓ^2 の任意の元に対し,それをフーリエ係数列とするような $\mathscr{L}^2$ の元があることを意味している.$\mathscr{L}^2$ は二乗積分可能な(周期 2π の)関数の空間,ℓ^2 は二乗総和可能な数列の空間といわれ,いずれも今日の数学の構成要素としてはもっとも基本的なものである.ただし,このことは $\mathscr{L}^2$ の元である関数のグラフが容易にわかるということとは異なる(付録 §A.3 参照).実際,種々の応用においては,フーリエ係数に相当する量の計測が重要であって,計測結果に基づいて想定された $\mathscr{L}^2$ の元である関数の理解に努めるのである.

ところで,集合 $\mathscr{L}^2$ や ℓ^2 は,今日,「空間」と呼ばれる.実際,座標直線,座標平面や座標空間におけるベクトルと類似の性質を $\mathscr{L}^2$ や ℓ^2 の元に認めることができる.

$f, g \in \mathscr{L}^2$ の 1 次結合は,スカラー α, β(実数)に対し,$\alpha f + \beta g$ の θ における値を $\alpha f(\theta) + \beta g(\theta)$ と与えることによって,定義される:

$$(\alpha f + \beta g)(\theta) = \alpha f(\theta) + \beta g(\theta).$$

数列 $\vec{f}, \vec{g} \in \ell^2$ の 1 次結合 $\alpha \vec{f} + \beta \vec{g}$ も,その各成分を該当する $\vec{f}$ の成分の α 倍と $\vec{g}$ の成分の β 倍として与えることにより,定義される[4].

補題 5.3 $f, g \in \mathscr{L}^2$ ならば,1 次結合 $\alpha f + \beta g \in \mathscr{L}^2$ である($\alpha, \beta \in \mathbb{R}$).$\vec{f}, \vec{g} \in \ell^2$ ならば,1 次結合 $\alpha \vec{f} + \beta \vec{g} \in \ell^2$ である.

実際,関数 $\alpha f + \beta g$ の周期性は明らかなので,確かめるべきことは二乗可積分性である.さて,

$$\bigl(\alpha f(\theta) + \beta g(\theta)\bigr)^2 = \alpha^2 f(\theta)^2 + 2\alpha\beta f(\theta)g(\theta) + \beta^2 g(\theta)^2$$

であるが,

$$\alpha^2 f(\theta)^2 + \beta^2 g(\theta)^2 - 2\alpha\beta f(\theta) g(\theta)$$
$$= \bigl(\alpha f(\theta) - \beta g(\theta)\bigr)^2 \geq 0$$

だから

$$\bigl(\alpha f(\theta) + \beta g(\theta)\bigr)^2 \leq 2\alpha^2 f(\theta)^2 + 2\beta^2 g(\theta)^2,$$

となる.したがって,$\alpha f + \beta g \in \mathscr{L}^2$ がわかる.

---

[4] 補題 5.2 の $\vec{f}, \vec{g}$ の場合なら

$\alpha \vec{f} + \beta \vec{g} = (\alpha c_0 + \beta w_0, \alpha a_1 + \beta u_1, \alpha b_1 + \beta v_1, \cdots)$

である.

問 5.2　$\vec{f}, \vec{g} \in \ell^2 \implies \alpha \vec{f} + \beta \vec{g} \in \ell^2$ を検証せよ.

補題 5.3 は，$\mathscr{L}^2$ （あるいは ℓ^2 ）において，関数（あるいは，数列）をベクトルと考えて，関数（あるいは，数列）の和やスカラー倍が意味を持つということを意味している．平面ベクトルあるいは空間ベクトルの場合，ベクトルの長さや2個のベクトルのなす角は重要であり，これらの記述はベクトルの内積に基づく．

そこで，$\mathscr{L}^2$ の場合には，$f, g \in \mathscr{L}^2$ の内積を

$$\langle f, g \rangle = \int_{-\pi}^{\pi} f(\theta) \, g(\theta) \, d\theta \tag{5.8}$$

によって定義しよう．被積分関数が非負ならば，積分値も非負だから，

$$\langle f, f \rangle = \int_{-\pi}^{\pi} f(\theta)^2 \, d\theta \geq 0 \tag{5.9}$$

は明らかである．平面ベクトルの場合の類比によれば $\sqrt{\langle f, f \rangle}$ が $f \in \mathscr{L}^2$ の長さを与えていると考えるべきものであり，

$$\|f\| = \sqrt{\langle f, f \rangle} = \sqrt{\int_{-\pi}^{\pi} f(\theta)^2 \, d\theta} \tag{5.10}$$

と書いて，$\|f\|$ を $f \in \mathscr{L}^2$ のノルムと言う[5]．

注意 5.2　$f, g \in \mathscr{L}^2$ に対し，$\dfrac{\langle f, g \rangle}{\|f\| \, \|g\|}$ は，f と g とのなす角の余弦を表すと考えられる．特に，$f = g$ ならば，この値は

---

[5] $\|f\| = 0$ ならば，$\int_{-\pi}^{\pi} f(\theta)^2 \, d\theta = 0$ である．$f(\theta)^2 \geq 0$ だから，$f(\theta) \neq 0$ であるような θ の部分が積分に際して全く寄与しない，つまり，$f(\theta) \neq 0$ である θ の全体が零集合であることを意味する（零集合について，詳しくは，付録§A.4）．$f, f_1 \in \mathscr{L}^2$ について，$f(\theta) \neq f_1(\theta)$ となる θ の全体が零集合であるとき，f と f_1 とは弁別できず，同じ関数を表すとみなす（f と f_1 とは同値である）立場をとるならば，$\|f\| = 0$ から f は恒等的に 0 である関数と同じものとみなしてよいと結論することができる．なお，このとき，f と f_1 のフーリエ係数列は一致している．

5.1. 周期関数のフーリエ級数展開と数列空間

1 であり, f と g が直交すれば，0 である．$\cos m\theta, \sin m\theta$ などの直交性, すなわち, (4.7) (4.8) (4.9) は, この意味である．

補題 5.4　$f, g, h \in \mathscr{L}^2$, $\alpha, \beta \in \mathbb{R}$ に対し,

$$\langle \alpha f + \beta g, h \rangle = \alpha \langle f, h \rangle + \beta \langle g, h \rangle \tag{5.11}$$

$$\langle f, g \rangle = \langle g, f \rangle \tag{5.12}$$

$$|\langle f, g \rangle| \leq \|f\| \|g\| \tag{5.13}$$

$$\|f + g\| \leq \|f\| + \|g\| \tag{5.14}$$

が成り立つ．

実際，(5.11) (5.12) は定義から明らかであろう．(5.13) を見るには，これらを応用して，任意の実数 τ について

$$0 \leq \langle f + \tau g, f + \tau g \rangle = \langle f, f \rangle + 2\tau \langle f, g \rangle + \tau^2 \langle g, g \rangle$$

に注意する．$g = 0$ とすれば，自明だから，$g \neq 0$ として，右辺を書き直せば，

$$0 \leq \langle g, g \rangle \left(\tau + \frac{\langle f, g \rangle}{\langle g, g \rangle} \right)^2 - \frac{\langle f, g \rangle^2}{\langle g, g \rangle} + \langle f, f \rangle$$

となるから，特に，$\tau = -\dfrac{\langle f, g \rangle}{\langle g, g \rangle}$ とすれば,

$$\langle f, g \rangle^2 \leq \langle g, g \rangle \langle f, f \rangle = \|f\|^2 \|g\|^2$$

が得られる．(5.14) のためには，(5.11) (5.12) (5.13) より,

$$\begin{aligned}\|f + g\|^2 &= \langle f + g, f + g \rangle = \langle f, f \rangle + 2 \langle f, g \rangle + \langle g, g \rangle \\ &\leq \|f\|^2 + 2\|f\| \|g\| + \|g\|^2 \\ &= (\|f\| + \|g\|)^2\end{aligned}$$

が導かれることに注意すればよい．

問 5.3 $f \in \mathscr{L}^2$, $\alpha \in \mathbb{R}$ に対し, $\|\alpha f\| = |\alpha|\,\|f\|$ となる.

問 5.4 $f, g \in \mathscr{L}^2$ に対し,
$$\|f+g\|^2 + \|f-g\|^2 = 2\bigl(\|f\|^2 + \|g\|^2\bigr)$$
が成り立つ[6].

注意 5.3 (5.14) は, $\mathscr{L}^2$ を「空間」, $\|f-g\|$ を「点」$f, g \in \mathscr{L}^2$ 間の「距離」とみなせることを意味している[7]. ただし, $f - g = f + (-1)g$ とする.「空間」$\mathscr{L}^2$ の「点」の間の「距離」が考えられるならば, ある「点」に「収束」する「点」の列にも意味が付く. 実際, $\mathscr{L}^2$ の「点」, つまり, 元の列 $\{f^{(k)}\}$ と $f \in \mathscr{L}^2$ との間に
$$\|f^{(k)} - f\| \to 0, \quad k \to \infty$$
が成り立つときに, $\{f^{(k)}\}$ は f に収束すると言い, このとき, $\{f^{(k)}\}$ を収束列と言う.

補題 5.5 $f^{(k)} \in \mathscr{L}^2$ が $f \in \mathscr{L}^2$ に収束するとき, 任意の $g \in \mathscr{L}^2$ について,
$$\lim_{k \to \infty} \langle f^{(k)}, g \rangle = \langle f, g \rangle$$
が成り立つ.

---

[6] こういうことを考えながら検証せよと言うのではないが, f, g が同じ方向を向いている, $f = \alpha h, g = \beta h, h \in \mathscr{L}^2$ なら明らかである. そうでないときは, f, g のモデルとして, 平面内の平行四辺形 $OACB$ において, 辺のベクトル $\overrightarrow{OA}, \overrightarrow{OB}$ をとれば, 対角線のベクトル $\overrightarrow{OC}, \overrightarrow{BA}$ は, それぞれ, $f+g, f-g$ を表していると考えることができる.

[7] d が集合 X 上の「距離」であるとは, 任意の対 $\xi, \eta \in X$ に対して定義された $d(\xi, \eta) \geq 0$ が, 1) $d(\xi, \eta) = 0 \iff \xi = \eta$, 2) 対称性 $d(\xi, \eta) = d(\eta, \xi)$, 3) 三角不等式 $d(\xi, \eta) \leq d(\xi, \zeta) + d(\zeta, \eta)$ を満たしていることを言う (距離の公理). $X = \mathscr{L}^2$ の場合, $d(f, g) = \|f-g\|$ が, この意味での「距離」を与える.

5.1. 周期関数のフーリエ級数展開と数列空間

実際, (5.13) に注意すればよい.

問 5.5 $f \in \mathscr{L}^2$, $f \neq 0$, に対し, 集合 $\{cf; c \in \mathbb{R}\}$ は, $\mathscr{L}^2$ の 2 点, $0 \in \mathscr{L}^2$ と $f \in \mathscr{L}^2$ を通る「直線」である. $g \in \mathscr{L}^2$ とこの直線上の点との距離は $d(c) = \|g - cf\|$ で与えられる. $d(c)$ の最小値を実現する $c = c_1$ に対し, $h = g - c_1 f \in \mathscr{L}^2$ とすると, $\langle h, f \rangle = 0$ となる.

内積やノルムは ℓ^2 の場合も定義できる.

$$\vec{f} = (c_0, a_1, b_1, a_2, b_2, \cdots),\ \vec{g} = (w_0, u_1, v_1, u_2, v_2, \cdots) \in \ell^2$$

に対して,

$$\langle\langle \vec{f}, \vec{g} \rangle\rangle = 2c_0 w_0 + \sum_{n=1}^{\infty} \{a_n u_n + b_n v_n\} \tag{5.15}$$

とおくと[8], (5.9) 並びに, 補題 5.4 の類比が成り立つ. すなわち,

$$|||\vec{f}||| = \sqrt{\langle\langle \vec{f}, \vec{f} \rangle\rangle}$$

とすると, $\langle\ ,\ \rangle$ と $\langle\langle\ ,\ \rangle\rangle$, 並びに, $\|\ \|$ と $|||\ |||$ を対応させることにより, 類比が完成する.

補題 5.6 $f, g \in \mathscr{L}^2$ のフーリエ係数列をそれぞれ $\vec{f}, \vec{g} \in \ell^2$ とすれば,

$$\langle f, g \rangle = \pi \langle\langle \vec{f}, \vec{g} \rangle\rangle$$

が成り立つ. 特に,

$$\|f\| = \pi |||\vec{f}|||$$

である.

---

[8] 補題 5.6 を強く意識して定義された内積である. 数列空間の標準的な内積は後述の例 5.8 のものである.

実際,補題 5.2 の書き換えである.

さて,ℓ^2 の元の列

$$\vec{f}^{(k)} = (c_0^{(k)}, a_1^{(k)}, b_1^{(k)}, a_2^{(k)}, b_2^{(k)}, \cdots) \in \ell^2, \quad k = 1, 2, \cdots$$

は,

$$|||\vec{f}^{(k)} - \vec{f}^{(m)}||| \to 0, \quad k, m \to \infty \qquad (5.16)$$

を満たすときに,基本列(またはコーシー列)とよばれる[9].
基本列 $\{\vec{f}^{(k)}\}$ の成分の挙動を見ると,$k, m \to \infty$ なら

$$|c_0^{(k)} - c_0^{(m)}| \to 0$$
$$|a_n^{(k)} - a_n^{(m)}| \to 0, \quad |b_n^{(k)} - b_n^{(m)}| \to 0 \quad (n = 1, 2, \cdots)$$

が従っている.実数の性質(完備性[10])により,

$$c_0, a_1, b_1, a_2, b_2, \cdots$$

という実数列が定まって,$k \to \infty$ のときに

$$|c_0^{(k)} - c_0| \to 0,$$
$$|a_n^{(k)} - a_n| \to 0, \quad |b_n^{(k)} - b_n| \to 0 \quad (n = 1, 2, \cdots)$$

が成り立つ.このとき,$\vec{f} = (c_0, a_1, b_1, a_2, b_2, \cdots) \in \ell^2$ となっているのだろうか.

補題 5.7 $\vec{f} \in \ell^2$ であって,

$$|||\vec{f}^{(k)} - \vec{f}||| \to 0, \quad k \to \infty,$$

が成立する.

---

[9] (5.16) は,正確に定義し直さないと実際の演算ができない.すなわち,(5.16) を,任意の $\epsilon > 0$ に対し,適当な番号 N_ϵ を選び出せて,$k, m > N_\epsilon$ ならば $|||\vec{f}^{(k)} - \vec{f}^{(m)}||| < \epsilon$ が成り立つことと,読み替えなければならない.
[10] 例えば,[51] 参照.

5.1. 周期関数のフーリエ級数展開と数列空間

これは，(5.16) において，$m = \infty$ として，$\vec{f}^{(m)}$ を $\vec{f}$ で置き換えたことに相当するが，$\vec{f} \in \ell^2$ を確かめなければならないのだから，この手続きを丁寧に行なわなければならない．

任意の[11] $\epsilon > 0$ に対して番号 N_ϵ を選ぶと，$k, m > N_\epsilon$ のとき，$|||\vec{f}^{(k)} - \vec{f}^{(m)}|||^2 < \epsilon^2$ だから，任意の M に対し，

$$2|c_0^{(k)} - c_0^{(m)}|^2 + \sum_{n=1}^{M} \left\{ |a_n^{(k)} - a_n^{(m)}|^2 + |b_n^{(k)} - b_n^{(m)}|^2 \right\} < \epsilon^2$$

が成り立つ．このとき，$m \to \infty$ とすれば，

$$2|c_0^{(k)} - c_0|^2 + \sum_{n=1}^{M} \left\{ |a_n^{(k)} - a_n|^2 + |b_n^{(k)} - b_n|^2 \right\} \leq \epsilon^2$$

となるが，M の任意性から，さらに，

$$|||f^{(k)} - \vec{f}|||^2 \leq \epsilon^2, \quad k > N_\epsilon$$

すなわち，$\vec{f}^{(k)} - \vec{f} \in \ell^2$ であり，$\vec{f} = \vec{f}^{(k)} - (\vec{f}^{(k)} - \vec{f}) \in \ell^2$ である．

問 5.6 収束列は基本列である．すなわち，数列 $\vec{f}^{(k)} \in \ell^2$ の列が $\vec{f} \in \ell^2$ に収束する，$\lim_{k \to \infty} |||\vec{f}^{(k)} - \vec{f}||| = 0$ ならば，$\{\vec{f}^{(k)}\}$ は基本列である．

補題5.7 は，二乗総和可能な数列の空間 ℓ^2 の基本列は，ℓ^2 において，必ず極限を持ち，その極限に収束することを意味する．これが，ℓ^2 の完備性である．

二乗積分可能な関数の空間 $\mathscr{L}^2$ の場合も，基本列は定義できる．すなわち，$f^{(k)} \in \mathscr{L}^2$, $k = 1, 2, \cdots$ が（$\mathscr{L}^2$ の）基本列であるとは

$$\|f^{(k)} - f^{(m)}\| \to 0, \quad k, m \to \infty$$

---
[11] 脚注9)による．

が成り立つことである[12].

例 5.1 $\mathscr{L}^2$ の部分集合 $\mathscr{M}$ は,任意の $h_1, h_2 \in \mathscr{M}$ について $\frac{1}{2}h_1 + \frac{1}{2}h_2 \in \mathscr{M}$ を満たすならば,凸集合とよばれる.無限個の元から成る凸集合 $\mathscr{M}$ と $\mathscr{M}$ には属さない $f \in \mathscr{L}^2$ とに対し,

$$d = \inf_{g \in \mathscr{M}} \|f - g\| > 0$$

(すなわち,すべての $h \in \mathscr{M}$ に対し,$\|f - h\| \geq d$ であり,さらに,任意の $\epsilon > 0$ に対し,必ず $g_\epsilon \in \mathscr{M}$ があって,$\|f - g_\epsilon\| < d + \epsilon$)が成り立つとする.$\epsilon = 2^{-k}$ に対する $g_\epsilon \in \mathscr{M}$ を $g^{(k)}$ とすると,$\{g^{(k)}\}$ は($\mathscr{L}^2$ の)基本列になる.実際,問 5.4 により,

$$\begin{aligned}
&\|g^{(k)} - g^{(m)}\|^2 + 4d^2 \\
&\leq \|g^{(k)} - g^{(m)}\|^2 + 4\left\|f - \frac{1}{2}g^{(k)} - \frac{1}{2}g^{(m)}\right\|^2 \\
&= 2\|f - g^{(k)}\|^2 + 2\|f - g^{(m)}\|^2 \\
&\leq 2(d + 2^{-k})^2 + 2(d + 2^{-m})^2
\end{aligned}$$

だから,

$$\|g^{(k)} - g^{(m)}\|^2 \leq \left(2^{-k+2} + 2^{-m+2}\right) d + 2^{-2k+1} + 2^{-2m+1}$$

となり,右辺は $k \to \infty, m \to \infty$ ならば 0 に収束する.

さて,$\mathscr{L}^2$ の基本列 $\{f^{(k)}\}$ に対し,対応するフーリエ係数列 $\{\vec{f}^{(k)}\}$ は補題 5.6 により,ℓ^2 の基本列になる.すなわち,$\vec{f} \in \ell^2$ が存在して,$\|\vec{f}^{(k)} - \vec{f}\| \to 0$ となる($k \to \infty$).それゆえ,基本列 $\{f^{(k)}\}$ の極限となる $f \in \mathscr{L}^2$ の存在が保証されれば,補題 5.5 より,$\vec{f}$ は f のフーリエ係数列となる.

---

[12] 脚注9)と同様の詳細化が本来である.

補題 5.8 $\mathscr{L}^2$ の任意の基本列 $\{f^{(k)}\}$ に対し，極限 $f \in \mathscr{L}^2$ が存在し，基本列は $\mathscr{L}^2$ における収束列になる．

この補題の要点は，二乗可積分な関数の基本列に内包される極限操作から極限となる関数 $f \in \mathscr{L}^2$ が定義できること，すなわち，積分論の範疇に属することであり，フーリエ係数列のなす基本列とは独立の議論である．補題の検証はこの場では行わない[13]．補題 5.8 は，$\mathscr{L}^2$ の完備性を示す．

5.2 ヒルベルト空間について

二乗可積分な周期関数の「空間」$\mathscr{L}^2$ や二乗総和可能な数列の「空間」ℓ^2 は，フーリエの時代には十分に認識できないものであったが，ほぼ 1 世紀後には，今日の数学の標準的な要素である「ヒルベルト空間」という抽象的な，しかし，重層的な概念の典型例として理解されるようになった．抽象的な集合 $\mathscr{X}$ は，第一に，線形空間であり，第二に，内積が定義されてノルムを定め，第三に，ノルムから導かれる距離に関して完備であるときに，ヒルベルト空間といわれる．

まず，線形空間であるが，$\mathscr{X}$ の任意の元 $x \in \mathscr{X}$ と任意のスカラー（実数）$\alpha \in \mathbb{R}$ から「スカラー倍」という第二の元 $\alpha x \in \mathscr{X}$ が定義され，また，任意の 2 元 $x, y \in \mathscr{X}$ から「和」という第三の元 $x + y \in \mathscr{X}$ が定義され，その上で，これらの間に次の関係式が成立するような $\mathscr{X}$ を線形空間という[14]：

---

[13] 命題 A.17 を見よ．
[14] スカラーが実数であることを強調したいときは，実線形空間という．

$$O \in \mathscr{X} \text{ が存在して}: x + O = O + x = x, \quad x \in \mathscr{X} \quad (5.17)$$
$$0\,x = O, \quad 1\,x = x \quad (5.18)$$
$$(\alpha + \beta)\,x = \alpha\,x + \beta\,x, \quad \alpha, \beta \in \mathbb{R}, \; x \in \mathscr{X} \quad (5.19)$$
$$\alpha\,(\beta\,x) = (\alpha\,\beta)\,x, \quad \alpha, \beta \in \mathbb{R}, \; x \in \mathscr{X} \quad (5.20)$$
$$\alpha\,(x + y) = \alpha\,x + \alpha\,y, \quad \alpha \in \mathbb{R}, \quad x, y \in \mathscr{X} \quad (5.21)$$
$$x + y = y + x, \quad x, y \in \mathscr{X} \quad (5.22)$$
$$x + (y + z) = (x + y) + z, \quad x, y, z \in \mathscr{X} \quad (5.23)$$

問 5.7 $x \in \mathscr{X}$ に対し $x' = (-1)\,x$ は $x + x' = x' + x = O$ を満たす．

次に，内積であるが，線形空間 $\mathscr{X}$ の任意の 2 元 x, y に対して定められるスカラー（実数）値の関数 $\langle x, y \rangle$ であって，

$$\langle \alpha\,x, y \rangle = \alpha\,\langle x, y \rangle, \quad \alpha \in \mathbb{R}, \quad x, y \in \mathscr{X} \quad (5.24)$$
$$\langle x, y \rangle = \langle y, x \rangle, \quad x, y \in \mathscr{X} \quad (5.25)$$
$$\langle x + y, z \rangle = \langle x, z \rangle + \langle y, z \rangle, \quad x, y, z \in \mathscr{X} \quad (5.26)$$
$$\langle x, x \rangle \geq 0, \quad x \in \mathscr{X} \quad \text{かつ} \quad \langle x, x \rangle = 0 \Leftrightarrow x = O \quad (5.27)$$

を満足するものを内積という[15]．

さて，線形空間 $\mathscr{X}$ 上で定義された非負関数

$$\mathscr{X} \ni x \;\mapsto\; \|x\| \geq 0$$

は条件

$$\|x\| \geq 0, \quad x \in \mathscr{X} \quad \text{かつ} \quad \|x\| = 0 \Leftrightarrow x = O \quad (5.28)$$
$$\|\alpha\,x\| = |\alpha|\,\|x\|, \quad \alpha \in \mathbb{R}, \quad x \in \mathscr{X} \quad (5.29)$$
$$\|x + y\| \leq \|x\| + \|y\|, \quad x, y \in \mathscr{X} \quad (5.30)$$

---
[15] 内積の定義された線形空間を内積空間ということがある．

5.2. ヒルベルト空間について

を満たすとき，ノルムと言われ，ノルムの定義された線形空間をノルム空間と言う．内積空間において，

$$\|x\| = \sqrt{\langle x, x \rangle}, \quad x \in \mathscr{X} \tag{5.31}$$

とおくと，$\| \ \|$ はノルムの条件を満たすので，内積空間はノルム空間になる．

問 5.8　$\mathscr{X}$ は内積空間，内積は $\langle \ , \ \rangle$ とする．コーシー・シュヴァルツの不等式が成り立つ：

$$|\langle x, y \rangle| \leq \|x\| \|y\|, \quad x, y \in \mathscr{X}.$$

ただし，ノルム $\| \ \|$ は (5.31) による．

注意 5.4　すでに示した通り，二乗総和可能な数列の空間 ℓ^2 は，(5.15) による $\langle\!\langle \ , \ \rangle\!\rangle$ を内積とする内積空間である．また，周期 2π の二乗可積分関数の空間 $\mathscr{L}^2$ も (5.8) が定める $\langle \ , \ \rangle$ を内積とする内積空間である．ただし，この場合は，脚注[5]による解釈が必要になる．

さて，線形空間 $\mathscr{X}$ はノルム $\| \ \|$ が定義されたノルム空間とする．$\mathscr{X}$ の任意の二点 $x, y \in \mathscr{X}$ に対し，$d(x,y) = \|x - y\|$ は点 x と点 y の間の距離の公理

$$d(x, y) \geq 0, \quad d(x, y) = 0 \Leftrightarrow x = y \quad (x, y \in \mathscr{X}) \tag{5.32}$$

$$d(x, y) = d(y, x) \quad (x, y \in \mathscr{X}) \tag{5.33}$$

$$d(x, y) \leq d(x, z) + d(z, y) \quad (x, y, z \in \mathscr{X}) \tag{5.34}$$

を満たす．すなわち，ノルム空間 $\mathscr{X}$ は距離 d が定義された距離空間になる．距離空間 $\mathscr{X}$ の無限個の元からなる点列 $\{x_n\}_{n=1,\cdots}$ であって，

$$\lim_{n, m \to \infty} d(x_n, x_m) = 0$$

を満たすものは，$\mathscr{X}$ の基本列あるいはコーシー列といわれる．距離空間において，重要な概念は，完備性である．$\mathscr{X}$ の任意の基本列 $\{x_n\}$ に対して，必ず $\mathscr{X}$ の元 x が定まり，$\{x_n\}$ が x に収束する，すなわち，

$$\lim_{n \to \infty} d(x_n, x) = 0$$

が成り立つならば，距離空間 $\mathscr{X}$ は完備といわれる．特に，内積空間 $\mathscr{X}$ は，内積から導かれたノルムが定める距離に関して，完備であるとき，ヒルベルト空間といわれる[16]．

注意 5.5 補題 5.7 および補題 5.8 は，それぞれ内積空間 ℓ^2 および $\mathscr{L}^2$ がヒルベルト空間になることを示している．フーリエ級数の議論は，ヒルベルト空間 ℓ^2 や $\mathscr{L}^2$ の枠内に留まっているようなものでは決してないとは言え，補題 5.1 に見るように，ヒルベルト空間というアイデアと本質的な親和性がある．

例 5.2 $f \in \mathscr{L}^2$ であって，フーリエ係数列 $(c_0, a_1, b_1, \cdots)$ が，

$$2c_0^2 + \sum_{k=1}^{\infty} (1+k^2)(a_k^2 + b_k^2) < +\infty$$

を満たすものの全体を $\mathscr{L}^{2,1}$ とおく．ちなみに，f がなめらかであれば，その導関数 f' も $\mathscr{L}^2$ の元になり，そのフーリエ係数列は，

$$(0, b_1, -a_1, 2b_2, -2a_2, \cdots)$$

となる．$\mathscr{L}^{2,1}$ は（$\mathscr{L}^2$ の演算を継承して）線形空間になる．$g \in \mathscr{L}^{2,1}$ のフーリエ係数列が $(w_0, u_1, v_1, \cdots)$ で与えられる

---

[16] スカラーが実数であり，内積が実数値をとることを強調するときは，実ヒルベルト空間という．

とき，

$$\langle f, g \rangle_1 = 2\, c_0\, w_0 + \sum_{k=1}^{\infty} (1+k^2)\,(a_k\, u_k + b_k\, v_k) \quad (5.35)$$

とおくと，$\langle\ ,\ \rangle_1$ は $\mathscr{L}^{2,1}$ に内積を定め，しかも，ノルム

$$\|f\|_1 = \sqrt{\langle f, f \rangle_1}, \quad f \in \mathscr{L}^{2,1}$$

から導かれる距離によって，完備になる[17]．すなわち，$\mathscr{L}^{2,1}$ はヒルベルト空間になる．

問 5.9 $f, g \in \mathscr{L}^{2,1}$ がなめらかであるとすると，

$$\langle f, g \rangle_1 = \frac{1}{\pi} \int_{-\pi}^{\pi} \{ f(\theta)\, g(\theta) + f'(\theta)\, g'(\theta) \} d\theta$$

となる（補題 5.2 参照）．

さて，$f \in \mathscr{L}^{2,1}$ のフーリエ級数 (4.11) を見てみると，

$$\begin{aligned}
|f(\phi)|^2 &= \left| c_0 + \sum_{k=1}^{\infty} (a_k\, \cos k\phi + b_k\, \sin k\phi) \right|^2 \\
&\leq \left(|c_0| + \sum_{k=1}^{\infty} \frac{1}{\sqrt{1+k^2}}\, \sqrt{1+k^2}\,(|a_k| + |b_k|) \right)^2 \\
&\leq M^2 \left(2\,|c_0|^2 + \sum_{k=1}^{\infty} (1+k^2)(|a_k|^2 + |b_k|^2) \right) < +\infty
\end{aligned}$$

ただし，

$$M = \sqrt{\frac{1}{2} + 2\sum_{k=1}^{\infty} \frac{1}{1+k^2}}$$

---

[17] 脚注5)の注意を必要とする．

である．すなわち，各 ϕ において f のフーリエ級数は $f(\phi)$ の値に収束し，ϕ における値写像，すなわち，

$$\mathrm{ev}_\phi : \mathscr{L}^{2,1} \ni f \mapsto f(\phi) \in \mathbb{R} \tag{5.36}$$

が意味を持つ．これについて，上の議論をまとめておこう．

命題 5.1 値写像 ev_ϕ は，ヒルベルト空間 $\mathscr{L}^{2,1}$ 上の有界な線形汎関数である．すなわち，線形性

$$\mathrm{ev}_\phi(\alpha f + \beta g) = \alpha \, \mathrm{ev}_\phi(f) + \beta \, \mathrm{ev}_\phi(g)$$

$$f, g \in \mathscr{L}^{2,1}, \quad \alpha, \beta \in \mathbb{R}$$

および有界性

$$|\mathrm{ev}_\phi(f)| \le M \, \|f\|_1, \quad f \in \mathscr{L}^{2,1}$$

が満たされる．

問 5.10 フーリエ係数列が

$$\left(\frac{1}{2}, \frac{1}{2}\cos\phi, \frac{1}{2}\sin\phi, \frac{1}{5}\cos 2\phi, \frac{1}{5}\sin\phi, \cdots \right)$$

で与えられる関数 $g_\phi \in \mathscr{L}^{2,1}$，すなわち

$$g_\phi(\theta) = \frac{1}{2} + \sum_{k=1}^\infty \frac{\cos k(\theta - \phi)}{1 + k^2} \in \mathscr{L}^{2,1} \tag{5.37}$$

を取ると，

$$\mathrm{ev}_\phi(f) = \langle f, g_\phi \rangle_1, \quad f \in \mathscr{L}^{2,1} \tag{5.38}$$

となることを確かめよ[18]．

---

[18] 形式的な演算によって

$$-g''_\phi(\theta) + g_\phi(\theta) = \frac{1}{2} + \sum_{k=1}^\infty \cos k(\theta - \phi) = \pi \, \delta_p(\theta - \phi)$$

が導かれる．ただし，δ_p は (4.15) で与えた周期的デルタ関数である．

注意 5.6　$g_0(\theta)$ を周期 2π の関数であって，特に，周期 $-\pi \leq t \leq \pi$ においては，

$$g_0(\theta) = \frac{\pi}{2} \frac{\mathrm{e}^{-|\theta|} + \mathrm{e}^{-2\pi}(\mathrm{e}^{\theta} + \mathrm{e}^{-\theta} - \mathrm{e}^{-|\theta|})}{1 - \mathrm{e}^{-2\pi}} \tag{5.39}$$

で与えられるものとする．このとき，(5.37) の g_ϕ は

$$g_\phi(\theta) = g_0(\theta - \phi)$$

である．

なお，以上についての文脈は，リース・フレシェの定理によって明らかにされている（後述の §5.4 参照）．

5.3　正規直交基底

ヒルベルト空間 $\mathscr{X}$ は，可算個の元から成る部分集合 $\mathscr{X}_c$ があって，任意の $x \in \mathscr{X}$ に対し，x に収束する $\mathscr{X}_c$ の元の列 $x_1, x_2, \cdots, x_n, \cdots$ が選べる：

$$x_n \in \mathscr{X}_c, \quad \|x - x_n\| \to 0, \quad n \to \infty$$

ならば，可分といわれる．ここで扱ってきた二乗総和可能な数列の空間 ℓ^2 も二乗積分可能な関数の空間 $\mathscr{L}^2$ も可分なヒルベルト空間である．

特に，可分なヒルベルト空間 $\mathscr{X}$ においては，1 次独立な元の可算系 $\{b_n; n = 1, 2, \cdots\}$ があって[19]，$\mathscr{X}$ の任意の元を

---

[19] すなわち，$\{b_n\}$ の任意の有限個の元 $b_{1'}, b_{2'}, \cdots, b_{m'}$ の 1 次結合について

$$\alpha_1 b_{1'} + \alpha_2 b_{2'} + \cdots + \alpha_m b_{m'} = O \implies \alpha_1 = \cdots = \alpha_m = 0$$

が成り立つ（1 次独立性）．

$\{b_n\}$ の 1 次結合（の極限）として表すことができる[20]．このような $\{b_n\}$ は $\mathscr{X}$ の可算基底とよばれる．

補題 5.9 $\mathscr{X}$ の元（$\neq O$）の可算系 $\{b_n\}$ は，任意の相異なる二元が直交する，すなわち，

$$b_n \neq b_m \implies \langle b_n, b_m \rangle = 0$$

が成り立つならば，1 次独立な系である．直交系とよばれる．

実際，$\alpha_1 b_{1'} + \alpha_2 b_{2'} + \cdots + \alpha_m b_{m'} = O$ の両辺と $b_{k'}$ の内積をとると，$\alpha_k \langle b_{k'}, b_{k'} \rangle = 0$，すなわち，$\alpha_k = 0$ となる．

補題 5.10 可算基底である直交系は直交基底とよばれる．直交系 $\{b_n\}$ が直交基底であるための必要十分条件は

$$f \in \mathscr{X}, \quad \langle f, b_n \rangle = 0, \quad n = 1, 2, \cdots \implies f = O$$

が成り立つことである．

これは，明らかであろう．

例 5.3 §3.3 で考察した $\{Z_n(z); n = 1, 2, \cdots\}$ は $\mathscr{L}^2([0, e])$ における直交基底である．

例 5.4 §4.2 では，関数系

$$\{\cos m\theta, \sin n\theta, m = 0, 1, 2, \cdots, n = 1, 2, \cdots\}$$

が（実質的に）$\mathscr{L}^2$ すなわち，$\mathscr{L}^2([0, 2\pi])$，の直交基底になることが示されている．

---

[20] すなわち，x と $\{b_n\}$ とから（一意的に）決まるスカラー列 $\{\beta_n\}$ があって

$$\left\| x - \sum_{n=1}^{N} \beta_j b_n \right\| \to 0, \quad N \to \infty$$

が成り立つ．

5.3. 正規直交基底

例 5.5 数列空間 ℓ^2 において,$\vec{b}_k, k = 1, 2, \cdots$,を第 k 成分のみが消えず($\neq 0$),他の成分はすべて消える($= 0$)数列とする.$\{\vec{b}_k\}$ は ℓ^2 の直交基底である(内積としては (5.15) 参照).

　ヒルベルト空間 $\mathscr{X}$ の任意の可算基底から直交基底を作り出す一般的なアルゴリズムはいくつか知られているが,ここでは立ち入らない.われわれにとり,重要なことは,直交関数系の多くが,微分方程式の境界値問題に関連した固有値問題の固有関数系として得られているということである.

　$\mathscr{X}$ の直交基底 $\{b_m\}$ は,正規化されている,すなわち,$\|b_m\| = 1, m = 1, 2, \cdots$ が成り立っているとき,正規直交基底といわれる.したがって,次を得る.

命題 5.2 ヒルベルト空間 $\mathscr{X}$ の元の可算系 $\{b_m\}$ が正規直交基底であるための条件は,

$$\langle b_m, b_n \rangle = \begin{cases} 1, & m = n \\ 0, & m \neq n \end{cases}, \quad n, m = 1, 2, \cdots$$

および

$$u \in \mathscr{X}, \quad \langle u, b_m \rangle = 0, \quad m = 1, 2, \cdots \implies u = O$$

が成り立つことである.

系 5.1 $\{v_n\}$ は $\mathscr{X}$ の直交基底とする.$b_n = \frac{1}{\|v_n\|} v_n$ とおくと,$\{b_n\}$ は正規直交基底になる.

　正規直交基底は理論的な扱いでは基本的なものである.ただし,実際の計算では常に便利というわけではないようである.
　例 5.3,例 5.4,例 5.5 の直交基底を正規化しておこう.

例 5.6　$\mathscr{L}^2([0,e])$ の直交基底 $\{Z_n(z)\}$（例 5.3）に対し，s_n を (3.41) で定義されたものとすると，$\{\dfrac{1}{\sqrt{s_n}} Z_n(z)\}$ は正規直交基底になる．

例 5.7　$\mathscr{L}^2$ の直交基底 $\{\cos m\theta, \sin n\theta\}$（例 5.4）から構成した正規直交基底は

$$\frac{1}{\sqrt{2\pi}},\ \frac{1}{\sqrt{\pi}}\cos m\theta,\ \frac{1}{\sqrt{\pi}}\sin n\theta, \quad m, n = 1, 2, \cdots$$

である．

5.4　リース・フレシェの定理

$\mathscr{X}$ はヒルベルト空間（§5.2 参照）で，その内積は $\langle\ ,\ \rangle$，ノルムは $\|\ \|$ とする．$\mathscr{X}$ で定義されたスカラー（$\mathbb{R}$）値の関数

$$L : \mathscr{X} \ni f \ \mapsto\ \mathscr{L}(f) \in \mathbb{R}$$

は，線形性

$$L(\alpha f + \beta g) = \alpha L(f) + \beta L(g), \quad f, g \in \mathscr{R}, \quad \alpha, \beta \in \mathbb{R}$$

を満たすとき，$\mathscr{X}$ の線形汎関数といわれ，さらに，有界性，すなわち，定数 $M > 0$ のもとで

$$|L(f)| \leq M \|f\|, \quad f \in \mathscr{X},$$

が成り立つときに，有界線形汎関数といわれる．

20 世紀初頭，リースやフレシェは，関数のなす空間の幾何というアイデアの展開を競っていた．両者の競合の典型が，今日，リース・フレシェの定理とよばれる次の命題である．

5.4. リース・フレシェの定理

定理 5.1 ヒルベルト空間 $\mathscr{X}$ 上の任意の有界線形汎関数 L は，$\mathscr{X}$ の元 $g_L^\perp \in \mathscr{X}$ によって

$$L(f) = \langle f, g_L^\perp \rangle, \quad f \in \mathscr{X} \tag{5.40}$$

と表される．

両者の当初の証明は，フーリエ級数論の類比の形で行われ，ヒルベルト空間に可分性を要請した．以下で，概要を紹介するものは，リースが後年の講義中に示したもの（[47]）で，以降，標準的になっている（例えば，[59]）．

本書では，ヒルベルト空間論に深入りするつもりはないので，最低限のことだけを注意しておこう．まず，集合

$$\mathscr{M} = \{\, h \in \mathscr{X}\,;\, L(h) = 0\,\}$$

を考える．$L = 0$ ならば，(5.40) において，$g_L^\perp = O$ とすればよいから，$L \neq 0$ とする．$\mathscr{M} \neq \mathscr{X}$ であり，したがって，$f \notin \mathscr{M}$ という $\mathscr{X}$ の元がある．一方，L の線形性から，

$$h_1, h_2 \in \mathscr{M} \implies \alpha h_1 + \beta h_2 \in \mathscr{M}, \quad \alpha, \beta \in \mathbb{R}$$

が成り立つ．特に，$\alpha = \beta = \frac{1}{2}$ と採ることができるから，$\mathscr{M}$ は凸集合であり，例 5.1 の議論を援用することができる．すなわち，$f \notin \mathscr{M}$ とすると，$\mathscr{M}$ の元からなる基本列 $\{h^{(k)}\}_{k=1,2,\cdots}$ があって，

$$d = \inf_{h \in \mathscr{M}} \|f - h\| = \lim_{k \to \infty} \|f - h^{(k)}\|$$

を満足する．ところで，ヒルベルト空間 $\mathscr{X}$ は完備だから，基本列は収束する，すなわち，$f_L \in \mathscr{X}$ が存在して，

$$\lim_{k \to \infty} \|h^{(k)} - f_L\| = 0$$

となる.ところが,
$$L(f_L) = L(f_L - h^{(k)}) + L(h^{(k)}) = L(f_L - h^{(k)})$$
であり,L の有界性から,結局,$L(f_L) = 0$,つまり,$f_L \in \mathscr{M}$ となる.また,
$$d = \|f - f_L\|, \quad \langle f - f_L, h \rangle = 0, \quad h \in \mathscr{M},$$
である.実際,$t \in \mathbb{R}$ に対して,
$$d^2 \leq \|f - f_L - t\,h\|^2 = \langle f - f_L, f - f_L \rangle - 2t\langle f - f_L, h \rangle + t^2 \langle h, h \rangle$$
であって,等号は $t = 0$ のときに限るからである.なお,
$$\mathscr{M}^\perp = \{\, g\,;\, \langle g, h \rangle = 0,\ h \in \mathrm{M}\,\}$$
とおくと,f に対し,$f_L \in \mathscr{M}$ は $f - f_L \in \mathscr{M}^\perp$ を満たすように取られている.

ここで,$g \notin \mathscr{M}$,すなわち,$L(g) \neq 0$ に対し,
$$u = \frac{1}{L(g)}(g - g_L) \in \mathscr{M}^\perp$$
とおくと,$L(u) = 1$ であり,したがって,任意の $f \in \mathscr{X}$ に対し,
$$f - L(f)\,u \in \mathscr{M}, \quad \langle f - L(f)\,u, u \rangle = 0$$
となる.この第二式を書き直すと,
$$L(f) = \langle f, g_L^\perp \rangle, \quad g_L^\perp = \frac{1}{\|u\|^2}\,u \in \mathscr{M}^\perp$$
が得られる.

注意 5.7 (リースとフレシェの当初の証明) 例を通じて紹介しよう.

5.4. リース・フレシェの定理

例 5.8　二乗総和可能な数列の空間 ℓ^2 は，内積

$$\langle\langle \vec{f}, \vec{g}\rangle\rangle = f_1 g_1 + f_2 g_2 + \cdots, \quad \vec{f}, \vec{g} \in \ell^2,$$

を[21]備えた，ノルム $|||\vec{f}||| = \sqrt{\langle\langle \vec{f}, \vec{f}\rangle\rangle}$ のヒルベルト空間である．定理 5.1 によると，ℓ^2 の上の任意の有界線形汎関数 L に対して，表現

$$L(\vec{f}) = \langle\langle \vec{f}, \vec{g}_L^\perp\rangle\rangle, \quad \vec{f} \in \ell^2$$

が成り立つような $\vec{g}_L^\perp \in \ell^2$ がある．ℓ^2 の場合は，$\vec{g}_L^\perp$ を構成的に与えることができる．$k = 1, 2, \cdots$ として，$\vec{e}^{(k)} \in \ell^2$ を第 k-成分が 1，他成分はすべて 0 なるものとしよう．すると，各 $\vec{f} \in \ell^2$ は，$\vec{f} = f_1 \vec{e}^{(1)} + f_2 \vec{e}^{(2)} + \cdots$ と表される．そこで，$l_k = L(\vec{e}^{(k)})$ とおいたとき，$\vec{l} = (l_1, l_2, \cdots) \in \ell^2$ を確認することができれば，

$$L(\vec{f}) = f_1 l_1 + f_2 l_2 + \cdots = \langle\langle \vec{f}, \vec{l}\rangle\rangle$$

の形に表されるであろう．ところで，L は有界，すなわち，適当な $M > 0$ があって

$$|L(\vec{f})| \leq M |||\vec{f}|||, \quad \vec{f} \in \ell^2$$

となるが，これから $\vec{l} \in \ell^2$ が従うことを示そう．このために，まず，任意の $N = 1, 2, \cdots$ について，${}_N\vec{f}$ を第 $N+1$ 成分以降がすべて 0 になるものならば，

$$|L({}_N\vec{f})| = |f_1 l_1 + \cdots + f_N l_N| \leq M \sqrt{f_1^2 + \cdots + f_N^2}$$

となることに注意する．これより[22]，

$$l_1^2 + \cdots + l_N^2 \leq M^2, \quad N = 1, 2, \cdots$$

が従うので，$\vec{l} \in \ell^2$ である．

---
[21] ただし，$\vec{f} = (f_1, f_2, \cdots)$，$\langle\langle \vec{f}, \vec{f}\rangle\rangle = \sum_{k=1}^\infty f_k^2 < +\infty$，$\vec{g}$ も同様．
[22] コーシーの恒等式，すなわち，$(a_1, \cdots, a_N), (b_1, \cdots, b_N) \in \mathbb{R}^N$ に

例 5.8 において，元の列 $\{\vec{e}^{(k)}\}_{k=1,2,\cdots}$ は，正規直交性

$$\langle\langle \vec{e}^{(i)}, \vec{e}^{(j)}\rangle\rangle = \begin{cases} 1, & i = j \\ 0, & i \neq j \end{cases}, \quad i, j = 1, 2, \cdots \quad (5.41)$$

を満たし，かつ，任意の $\vec{f} \in \ell^2$ に対し，完全性

$$\lim_{N \to \infty} |||\vec{f} - \sum_{k=1}^{N} \langle\langle \vec{f}, e^{(k)}\rangle\rangle\, e^{(k)}||| = 0 \quad (5.42)$$

を成り立たせている．すなわち，$\{\vec{e}^{(k)}\}_{k=1,2,\cdots}$ はヒルベルト空間 ℓ^2 の完全正規直交系（あるいは，正規直交基底）である．一般のヒルベルト空間においても，(5.41) (5.42)（の類比）を満たす元の系，すなわち，完全正規直交系が存在する場合に限定するならば，ℓ^2 の場合とまったく同様の論法で，定理 5.1 における元 $g_L^{\perp}$ を構成的に与えることができる．実際，リースやフレシェの当初の証明は，この形のものであった（[46], [14]）．

5.5 複素係数の場合：補遺

本稿では，フーリエ自身の扱いを尊重して，実数値の数列や関数を主に扱うが，議論の必要上，また，理論的にも複素

対し，

$$(a_1 b_1 + \cdots + a_N b_n)^2 + \sum_{1 \leq i < j \leq N} (a_i b_j - a_j b_i)^2$$
$$= (a_1^2 + \cdots + a_N^2)(b_1^2 + \cdots + b_N^2)$$

が成立することを利用する．左辺第 2 項の総和項が消えるのは

$$a_i = c\, b_i, \quad i = 1, \cdots, N$$

となるスカラー c があるときに限る．

数値の数列や関数を完全に無視して済むわけではない．この節では，まず複素数の無限数列

$$\vec{\gamma} = (\gamma_1, \gamma_2, \gamma_3, \cdots)$$

であって，絶対二乗総和可能，すなわち，

$$\|\vec{\gamma}\|_\mathbb{C}^2 = \sum_{j=1}^\infty |\gamma_j|^2 < +\infty \tag{5.43}$$

を満たす[23]もの全体のなす数列空間 $\ell_\mathbb{C}^2$ を検討する．

複素数値の数列 $\vec{\gamma}$ と各成分の実部，虚部の成す実数値の数列

$$\vec{\gamma} = \Re\vec{\gamma} + \sqrt{-1}\,\Im\vec{\gamma}$$
$$\Re\vec{\gamma} = (\Re\gamma_1, \Re\gamma_2, \cdots), \quad \Im\vec{\gamma} = (\Im\gamma_1, \Im\gamma_2, \cdots)$$

の関係を見よう[24]．以下の補題は明らかであろう．

補題 5.11

$$\ell_\mathbb{C}^2 \ni \vec{\gamma} \iff \Re\vec{\gamma} \in \ell^2 \quad \text{かつ} \quad \Im\vec{\gamma} \in \ell^2$$

が成り立ち，

$$\|\vec{\gamma}\|_\mathbb{C}^2 = \|\Re\vec{\gamma}\|^2 + \|\Im\vec{\gamma}\|^2 \tag{5.44}$$

である．

---

[23] 複素数 $\gamma = a + \sqrt{-1}\,b$ （実部 $a = \Re\gamma$ 虚部 $b = \Im\gamma$）の共役複素数 $\overline{\gamma} = a - \sqrt{-1}\,b$，絶対値（モデュラス）$|\gamma|$ は $|\gamma| = \sqrt{a^2+b^2} = \sqrt{\gamma\cdot\overline{\gamma}}$ であり，複素数の極表示（ド・モアヴルの等式）

$$\gamma = r\,e^{\sqrt{-1}\,\phi}, \quad r = |\gamma|, \quad \phi = \arctan\frac{b}{a}$$

が成り立つ．r は複素数 γ の動径，ϕ は γ の偏角である．

[24] 実数列の場合については例 5.8 の記法を用いる．

補題 5.12 $\vec{\gamma}^{(k)} = (\gamma_1^{(k)}, \gamma_2^{(k)}, \cdots) \in \ell_{\mathbb{C}}^2$, $k = 1, 2$, に対し，和

$$\vec{\gamma}^{(1)} + \vec{\gamma}^{(2)} = \left(\gamma_1^{(1)} + \gamma_1^{(2)}, \gamma_2^{(1)} + \gamma_2^{(2)}, \cdots\right) \in \ell_{\mathbb{C}}^2$$

である．また，複素数 $\alpha \in \mathbb{C}$ に対し，スカラー倍

$$\alpha \cdot \vec{\gamma}^{(1)} = \left(\alpha \gamma_1^{(1)}, \alpha \gamma_2^{(1)}, \cdots\right) \in \ell_{\mathbb{C}}^2$$

である．

補題 5.13 $\vec{\gamma}^{(k)} \in \ell_{\mathbb{C}}^2$ に対し，

$$\langle\langle \vec{\gamma}^{(1)}, \vec{\gamma}^{(2)} \rangle\rangle_{\mathbb{C}} = \sum_{j=1}^{\infty} \gamma_j^{(1)} \overline{\gamma_j^{(2)}} \tag{5.45}$$

が定義できる．

実際，

$$\begin{aligned}
&\langle\langle \vec{\gamma}^{(1)}, \vec{\gamma}^{(2)} \rangle\rangle_{\mathbb{C}} \\
&= \left\{ \langle\langle \Re\vec{\gamma}^{(1)}, \Re\vec{\gamma}^{(2)} \rangle\rangle + \langle\langle \Im\vec{\gamma}^{(1)}, \Im\vec{\gamma}^{(2)} \rangle\rangle \right\} \\
&\quad + \sqrt{-1} \left\{ \langle\langle \Im\vec{\gamma}^{(1)}, \Re\vec{\gamma}^{(2)} \rangle\rangle - \langle\langle \Re\vec{\gamma}^{(1)}, \Im\vec{\gamma}^{(2)} \rangle\rangle \right\}
\end{aligned} \tag{5.46}$$

となっている．

命題 5.3 (5.45) は，正定値エルミート内積である．すなわち，複素数 $\alpha, \beta \in \mathbb{C}$，および複素数列 $\vec{\gamma}, \vec{\gamma}^{(1)}, \vec{\gamma}^{(2)} \in \ell_{\mathbb{C}}$ に対し，

$$\langle\langle \alpha \cdot \vec{\gamma}^{(1)} + \beta \cdot \vec{\gamma}^{(2)}, \vec{\gamma} \rangle\rangle_{\mathbb{C}} = \alpha \langle\langle \vec{\gamma}^{(1)}, \vec{\gamma} \rangle\rangle_{\mathbb{C}} + \beta \langle\langle \vec{\gamma}^{(2)}, \vec{\gamma} \rangle\rangle_{\mathbb{C}} \tag{5.47}$$

$$\langle\langle \vec{\gamma}^{(1)}, \vec{\gamma}^{(2)} \rangle\rangle_{\mathbb{C}} = \overline{\langle\langle \vec{\gamma}^{(2)}, \vec{\gamma}^{(1)} \rangle\rangle_{\mathbb{C}}} \tag{5.48}$$

5.5. 複素係数の場合：補遺

$$\langle\langle \vec{\gamma}, \vec{\gamma}\rangle\rangle_{\mathbb{C}} = |||\vec{\gamma}|||_{\mathbb{C}}^2 \geq 0, \quad = 0 \Leftrightarrow \vec{\gamma} = O \tag{5.49}$$

$$\left|\langle\langle \vec{\gamma}^{(1)}, \vec{\gamma}^{(2)}\rangle\rangle_{\mathbb{C}}\right| \leq |||\vec{\gamma}^{(1)}|||_{\mathbb{C}} |||\vec{\gamma}^{(2)}|||_{\mathbb{C}} \tag{5.50}$$

が成り立つ．また，(5.43) はノルムを定める．すなわち，

$$|||\vec{\gamma}|||_{\mathbb{C}} = \sqrt{\langle\langle \vec{\gamma}, \vec{\gamma}\rangle\rangle_{\mathbb{C}}} \geq 0, \tag{5.51}$$

$$|||\alpha \cdot \vec{\gamma}|||_{\mathbb{C}} = |\alpha| \, |||\vec{\gamma}|||_{\mathbb{C}} \tag{5.52}$$

$$|||\vec{\gamma}^{(1)} + \vec{\gamma}^{(2)}|||_{\mathbb{C}} \leq |||\vec{\gamma}^{(1)}|||_{\mathbb{C}} + |||\vec{\gamma}^{(2)}|||_{\mathbb{C}} \tag{5.53}$$

が成り立つ．

不等式 (5.50) を確かめよう．複素数の極表示

$$\langle\langle \vec{\gamma}^{(1)}, \vec{\gamma}^{(2)}\rangle\rangle_{\mathbb{C}} = \rho \, e^{\sqrt{-1}\phi}, \quad \rho = \left|\langle\langle \vec{\gamma}^{(1)}, \vec{\gamma}^{(2)}\rangle\rangle_{\mathbb{C}}\right|,$$

のもとで，$\lambda = t \, e^{-\sqrt{-1}\phi}$ $(t \in \mathbb{R})$ として，

$$0 \leq |||\vec{\gamma}^{(1)} + \lambda \vec{\gamma}^{(2)}|||_{\mathbb{C}}^2 = |||\vec{\gamma}^{(1)}|||_{\mathbb{C}}^2 + 2t\rho + t^2 |||\vec{\gamma}^{(2)}|||_{\mathbb{C}}^2$$

となる．(5.50) は，判別式である．

命題 5.4 $\ell_{\mathbb{C}}^2$ の元の列 $\{\vec{\gamma}^{(n)}; n = 1, 2, \cdots\}$ は

$$|||\vec{\gamma}^{(n)} - \vec{\gamma}^{(m)}|||_{\mathbb{C}} \to 0, \quad n, m \to \infty$$

をみたす，すなわち，Cauchy 列とする．このとき，極限列 $\vec{\gamma} \in \ell_{\mathbb{C}}^2$ が一意的に存在して，

$$|||\vec{\gamma}^{(n)} - \vec{\gamma}|||_{\mathbb{C}} \to, \quad n \to \infty$$

が成り立つ．

実際，二乗総和可能な実数列の空間 ℓ^2 は完備であった（補題 5.7 参照[25]）．実数列の列 $\{\Re\vec{\gamma}^{(n)}\}$ および $\{\Im\vec{\gamma}^{(n)}\}$ は ℓ^2 の Cauchy 列になるから，それぞれの極限を $\Re\vec{\gamma} \in \ell^2$ および $\Im\vec{\gamma} \in \ell^2$ として，$\vec{\gamma} = \Re\vec{\gamma} + \sqrt{-1}\Im\vec{\gamma} \in \ell_\mathbb{C}$ が求める極限列である．

実数値のヒルベルト空間（実ヒルベルト空間）については §5.2 で説明した．ここでは，複素数値のヒルベルト空間，複素ヒルベルト空間について補おう．$\mathscr{L}$ を複素数をスカラーとする線形空間[26]とする．さらに，内積としては実数値のヒルベルト空間の場合と異なり，正定値エルミート内積 $\langle\,,\,\rangle_\mathbb{C}$ を採る．すなわち，(5.24) 〜 (5.27) において，$\mathscr{X}$ を $\mathscr{L}$ に，$\mathbb{R}$ を $\mathbb{C}$ に替え，さらに，$\langle\,,\,\rangle$ を $\langle\,,\,\rangle_\mathbb{C}$ に替えた上で，(5.26) を歪対称性

$$\langle x, y\rangle_\mathbb{C} = \overline{\langle y, x\rangle_\mathbb{C}}, \quad x, y \in \mathscr{L} \tag{5.54}$$

に改めたものが正定値エルミート内積である．こうして $\mathscr{L}$ は，複素数値の線形空間，エルミート空間となる．このとき，

$$\|x\|_\mathbb{C} = \sqrt{\langle x, x\rangle_\mathbb{C}}, \quad x \in \mathscr{L} \tag{5.55}$$

はノルムの条件を満足し，これによって，エルミート線形空間 $\mathscr{L}$ に収束概念が定義され，特に，$\mathscr{L}$ の元の列 $\{x_n\}$ であって

$$\lim_{n, m \to \infty} \|x_n - x_m\|_\mathbb{C} = 0$$

を満たすものが（今の場合の，つまり）$\mathscr{L}$ のコーシー列（または，基本列）である．さらに，各基本列 $\{x_n\}$ に対し，極限となる元，すなわち，

$$\lim_{n \to \infty} \|x_n - x\|_\mathbb{C} = 0$$

---
[25] 添え数の範囲や「内積」の微細な違いは本質的ではない — 念のため．
[26] すなわち，(5.17) 〜 (5.23) において，$\mathscr{X}$ を $\mathscr{L}$，$\alpha, \beta \in \mathbb{R}$ を $\alpha, \beta \in \mathbb{C}$ に読み替えて定義される線形空間である．

が成り立つような元 $x \in \mathscr{L}$ が必ず存在するとき，エルミート空間 $\mathscr{L}$ は完備となる．複素ヒルベルト空間とは，完備なエルミート空間を指す．

例 5.9 $\mathscr{X}$ を $\langle\,,\,\rangle$ を内積とする実ヒルベルト空間とする．

$$\mathscr{L} = \{\vec{u} + \sqrt{-1}\vec{v}\,;\,\vec{u}, \vec{v} \in \mathscr{X}\}$$

とおくと，$\mathscr{L}$ は，自然に，複素数をスカラーとする線形空間になる．例えば，$a, b \in \mathbb{R}$ ならば，

$$\left(a + \sqrt{-1}b\right)\left(\vec{u} + \sqrt{-1}\vec{v}\right) = (a\,\vec{u} - b\,\vec{v}) + \sqrt{-1}\,(b\,\vec{u} + a\,\vec{v})$$

とおけばよい．複素線形空間 $\mathscr{L}$ の元

$$\vec{w}^{(n)} = \vec{u}^{(n)} + \sqrt{-1}\,\vec{v}^{(n)}, \quad n = 1, 2$$

に対し，

$$\begin{aligned}\langle \vec{w}^{(1)},\,\vec{w}^{(2)}\rangle_{\mathbb{C}} =\,& \langle \vec{u}^{(1)},\,\vec{u}^{(2)}\rangle + \langle \vec{v}^{(1)},\,\vec{v}^{(2)}\rangle \\ & + \sqrt{-1}\bigl(\langle \vec{u}^{(1)},\,\vec{v}^{(2)}\rangle - \langle \vec{u}^{(2)},\,\vec{v}^{(2)}\rangle\bigr)\end{aligned}$$

とおくと，$\langle\,,\,\rangle_{\mathbb{C}}$ は $\mathscr{L}$ で定義されたエルミート内積になる．しかも，この内積によって $\mathscr{L}$ は複素ヒルベルト空間になる．複素ヒルベルト空間 $\mathscr{L}$ を実ヒルベルト空間 $\mathscr{X}$ の複素化という．

命題 5.3，命題 5.4 を書き直しておこう．

例 5.10 二乗総和可能の複素数列の空間 $\ell^2_{\mathbb{C}}$ は，複素ヒルベルト空間である．エルミート内積は (5.45) で与えられる．

問 5.11 添え数集合が整数全体 $\mathbb{Z}$ の二乗絶対総和可能な複素数列

$$\vec{\gamma} = (\cdots, \gamma_1, \gamma_0, \gamma_1, \cdots), \quad \sum_{n=-\infty}^{\infty} |\gamma_n|^2 < +\infty$$

の全体を（改めて）$\ell_\mathbb{C}^2$ とかこう．$\ell_\mathbb{C}^2$ は

$$\langle \vec{\gamma}^{(1)}, \vec{\gamma}^{(2)} \rangle_\mathbb{C} = \sum_{n=-\infty}^{\infty} \gamma_n^{(n)} \overline{\gamma_n^{(2)}}, \quad \vec{\gamma}^{(1)}, \vec{\gamma}^{(2)} \in \ell_\mathbb{C}^2,$$

を正定値エルミート内積とする複素ヒルベルト空間になる．

例 5.11 区間 $I = (0, 2\pi)$ で定義された複素数値の関数で，二乗絶対可積分なもの $f(t)$ の全体を $\mathscr{L}_\mathbb{C}^2(I)$ とおく[27]．すなわち，

$$\int_I |f(t)|^2 \, dt < +\infty \iff f(t) \in \mathscr{L}_\mathbb{C}^2(I)$$

とする．このとき，$\mathscr{L}_\mathbb{C}^2(I)$ は

$$(f, g)_\mathbb{C} = \int_I f(t) \overline{g(t)} \, dt, \quad f(t), g(t) \in \mathscr{L}_\mathbb{C}^2(I)$$

を正定値 Herimite 内積とする複素ヒルベルト空間になる．また，

$$\chi_n(t) = e^{\sqrt{-1}nt}, \quad n = 0, \pm 1, \pm 2, \cdots$$

とおくと，$\chi_n(t) \in \mathscr{L}_\mathbb{C}^2(I)$ であって

$$(\chi_n, \chi_m)_\mathbb{C} = \begin{cases} 2\pi, & m = n \\ 0, & m \neq n \end{cases}, \quad n, m = 0, \pm 1, \pm 2, \cdots$$

が成り立つ．

---

[27] ただし，$f_1(t) \in \mathscr{L}_\mathbb{C}^2(I)$ であって，$f(t)$ とほとんど到るところ一致する，つまり，$\{t \in I; f(t) \neq f_1(t)\}$ が I の零集合となるときは，$f(t)$ と $f_1(t)$ とは区別しない．

6

一様な空間における熱伝導

$$\phi x = \frac{1}{\pi} \int_{-\infty}^{+\infty} d\alpha \phi\alpha \int_0^\infty dq \cos .(q(x-\alpha))$$

$$\frac{dv}{dt} = \frac{K}{CD}\left(\frac{d^2v}{dx^2} + \frac{d^2v}{dy^2} * \frac{d^2v}{dz^2}\right)$$

$$\frac{1}{2}\pi\varphi x = \sin .x \int_0^\pi \varphi x \sin .x dx + \sin .2x \int_0^\pi \varphi x \sin .2x dx \\ + \sin .3x \int_0^\pi \varphi x \sin .3x dx + etc.$$

$$\frac{1}{2}\pi\varphi x = \frac{1}{2}\int_0^\pi \varphi x dx + \cos .x \int_0^\pi \varphi x \cos .x dx \\ + \cos .2x \int_0^\pi \varphi x \cos .2x dx + \cos .3x \int_0^\pi \varphi x \cos .3x dx + etc.$$

フーリエは,(3次元) 空間内の (具体的な形状の) 物体における熱伝導だけでなく, 空間全体 $\mathbb{R}^3$ における熱伝導を論じている. 熱伝導の方程式は, 既述のもの, すなわち, 時刻 $t > 0$ での点 (x, y, z) における温度関数 $v = v(t, x, y, t)$ は, 方程式

$$\frac{\partial}{\partial t} v = \frac{K}{CD} \left(\frac{\partial^2}{\partial x^2} + \frac{\partial^2}{\partial y^2} + \frac{\partial^2}{\partial z^2} \right) v \qquad (2.9)$$

によって記述される. ただし, 空間全体での扱いなので, 今の場合, 境界条件はない.

課題は, 初期温度分布が $F(x, y, z)$ で与えられたとき, 空間内の温度分布の時間経過による変動結果 $v(t, x, y, z)$ を初期条件

$$v(0, x, y, z) = F(x, y, z) \qquad (6.1)$$

に基づいて, どう表現するか, ということになる. 物体が有限領域で表される場合, 例えば, 直方体領域の場合は, 三角関数系によって初期分布が直交分解されることを利用し, 初期分布の成分ごとに温度分布の時間経過が指数関数を利用して表現されることが利用された. 空間全体の場合も, 初期分布 $f(x, y, z)$ を何らかの意味で扱いやすい成分に分解できるといいわけである.

6.1 直線の上の熱伝導の方程式

フーリエは, 空間における熱伝導の方程式を, 各座標軸に平行な直線上の熱伝導の方程式の扱いに帰着させるための予備的な考察を行う.

フーリエは, まず, 座標軸に垂直な二枚の平面 A, B と, これらの間を埋め尽くす, 座標軸に垂直な, したがって, 平面 A, B に平行な平面群 C_ξ を想定する. 座標軸が x-軸であれ

6.1. 直線の上の熱伝導の方程式

ば，A, B の距離を $g > 0$ として

$$A : x = a, \quad B : x = b, \quad b - a = g,$$

と表すことができる．平面 A, B の間を埋め尽くす平面群は

$$C_\xi : x = \xi, \quad a < \xi < b$$

と表されることになる．初期の温度分布として，平面 A, B に挟まれた領域の外では，温度 0 とし，A, B に挟まれた平面群では，各平面上で一様な温度，すなわち，それぞれの平面上では，どの点でも同一の温度であるとする．すなわち，x 変数だけに依存する

$$F(x, y, z) = \left\{ \begin{array}{ll} 0, & x < a \text{ または } x > b \\ f(x), & a \leq x \leq b \end{array} \right\} = \phi(x)$$

という初期分布を考える[1]．このとき，熱伝導は，x-軸に垂直な方向には起き得ないであろうから，温度関数も $v = v(t, x)$ として，直線上の熱伝導の方程式

$$\frac{\partial}{\partial t} v(t, x) = k \frac{\partial^2}{\partial x^2} v(t, x), \quad (-\infty < x < \infty, \ t > 0) \quad (6.2)$$

によって，初期条件

$$v(0, x) = \phi(x) \quad (6.3)$$

を満たす解として得られることが予想される．ただし，$k = \frac{K}{CD}$ である．

注意 6.1 フーリエは，方程式 (6.2) を，x-軸を中心線とする細い角柱の熱伝導の方程式をモデルとして導出する．細い

---
[1] フーリエは，平面ごとの温度の異なり：$f(x) \neq f(x')$ $(a \leq x \neq x' \leq b)$ をも要請するが，それは本質的ではない．

角柱の側面が外界との熱の交換が起きないよう完全に断熱されている場合は，境界条件は無用であり，(6.2) は直ちに得られる．角柱側面の表面から熱の流出がある場合には，方程式は

$$\frac{\partial}{\partial t} v(t, x) = k \frac{\partial^2}{\partial x^2} v(t, x) - h\, v(t, x) \tag{6.4}$$

の形になるが，この場合でも，$u(t, x) = \mathrm{e}^{-ht}\, v(t, x)$ は，(6.2) を満足する[2]．

フーリエに従って初期値問題 (6.2) (6.3) の解を構成しよう．まず，簡単な注意[3]をする．

補題 6.1 適当な q の関数 $Q(q)$ に対し，

$$v(t, x) = \int_0^\infty Q(q)\, \mathrm{e}^{-kq^2 t} \cos qx\, dq \tag{6.5}$$

は，方程式 (6.2) をみたす．

実際，a が任意の定数ならば，このとき，任意の q について，

$$v(t, x) = a\, \mathrm{e}^{-kq^2 t} \cos qx$$

は，方程式 (6.2) をみたす．$a = Q(q)$ としても同様である．$Q(q)$ として，積分 (6.5) が存在し（積分に意味が付けられ），さらに，微分演算と積分記号が交換可能となるものを選択すれば，(6.5) は，方程式 (6.2) をみたすことがわかる．

系 6.1 (6.5) だけでなく，

$$v(t, x) = \int_0^\infty Q(q)\, \mathrm{e}^{-kq^2 t} \sin qx\, dq \tag{6.6}$$

で与えられる $v(t, x)$ も方程式 (6.2) の解になる．

---
[2] §4.7 参照．細い角柱の代わりに細い円柱を扱っているが，特に，(4.64) 及び引き続く注意を見よ．
[3] このアイデアの延長上に，後述のフーリエ余弦変換像あるいはフーリエ正弦変換像を通じての解の構成がある．

さて，(6.5) あるいは (6.6) が初期値問題 (6.2) (6.3) の解であるとすると，これらは初期条件 (6.3) をも満たしていることが期待されることになる．すなわち，

$$\phi(x) = \int_0^\infty Q(q) \cos qx \, dq \tag{6.7}$$

あるいは

$$\phi(x) = \int_0^\infty Q(q) \sin qx \, dq \tag{6.8}$$

が成り立つように，$Q(q)$ を構成できるか確認し，また，できるとすれば，そのときの条件を決定することが課題になる．以下の数節で，この問題を論じるが，今日ではフーリエ変換とよばれる積分変換の考察の第一歩である．

6.2 偶関数と奇関数

まず注意すべきことは，直線上の関数 $\phi(x)$ が余弦関数と適当な関数 $Q(q)$ とから積分式 (6.7) によって定義されているならば，$\phi(x)$ は

$$\phi(-x) = \phi(x), \quad -\infty < x < +\infty, \tag{6.9}$$

という対称性の性質を満たしていなければならないことである．余弦関数にこの性質（すなわち，$\cos(-qx) = \cos qx$）がすでにあるからである．直線上の関数 $\phi(x)$ は対称性条件 (6.9) を満たしているとき，偶関数と言われる．上述の余弦関数は偶関数の例である．

他方，(6.8) によって定義される直線上の関数 $\phi(x)$ が満たすべき対称性条件は

$$\phi(-x) = -\phi(x), \quad -\infty < x < +\infty \tag{6.10}$$

である．対称性条件 (6.10) を満たすような直線上の関数 $\phi(x)$ は奇関数と言われる．(6.8) が奇関数を定めるのは，正弦関数が奇関数だからである（すなわち，$\sin(-qx) = -\sin(qx)$ がなりたつ）．

注意 6.2 $\phi(-x)$ は $\phi(x)$ から定められた新しい関数 $\check{\phi}$，すなわち，$\check{\phi}(x) = \phi(-x)$ とみることもできる（$\check{\phi}$ を ϕ の反転ということがある）．このとき

$$\check{\phi} = \phi \Leftrightarrow \phi : 偶関数. \qquad \check{\phi} = -\phi \Leftrightarrow \phi : 奇関数$$

である．

直線上の関数は，一般には，偶関数でも奇関数でもない．しかし，偶関数の部分と奇関数の部分とに一意的に分解できる．

補題 6.2 $\phi(x)$ は直線上の関数とする．このとき，関数

$$\phi_{偶}(x) = \frac{\phi(x) + \phi(-x)}{2}, \quad \phi_{奇}(x) = \frac{\phi(x) - \phi(-x)}{2}$$

は，それぞれ，偶関数，奇関数となり，

$$\phi(x) = \phi_{偶}(x) + \phi_{奇}(x), \quad -\infty < x < +\infty,$$

が成り立つ．しかも，$\phi(x)$ をこのように偶関数と奇関数の和に分解するための関数の選択は他にはない．$\phi_{偶}(x)$ を $\phi(x)$ の偶関数成分，$\phi_{奇}(x)$ を奇関数成分という．

実際，分解の一意性は，偶関数であり同時に奇関数であるという関数は，自明なもの，すなわち，0 を恒等的に値として取る関数，しかないことから従う．

問 6.1 偶関数性，奇関数性は 1 次結合によって保存される．また，偶関数と偶関数の積および奇関数と奇関数の積は偶関数であり，偶関数と奇関数の積は奇関数である．

6.2. 偶関数と奇関数

問 6.2 なめらかな偶関数の導関数は奇関数であり，なめらかな奇関数の導関数は偶関数になる．

直線上の関数 $\phi(x)$ は，その絶対値関数 $|\phi(x)|$ の積分が存在する，すなわち，

$$\int_{-\infty}^{+\infty} |\phi(x)|\,dx < +\infty$$

が成り立つならば，絶対可積分であるといわれる．

問 6.3 $\phi(x)$ は直線上の絶対可積分な関数とする．$\phi(x)$ が奇関数ならば

$$\int_{-\infty}^{+\infty} \phi(x)\,dx = 0$$

である．$\phi(x)$ が偶関数ならば，

$$\int_{-\infty}^{0} \phi(x)\,dx = \int_{0}^{+\infty} \phi(x)\,dx,$$

したがって

$$\int_{-\infty}^{+\infty} \phi(x)\,dx = 2\int_{0}^{+\infty} \phi(x)\,dx$$

である．

補題 6.3 $\phi(x)$ が直線上の絶対可積分な関数ならば，$\phi_{偶}(x)$ も $\phi_{奇}(x)$ も直線上で絶対可積分であり，

$$\int_{-\infty}^{+\infty} |\phi_{偶}(x)|\,dx \leq \int_{-\infty}^{+\infty} |\phi(x)|\,dx$$

$$\int_{-\infty}^{+\infty} |\phi_{奇}(x)|\,dx \leq \int_{-\infty}^{+\infty} |\phi(x)|\,dx,$$

が成り立つ．

実際，$|\phi_\text{偶}(x)|$ も $|\phi_\text{奇}(x)|$ も偶関数だから，半直線上での可積分性を確かめればよい．したがって，

$$\int_0^{+\infty} |\phi_\text{偶}(x)|\,dx \leq \frac{1}{2}\left(\int_0^\infty |\phi(x)|\,dx + \int_0^\infty |\phi(-x)|\,dx\right)$$
$$= \frac{1}{2}\int_{-\infty}^{+\infty} |\phi(x)|\,dx$$

となる．$\phi_\text{奇}(x)$ についても同様である．

問 6.4 $\phi(x)$ は直線上の絶対可積分な関数とし，

$$\overline{\phi}(q) = \int_{-\infty}^q \phi(x)\,dx - \frac{1}{2}\int_{-\infty}^{+\infty} \phi(x)\,dx, \quad -\infty < q < +\infty,$$

とおく．$\phi(x)$ が奇関数ならば，$\overline{\phi}(q)$ は偶関数である．$\phi(x)$ が偶関数ならば，$\overline{\phi}(q)$ は奇関数である．

以上により，$\phi(x)$ が偶関数ならば (6.7) を成り立たせるように，また，奇関数ならば (6.8) を成り立たせるように，関数 $Q(q)$ を求めるという課題が，意味を持っていることがわかるであろう．しかも，(6.7) (6.8) において，$x > 0$ だけに変数の変動域を限定しておけば，偶関数か奇関数かは問わなくてもよいことになる．

問 6.5 $f(x)$ は $x > 0$ において定義された関数とする．

$$\phi(x) = \begin{cases} f(x), & x > 0 \\ f(-x), & x < 0 \end{cases}$$

とおけば，$\phi(0)$ をどのように定義しても[4]，$\phi(x)$ は偶関数になる．$\phi(x)$ は $f(x)$ の偶拡張である．

---

[4] $f(x)$ が連続で $f(0+) = \lim_{x\downarrow 0} f(x)$ が存在するとき，$\phi(0) = f(0+)$ とすると，$\phi(x)$ は連続になる．

問 **6.6** $f(x)$ は $x > 0$ において定義された関数とする．

$$\psi(x) = \begin{cases} f(x), & x > 0 \\ 0, & x = 0 \\ -f(-x), & x < 0 \end{cases}$$

は，奇関数である．$\psi(x)$ は $f(x)$ の奇拡張である．

6.3 フーリエ余弦変換，フーリエ正弦変換

(6.7) (6.8) を思い起そう．これらの右辺に現われる積分が x を直線上で自由に変動させたときに意味を持つとするならば，半直線 $q > 0$ の上の関数 $Q(q)$ から直線上の x の関数を定めることになる．しかも，(6.7) は x の偶関数，(6.8) は奇関数だが，$x > 0$ に限ってしまえば，これらの積分は半直線上の関数から半直線上の関数への変換を与えていることになる．

改めて，半直線上の（q の）関数 $Q(q)$ から半直線上の（x の）関数への変換：

$$\mathcal{C} : Q(q) \mapsto 2\int_0^\infty Q(q) \cos xq \, dq = \mathcal{C}[Q](x) \qquad (6.11)$$

$$\mathcal{S} : Q(q) \mapsto 2\int_0^\infty Q(q) \sin xq \, dq = \mathcal{S}[Q](x) \qquad (6.12)$$

を，それぞれ，フーリエ余弦変換，フーリエ正弦変換と呼ぼう[5]．また，関数 $\mathcal{C}[Q](x)$, $\mathcal{S}[Q](x)$ をそれぞれ $Q(q)$ のフーリエ余弦変換像，フーリエ正弦変換像ということがある．

---

[5] 積分記号の前の係数 2 は，フーリエの記述に忠実ならば，外したいところであるが，直線上の関数の偶関数部分，奇関数部分への分解を念頭に，本来，全直線上の関数族に対する定義を半直線上で実行しているという感覚の反映である．

注意 6.3 $\mathcal{C}[Q](x)$, $\mathcal{S}[Q](x)$ は，定義式中の $\cos qx$, $\sin qx$ が $x \leq 0$ に対しても意味を持つという意味で，$x \leq 0$ に拡張できる．このとき，$\mathcal{C}[Q](x)$, $\mathcal{S}[Q](x)$ は，それぞれ x の偶関数，奇関数になる．

問 6.7 直線上の関数 $\phi(q)$, $\psi(q)$ を，それぞれ，半直線上の関数 $Q(q)$ の偶拡張，奇拡張とする．このとき，

$$\mathcal{C}[Q](x) = \int_{-\infty}^{+\infty} \phi(q) \cos qx \, dq$$

$$\mathcal{S}[Q](x) = \int_{-\infty}^{+\infty} \psi(q) \sin qx \, dq$$

が成り立つ．

補題 6.4 $Q(q)$ が半直線上で絶対可積分，すなわち，

$$\int_0^\infty |Q(q)| \, dq < +\infty$$

が成り立つならば，フーリエ余弦変換もフーリエ正弦変換も定義される．しかも，

$$|\mathcal{C}[Q](x)| \leq 2 \int_0^\infty |Q(q)| \, dq$$

$$|\mathcal{S}[Q](x)| \leq 2 \int_0^\infty |Q(q)| \, dq$$

である．

これは明らかであろう．

例 6.1 q の関数が

$$Q(q) = \begin{cases} \frac{1}{2}, & 0 < q \leq 1 \\ 0, & 1 < q \end{cases}$$

ならば，
$$\mathcal{C}[Q](x) = \frac{\sin x}{x}, \quad x > 0,$$
である．

注意 6.4 例 6.1 で得られた $\mathcal{C}[Q](x)$ は，今日では，正準正弦関数：
$$\mathrm{sinc}(x) = \begin{cases} 1, & x = 0 \\ \dfrac{\sin x}{x}, & x \neq 0 \end{cases}, \quad -\infty < x < +\infty \quad (6.13)$$
と呼ばれる．

例 6.2 $Q(q) = \mathrm{e}^{-q}$ とすれば，
$$\mathcal{C}[Q](x) = \frac{2}{1+x^2}, \quad \mathcal{S}[Q](x) = \frac{2x}{1+x^2} \quad (x > 0)$$
である．実際，部分積分を利用すればよい．

例 6.3 $Q(q) = \dfrac{1}{1+q^2}$ とする．このとき，
$$\mathcal{C}[Q](x) = \pi \, \mathrm{e}^{-x}, \quad x > 0,$$
である[6]．

例 6.4 $Q(q) = \mathrm{e}^{-aq^2}$, $a > 0$, とすれば，
$$\mathcal{C}[Q](x) = \sqrt{\frac{\pi}{a}} \, \exp\left(-\frac{1}{4a}x^2\right)$$

---

[6] 今日では，1 変数複素関数論における留数定理の標準的な例題であるが，フーリエの時代には別の工夫が必要とされた．ともかく，ここでは，単に，
$$\int_0^\infty \frac{1}{1+q^2} \, dq = \frac{\pi}{2}$$
が $q = \tan t, 0 < t < \frac{\pi}{2}$，と置換積分すれば示せることだけを注意しておく．実際，この部分さえ示しておけば，後述の定理 6.1 が成立し，したがって，その結果を応用することができる．

$$\mathcal{S}[Q](x) = \frac{1}{a}\int_0^x \exp\left(\frac{t^2-x^2}{4a}\right) dt$$

となる．実際，部分積分を利用すると，

$$\frac{d}{dx}\mathcal{C}[Q](x) + \frac{x}{2a}\mathcal{C}[Q](x) = 0, \quad \frac{d}{dx}\mathcal{S}[Q](x) + \frac{x}{2a}\mathcal{S}[Q](x) = \frac{1}{a}$$

が導かれるが，初期値として

$$\mathcal{C}[Q](0) = 2\int_0^\infty e^{-aq^2} dq = \sqrt{\frac{\pi}{a}}, \quad \mathcal{S}[Q](0) = 0$$

が利用できるからである．

問 6.8 例 6.4 における $Q(q) = e^{-aq^2}$, $a > 0$, について，

$$\mathcal{C}[\mathcal{C}[Q]](q) = 2\pi\, Q(q)$$

となる．

絶対可積分な関数をフーリエ余弦変換あるいはフーリエ正弦変換した結果は必ずしも絶対可積分ではない．したがって，補題 6.4 に頼るだけでは，これらの変換を反復させられるかどうかの説明ができない．例 6.4 の場合を参考に，関数のなめらかさや減少度の条件を検討しよう．

補題 6.5 関数 $Q(q)$ も関数 $qQ(q)$ も半直線上で絶対可積分とする．このとき，

$$\frac{d}{dx}\mathcal{C}[Q](x) = -\mathcal{S}[qQ](x)$$
$$\frac{d}{dx}\mathcal{S}[Q](x) = \mathcal{C}[qQ](x)$$

が成り立つ．

これは明らかであろう．積分記号とパラメータによる微分演算の交換を行うだけである．

6.3. フーリエ余弦変換，フーリエ正弦変換

系 6.2 $Q(q)$ も $q^2 Q(q)$ も半直線上絶対可積分であるとする．このとき

$$\frac{d^2}{dx^2}\mathcal{C}[Q](x) = -\mathcal{C}[q^2 Q](x), \quad \frac{d^2}{dx^2}\mathcal{S}[Q](x) = -\mathcal{S}[q^2 Q](x)$$

である．

補題 6.6 関数 $Q(q)$ は $q > 0$ において微分可能で，$Q(q)$ と導関数 $Q'(q)$ はともに，半直線上で絶対可積分とする．このとき，

$$x\,\mathcal{C}[Q](x) = -\mathcal{S}[Q'](x)$$
$$x\,\mathcal{S}[Q](x) = 2\,Q(0+) + \mathcal{C}[Q'](x)$$

が成り立つ．

実際，$Q(q)$ が半直線上で微分可能かつ絶対可積分だから，

$$Q(\infty) = \lim_{x \to +\infty} Q(x) = 0$$

$$Q(0+) = \lim_{x \downarrow 0} Q(x) = -\int_0^\infty Q'(x)\,dx$$

である．したがって，補題の証明には，q での微分によって，

$$x \cos xq = (\sin xq)', \quad x \sin xq = -(\cos xq)'$$

となることに注意して，部分積分を援用すればよい．

系 6.3 $Q(q)$ は半直線で 2 回連続微分可能とし，$Q(q)$，導関数 $Q'(q)$，2 階導関数 $Q''(q)$ はいずれも絶対可積分とする．このとき，$\mathcal{C}[Q](x)$ は（x の関数として半直線上で）絶対可積分である．また，$Q(0+) = 0$ であれば，$\mathcal{S}[Q](x)$ も絶対可積分である．

実際,
$$x^2\,\mathcal{C}[Q](x) = -2\,Q'(0+) - \mathcal{C}[Q''](x)$$
となる.したがって,
$$(1+x^2)|\mathcal{C}[Q](x)| \le 4\int_0^\infty |Q''(q)|dq \\ + 2\int_0^\infty |Q(q)|dq = C_Q$$
あるいは,
$$|\mathcal{C}[Q](x)| \le \frac{C_Q}{1+x^2}$$
となる.$\mathcal{S}[Q](x)$ の処理も同様である.

系 6.4 補題 6.5 における $Q(q)$ が,さらに,
$$Q_1(p) = \int_\infty^p Q(q)\,dq, \quad p > 0,$$
が半直線上で絶対可積分となるものとする.このとき,
$$q\,\mathcal{C}[Q_1](q) = -\mathcal{S}[Q](q)$$
$$q\,\mathcal{S}[Q_1](q) = \mathcal{C}[Q](q) - \mathcal{C}[Q](0)$$
である.

実際,補題 6.6 における $Q(q)$,$Q'(q)$ をそれぞれ $Q_1(q)$,$Q(q)$ で置き換えればよい.このとき,
$$2\,Q_1(0+) = -2\int_0^\infty Q(p)\sin pq\,dp = -\mathcal{C}[Q](0)$$
である.

注意 6.5　$N > 2$ とする．十分大きな $q_0 > 0$ に対し，

$$|Q(q)| \leq C\, q^{-N}, \quad q > q_0,$$

が成り立つならば，

$$|Q_1(p)| \leq \frac{C}{N-1} p^{-N+1}, \quad p > q_0$$

となる．今の場合，$Q(q)$, $q\, Q(q)$, $Q_1(q)$ は，いずれも，半直線上で絶対可積分である．

6.4 フーリエ余弦変換・フーリエ正弦変換の逆変換

フーリエ余弦変換とフーリエ正弦変換は，いずれも本質的に冪等，つまり，いずれも，半直線上の関数に二回繰り返して施すともとの関数が再現されるという性質を備えていることを示したい．フーリエが展開した議論は次節で紹介するが，ここでは，まず，現在の数学水準に耐えられる論述を行なう[7]．

さて，直線上の絶対可積分な関数 $P(q)$ と $Q(q)$ の合成積を

$$R(p) = \int_{-\infty}^{\infty} P(p-q)\, Q(q)\, dq = P * Q(p) \tag{6.14}$$

$(-\infty < p < +\infty)$ によって定義しよう．

補題 6.7　合成積は順序に依らない：$R(p) = P * Q(p) = Q * P(p)$. また，$R(p)$ は直線上で絶対可積分：

$$\int_{-\infty}^{\infty} |R(p)|\, dp \leq \int_{-\infty}^{\infty} |P(q)|\, dq \int_{-\infty}^{\infty} |Q(q)|\, dq$$

である．

---

[7] ただし，命題の検証には積分論などやや文脈を異にする知識を要するものも多く，ここでは余り立ち入らない（付録 §A 参照）．複素数値関数を許容しての扱いは後述する（§7）．

合成積は直線上の関数の間で考えるのが自然であるが，以下しばらくは行掛り上，半直線上の関数への適用について考察する．

補題 6.8 $Q(q)$ が偶関数ならば，合成積 $R(p) = P * Q(p)$ について

$$R(p) = \int_0^\infty \{P(p-q) + P(p+q)\} Q(q)\, dq, \quad p > 0$$

となる．$P(q)$, $Q(q)$ がともに偶関数ならば，$P * Q(p)$ も偶関数である．

問 6.9 $P(q)$, $Q(q)$ がともに奇関数ならば，合成積 $P * Q(p)$ は偶関数である．$P(q)$, $Q(q)$ の一方が偶関数，他方が奇関数ならば，合成積は奇関数である．

問 6.10 $Q(q)$ が奇関数であれば，合成積 $R(p) = P * Q(p)$ は

$$R(p) = \int_0^\infty \{P(p-q) - P(p+q)\} Q(q)\, dq, \quad p > 0$$

となる．

補題 6.9 $P(q)$, $Q(q)$ は直線上の偶関数で，絶対可積分とし，さらに，$\mathcal{C}[Q](q)$ も絶対可積分とする．このとき，

$$\begin{aligned}
\int_0^\infty &\frac{P(p-q) + P(p+q)}{2} \mathcal{C}[Q](q)\, dq \\
&= \int_0^\infty \mathcal{C}[P](x)\, Q(x) \cos px\, dx
\end{aligned} \quad (6.15)$$

となる[8]．

---

[8] 左辺に意味を持たせるために，$P(q)$ を全直線上の関数とする必要がある．

6.4. フーリエ余弦変換・フーリエ正弦変換の逆変換 159

このためには, $\mathcal{C}[Q](q), \mathcal{C}[P](x)$ を全直線上に偶拡張しておいて,

$$\int_{-\infty}^{\infty} P(p-q)\,\mathcal{C}[Q](q)\,dq \\ = \int_{-\infty}^{\infty} \mathcal{C}[P](x)\,Q(x)\cos px\,dx \qquad (6.16)$$

を示せばよい. 左辺は

$$\int_{-\infty}^{\infty} P(p-q)\left(\int_{-\infty}^{\infty} Q(x)\cos qx\,dx\right)dq$$

となる. 余弦関数の加法定理を用い, 積分順序の交換[9]を行う. 奇関数の全直線上での積分は消えることに注意すると,

$$\int_{-\infty}^{\infty}\left(\int_{-\infty}^{\infty} P(p-q)\cos(p-q)x\,dq\right)Q(x)\cos px\,dx$$

を計算すればよい. これは (6.16) の右辺に他ならない.

補題 6.10 $Q(q)$ は半直線上で絶対可積分とする. $\epsilon > 0$ に対し, $Q_\epsilon(q) = Q(\epsilon q)$ も半直線上で絶対可積分であって,

$$\mathcal{C}[Q_\epsilon](x) = \frac{1}{\epsilon}\mathcal{C}[Q]\left(\frac{x}{\epsilon}\right)$$

となる.

これは明らかであろうが, (6.15) において, Q の代わりに Q_ϵ をとり, 最小限の整理をすると,

$$\int_0^\infty \frac{P(p-\epsilon q)+P(p+\epsilon q)}{2}\mathcal{C}[Q](q)\,dq \\ = \int_0^\infty \mathcal{C}[P](x)\,Q(\epsilon x)\cos px\,dx$$

---
[9] 脚注7)参照.

となる. $\epsilon \to 0$ とすると,

$$\frac{P(p-0) + P(p+0)}{2} \int_0^\infty \mathcal{C}[Q](q)\, dq$$
$$= Q(0) \int_0^\infty \mathcal{C}[P](x) \cos xp\, dx$$

が従う. $Q(q) = \mathrm{e}^{-|q|}$ とすることにより, 次の命題が得られる.

定理 6.1 $P(p)$ は半直線上で絶対可積分, $\mathcal{C}[P](x)$ も絶対可積分とする. $P(p)$ が区分的に連続であれば,

$$\frac{1}{\pi} \int_0^\infty \mathcal{C}[P](q) \cos pq\, dq = \frac{P(p-0) + P(p+0)}{2}, \quad p > 0,$$

が成り立つ. さらに, $P(p)$ が連続であれば, 再生公式

$$\frac{1}{2\pi} \mathcal{C}[\mathcal{C}[P]](p) = P(p), \quad p > 0, \tag{6.17}$$

となる.

注意 6.6 定理 6.1 における $P(p)$ に対する要請が成り立つためには, 系 6.3 から, 半直線上で, $P(p)$ が 2 回連続微分可能であって, $P(p), P'(p), P''(p)$ がすべて絶対可積分であれば十分である.

定理 6.2 定理 6.1 の仮定に加えて, $\mathcal{S}[P](x)$ 及び

$$P_1(p) = \int_{+\infty}^p P(q)\, dq, \quad p > 0$$

が半直線上で絶対可積分であれば, 再生公式

$$\frac{1}{2\pi} \mathcal{S}[\mathcal{S}[P]](p) = P(p), \quad p > 0 \tag{6.18}$$

が成り立つ.

6.4. フーリエ余弦変換・フーリエ正弦変換の逆変換 161

実際，補題 6.6 より，$\mathcal{C}[P_1](x)$ は絶対可積分になるから，(6.17) を，$P_1(p)$ に適用できる．したがって，(6.18) は，

$$2\pi\, P(p) = \frac{d}{dp}\bigl(\mathcal{C}[\mathcal{C}[P_1]](p)\bigr)$$

に注意して，さらに，補題 6.5，系 6.4 を適用した結果として得られる．なお，$P_1(p)$ が半直線上で絶対可積分になるためには，$p > 0$ において，

$$|P(p)| \le C\,(1+p)^{-2-\epsilon}, \quad \epsilon > 0 \quad (C \text{ は適当な定数} > 0)$$

が成り立てば十分である．

注意 6.7 関数 $P(p)$ に対する若干の制約はあるが，定理 6.1，定理 6.2 が意味することは，フーリエ余弦変換およびフーリエ正弦変換が，本質的に，自己の逆変換でもあるということである．

ところで，(6.17) を丁寧に書き下すと，

$$\frac{2}{\pi} \int_0^\infty \left(\int_0^\infty P(q) \cos qx\, dq \right) \cos xp\, dx = P(p)$$

となる．左辺を，余弦関数の加法定理を用いて書き直すと，

$$\frac{1}{\pi} \int_0^\infty \int_0^\infty P(q) \Bigl(\cos x(p-q) + \cos x(p+q)\Bigr) dq\, dx$$

となる．$P(q)$ を全直線上に（q の）偶関数として拡張しておけば，

$$\int_0^\infty P(q) \cos x(p+q)\, dq = \int_{-\infty}^0 P(q) \cos x(p-q)\, dq$$

となるから，x の積分を q の積分に先行させると，

$$\frac{1}{\pi} \int_{-\infty}^\infty \int_0^\infty P(q) \cos x(p-q)\, dx dq = P(p) \qquad (6.19)$$

($-\infty < p < \infty$) が得られる.

(6.18) を用いる場合は,$P(q)$ を全直線上に (q の) 奇関数として拡張すると

$$-\int_0^\infty P(q)\cos x(p+q)\,dq = \int_{-\infty}^0 P(q)\cos x(p-q)\,dq$$

となるので,(6.19) が,この場合,すなわち,奇関数 $P(q)$ に対しても成り立つ.

したがって,補題 6.2 に注意して,次の命題が得られる.

命題 6.1 適当ななめらかさと可積分条件を満足する直線上の関数 $\phi(x)$ に対し,

$$\frac{1}{\pi}\int_{-\infty}^\infty\int_0^\infty \phi(q)\cos x(p-q)\,dxdq = \phi(p) \qquad (6.20)$$

($-\infty < p < \infty$) が成り立つ.

注意 6.8 命題 6.1 において,$\phi(q)$ に要請しているなめらかさと可積分条件としては,$\phi(q)$ が 2 回連続微分可能で,かつ,適当な $C > 0$ と $N > 2$ とがあって

$$|\phi(q)|, |\phi'(q)|, |\phi''(q)| \leq \frac{C}{(1+q^2)^N}, \quad -\infty < q < +\infty,$$

が成り立てば,十分である.

ところで,直線上の指定された点(ここでは,p)における関数値を,積分形で

$$\int_{-\infty}^\infty \delta(p-q)\,\phi(q)\,dq = \phi(p), \quad -\infty < p < +\infty$$

と表現すると便利なことがある.ここで,$\delta(p-q)$ はデルタ関数と呼ばれるが,記号的なものである.一方,(6.20) は,全

6.4. フーリエ余弦変換・フーリエ正弦変換の逆変換

く形式的にではあるが，$-\infty < p < \infty$ として，

$$\int_{-\infty}^{\infty} \left(\frac{1}{\pi} \int_0^{\infty} \cos x(p-q)\, dx \right) \phi(q)\, dq = \phi(p)$$

と表すことができる．したがって，(6.20) は

$$\frac{1}{\pi} \int_0^{\infty} \cos x(p-q)\, dx = \delta(p-q) \tag{6.21}$$

を意味している．左辺の積分は，数値的な結果を導くというような意味での収束性はないが，記号としては重要な意味があるわけである．

補題 6.11 $P(q)$，$Q(q)$ は直線上で絶対可積分，共に，偶関数あるいは奇関数とする．合成積 $R(p) = P * Q(q)$ の余弦変換について

$$\mathcal{C}[R](x) = \begin{cases} 2\,\mathcal{C}[P](x)\,\mathcal{C}[Q](x), & P, Q \text{ 共に，偶関数} \\ -2\,\mathcal{S}[P](x)\,\mathcal{S}[Q](x), & P, Q \text{ 共に，奇関数} \end{cases}$$

が成り立つ．

補題 6.12 $P(q)$，$Q(q)$ は半直線上で絶対可積分とする．このとき，

$$\int_0^{\infty} \mathcal{C}[P](q)\, Q(q)\, dq = \int_0^{\infty} P(p)\, \mathcal{C}[Q](p)\, dp$$

が成り立つ．

実際，

$$\text{左辺} = \int_0^{\infty} dq \int_0^{\infty} dp\, P(p)\, Q(q) \cos pq$$

である．積分順序を交換すると，右辺が得られる．

さらに，(6.17) を適用すれば，次を得る．

系 6.5 $P(q)$, $Q(q)$ は絶対可積分, $\mathcal{C}[P](x)$ も絶対可積分とし, さらに, $P(p)$ は連続とする. このとき,

$$\int_0^\infty \mathcal{C}[P](p)\,\mathcal{C}[Q](p)\,dp = 2\pi \int_0^\infty P(q)\,Q(q)\,dq$$

となる.

6.5 フーリエ自身の説明

フーリエ自身による (6.17) の導出と説明[10]を見ておこう. まず, (6.7) を無限和

$$\phi(x) = dq\,Q_1 \cos q_1 x + dq\,Q_2 \cos q_2 x + dq\,Q_3 \cos q_3 x + \cdots$$

と書き直す. 積分記号を用いない表現に改めたのであって, 近似表現に移行したとは考えるべきではないだろう. ここで, $q_i = i\,dq$ であり, 右辺の項数は $n = \dfrac{1}{dq}$ である. dq は無限小の量であり, したがって, n は無限大の量である.

つぎに, 両辺に $dx \cos rx$ を乗じ, x について 0 から $n\pi$ まで積分する. ただし, $r = q_j = j\,dq$ となる適当な j があるものとする. すると, $q_j \cdot n\pi = j\,dq\,n\pi = j\pi$ だから

$$\int_0^{n\pi} dx\,\cos rx \cdot \cos q_i x = \begin{cases} 0, & i \neq j \\ \frac{1}{2} n\pi, & i = j \end{cases} \quad (6.22)$$

となる. すなわち,

$$\int_0^{n\pi} dx\,\phi(x)\,\cos rx = dq\,Q_j\,\frac{1}{2} n\pi$$

であるが, $dq\,n = 1$ であり, また, $n\pi = \infty$ だから,

$$\frac{\pi}{2}Q(q) = \int_0^\infty dx\,\phi(x)\,\cos qx \quad (6.23)$$

---
[10] 「熱の解析的理論」([10]) 第 346 節.

6.5. フーリエ自身の説明

となる．

ちなみに，このフーリエの論法からは，(6.22) と同様に，

$$\int_0^{n\pi} dx \, \sin rx \cdot \sin q_i x = \begin{cases} 0, & i \neq j \\ \frac{1}{2} n \pi, & i = j \end{cases} \quad (6.24)$$

も導かれ，したがって，(6.8) から

$$\frac{\pi}{2} Q(q) = \int_0^\infty dx \, \psi(x) \sin qx \quad (6.25)$$

が得られる．

フーリエの論法は，今日の数学的推論の常識とは懸け離れている．この論法を分析してみると，積分 (6.7)（および (6.8)）の存在と積分 (6.23)（および (6.25)）の存在が大前提になっており，さらに，無限小量 dq あるいは dx は実数の構成上の最小単位であって，大きさは 0（と同等）であるが，一方で，任意の有限な変数値 x に対し $x = j\,dq$ となる番号 j はあるとし，他方で，無限小量の理念的な逆数 $\frac{1}{dq} = n$ は無限大であるとしていることになる．しかも，実際の計算の遂行を眺めてみると，無限小量もその逆数である無限大量も実体として扱われての代数演算がなされているようで，今日の数学解析の特徴である体系的な極限移行あるいは近似計算が展開されているわけではない[11]．

---

[11] 現代数学の立場では，解析学とは位相概念が本質的であるような数学，あるいは，数学への接近を指す．要点は，近世数学における無限概念についてのナイーヴさの克服であった．しかし，この節で紹介した議論にも見られるような特有の魅力があることも否定できないことであり，近年に至って，例えば，超準解析（[48] 参照）の枠内で正当化を図ることが可能な場合も示されてはいる．ただし，ここで紹介した議論が超準解析の立場で正当化できるかどうかは読者の検証にお任せしたい．

6.6　熱核 − 再び，熱伝導方程式の解へ

　直線上の熱伝導の方程式の初期値問題 (6.2) (6.3) を再検討しよう．形式解は (6.5) または (6.6) で与えられた．ただし，(6.3) を保証するためには (6.7) または (6.8) が成り立たなければならなかった．他方，(6.7) は (6.3) の初期関数 $\phi(x)$ が偶関数のときのみ有効な表現であり，(6.8) は奇関数のときのみ有効な表現である．

命題 6.2　初期関数 $\phi(x)$ の「性質がよければ」[12]，直線上の熱伝導の方程式の初期値問題 (6.2) (6.3) の解は

$$v(t,x) = \frac{1}{2\sqrt{kt\pi}} \int_{-\infty}^{\infty} \exp\left(-\frac{(x-y)^2}{4kt}\right) \phi(y)\,dy \quad (6.26)$$

（ $t > 0$ ）と表される．

　フーリエは，(6.26) の右辺を $y = x + 2\sqrt{kt}\,z$ によって，さらに，書き換えた

$$v(t,x) = \frac{1}{\sqrt{\pi}} \int_{-\infty}^{+\infty} e^{-z^2} \phi\bigl(x + 2\sqrt{kt}\,z\bigr)\,dz \quad (6.27)$$

の形で (6.2) (6.3) の解を与えている．

　(6.27) のもとで，もし，$\phi(x)$ がなめらか（例えば，2 回連続微分可能）で各階の導関数が有界ならば，

$$\frac{\partial}{\partial t}\left(e^{-z^2}\phi(x+2\sqrt{kt}\,z)\right) = \sqrt{\frac{k}{t}}\,z\,e^{-z^2}\phi'(x+2\sqrt{kt}z)$$

---

[12] ここで扱っているのは，$\phi(x)$ が連続かつ有界な場合であるが，それだけに留まるわけではない．

6.6. 熱核 – 再び，熱伝導方程式の解へ

および
$$\frac{\partial^2}{\partial x^2}\left(\mathrm{e}^{-z^2}\phi(x+2\sqrt{kt}\,z)\right)$$
$$=\frac{1}{4kt}\mathrm{e}^{-z^2}\frac{\partial^2}{\partial z^2}\left(\phi(x+2\sqrt{kt}\,z)\right)$$
$$=\frac{1}{4kt}\frac{\partial}{\partial z}\left(\mathrm{e}^{-z^2}\frac{\partial}{\partial z}\left[\phi(x+2\sqrt{kt}\,z)\right]\right)$$
$$+\frac{1}{\sqrt{kt}}\,z\,\mathrm{e}^{-z^2}\,\phi'(x+2\sqrt{kt}z)$$

となるから，偏微分記号と積分記号の交換によって
$$\left(\frac{\partial}{\partial t}-k\frac{\partial^2}{\partial x^2}\right)v(t,x)$$
$$=\frac{1}{\sqrt{\pi}}\frac{1}{4t}\int_{-\infty}^{+\infty}\frac{\partial}{\partial z}\left(\mathrm{e}^{-z^2}\frac{\partial}{\partial z}\left(\phi(x+2\sqrt{kt}\,z)\right)\right)dz$$

が従うが，（微分積分学の基本定理により）この右辺は消えてしまう．すなわち，方程式 (6.2) が満たされた．

(6.26) を導こう．

補題 6.2 により，直線上の関数 $\phi(x)$ は偶関数と奇関数の和として一意的に表現される：
$$\phi(x)=\phi_\text{偶}(x)+\phi_\text{奇}(x).$$

ここで，§6.3 の議論を参考に，
$$\phi_\text{偶}(x)=\int_0^\infty Q_\text{偶}(q)\cos qx\,dq=\mathcal{C}[Q_\text{偶}](x)$$
$$\phi_\text{奇}(x)=\int_0^\infty Q_\text{奇}(q)\sin qx\,dq=\mathcal{S}[Q_\text{奇}](x)$$

を満たす関数 $Q_\text{偶}(q)$, $Q_\text{奇}(q)$ が定められれば，
$$v(t,x)=\int_0^\infty Q_\text{偶}(q)\,\mathrm{e}^{-kq^2t}\cos qx\,dq$$
$$+\int_0^\infty Q_\text{奇}(q)\,\mathrm{e}^{-kq^2t}\sin qx\,dq$$

が，熱伝導の方程式の解を表すであろうと期待される．その上，$\phi_{偶}(x)$, $\phi_{奇}(x)$ が「性質のよい[13]」関数であれば，(6.17), (6.18) によって，

$$Q_{偶}(q) = \frac{2}{\pi} \mathcal{C}[\phi_{偶}](q) = \frac{2}{\pi} \int_0^\infty \phi_{偶}(y) \cos yq \, dy$$

$$Q_{奇}(q) = \frac{2}{\pi} \mathcal{S}[\phi_{奇}](q) = \frac{2}{\pi} \int_0^\infty \phi_{奇}(y) \sin yq \, dy$$

と表され，補題 6.2 を再度利用すると，

$$Q_{偶}(q) = \frac{1}{\pi} \int_{-\infty}^\infty \phi(y) \cos yq \, dy$$

$$Q_{奇}(q) = \frac{1}{\pi} \int_{-\infty}^\infty \phi(y) \sin yq \, dy$$

となるはずだから，積分順序を気にしないで済むのなら，解は

$$v(t,x) = \frac{1}{\pi} \int_{-\infty}^\infty dy \int_0^\infty \phi(y) \, \mathrm{e}^{-kq^2 t} \cos q(x-y) \, dq$$

と表されることが期待される．ここで，例 6.4 によれば，

$$\begin{aligned}\frac{1}{\pi} \int_0^\infty &\mathrm{e}^{-ktq^2} \cos q(x-y) \, dq \\ &= \frac{1}{2\sqrt{kt\pi}} \exp\left(-\frac{(x-y)^2}{4kt}\right)\end{aligned} \quad (6.28)$$

となるから，(6.26) を得る．

注意 6.9 熱核（関数）（あるいは，ガウス核 (関数)）と呼ばれる関数

$$W_{kt}(x) = \frac{1}{2\sqrt{kt\pi}} \exp\left(-\frac{x^2}{4kt}\right) \quad (6.29)$$

---
[13] すなわち，最低限 (6.17), (6.18) の適用可能な場合について．

6.6. 熱核 – 再び,熱伝導方程式の解へ

($t > 0$, $-\infty < x < +\infty$) を用い,(6.26) を,合成積

$$v(t,x) = \int_{-\infty}^{\infty} W_{kt}(x-y)\,\phi(y)\,dy = W_{kt} * \phi(x) \qquad (6.30)$$

として表現することができる.

次の問は,(6.30) が,$\phi(x)$ がなめらかでなくても,右辺において積分記号と偏微分演算とが交換可能であれば,方程式 (6.2) を($t > 0$ において)満たしていることを示す.

問 6.11 $k > 0$ とする.$t > 0$, $-\infty < x < +\infty$ において

$$\frac{\partial}{\partial t} W_{kt}(x) = \left(-\frac{1}{2t} + \frac{x^2}{4kt^2} \right) W_{kt}(x)$$

$$\frac{\partial}{\partial x} W_{kt}(x) = -\frac{x}{2kt} W_{kt}(x)$$

$$\frac{\partial}{\partial t} W_{kt}(x) = k \frac{\partial^2}{\partial x^2} W_{kt}(x)$$

が成り立つ.

命題 6.2 で,検証を要するのは初期条件の満足 (6.3) である.(6.21) と (6.28) との比較からの判断では,(少なくとも)形式上は,

$$W_{kt}(x-y)|_{t \downarrow 0} = \delta(x-y)$$

が成り立つはずである.フーリエは (6.27) を利用している.積分値

$$\int_{-\infty}^{+\infty} e^{-z^2}\,dz = \sqrt{\pi} \qquad (6.31)$$

に注意し,(6.27) において $t = 0$ とおけば $v(0,x) = \phi(x)$ となるが,(6.27) は $t > 0$ のもとで得られているので,$t \downarrow 0$ のときの挙動は確認が必要である.

ここで，$\phi(x)$ が直線上の連続関数であれば，

$$\phi(x - 2\sqrt{kt}\,z) \to \phi(x), \quad t \downarrow 0 \quad (-\infty < z < +\infty)$$

が成り立つ．したがって，ルベーグの収束定理（後述の命題 A.14）を適用することができる．

補題 6.13　$\phi(x)$ が直線上の連続関数で，しかも，有界であれば，

$$\lim_{t \downarrow 0} v(t, x) = \phi(x), \quad -\infty < x < +\infty,$$

が成り立つ．

実際，$|\phi(x)| \leq M < +\infty$ なら，被積分関数は z の関数として

$$|\mathrm{e}^{-z^2} \phi(x - 2\sqrt{kt}\,z)| \leq M\,\mathrm{e}^{-z^2}$$

を満たす．この右辺は (6.31) が示すように，直線上絶対可積分である．

注意 6.10　補題 6.13 は，$t \downarrow 0$ のときの収束が変数 x とどう関わるかについては，全く言及していない．関数解析の知見が若干あると，

$$\begin{aligned}
&v(t, x) - \phi(x) \\
&= \frac{1}{\sqrt{\pi}} \int_{-\infty}^{+\infty} \mathrm{e}^{-z^2} \left\{ \phi(x - 2\sqrt{kt}\,z) - \phi(x) \right\} dz
\end{aligned} \tag{6.32}$$

を利用することを考える．まず，$R > 0$ とすると，

$$\int_{-\infty}^{-R} \mathrm{e}^{-z^2}\,dz = \int_{R}^{+\infty} \mathrm{e}^{-z^2}\,dz$$

6.6. 熱核 – 再び，熱伝導方程式の解へ

は，$R \to \infty$ とともに単調減少して 0 に収束することに注意しよう．したがって，$n > 0$ に対し，$R_n > 0$ を

$$\int_{-\infty}^{-R_n} e^{-z^2} dz = \int_{R_n}^{+\infty} e^{-z^2} dz = \frac{\sqrt{\pi}}{6M} 10^{-n}$$

を満たすように選ぶことができる．その上で，x の動く範囲を任意の有界な区間 $-X \leq x \leq X$（$X > 0$）に限定しておけば，t を十分小さく，例えば，$0 < t < T_n$ ととるときには，

$$\max_{|z| \leq R_n} |\phi(x) - \phi(x - 2\sqrt{kt}\,z)| \leq \frac{1}{3} 10^{-n}, \quad -X \leq x \leq X,$$

を実現することができる．以上をまとめると，$\phi(x)$ が直線上の有界な連続関数のとき，任意の $X > 0$ に対し，$0 < t < T_n$ であれば，

$$|v(t, x) - \phi(x)| \leq 10^{-n}, \quad -X \leq x \leq X,$$

となる．$\phi(x)$ が直線上で一様連続であれば，x の変動範囲の限定は要らない．

例 6.5 $\phi(x)$ が周期 $L > 0$（$\phi(x + L) = \phi(x)$）の連続関数とする．このとき，$t > 0$ ならば，

$$v(t, x) = \int_0^L \left\{ \frac{1}{2\sqrt{kt\pi}} \sum_{m=-\infty}^{\infty} \exp\left(-\frac{(x - y + mL)^2}{4kt}\right) \right\} \phi(y)\, dy$$

と表される．したがって，$v(t, x + L) = v(t, x)$，すなわち，変数 x に関して，周期 L である．

注意 6.11 ヤコービのテータ関数 $\theta_3(\zeta|\tau)$（注意 4.3 参照）

を利用すると，

$$\frac{1}{2\sqrt{kt\pi}} \sum_{m=-\infty}^{\infty} \exp\left(-\frac{(x+mL)^2}{4kt}\right) \\ = \frac{1}{L}\theta_3\left(\frac{\pi}{L}x\Big|\sqrt{-1}\frac{4\pi k}{L^2}\right) \tag{6.33}$$

となる（[10]：第281項，第282項）．

注意 6.12 $\phi(x)$ が必ずしも連続ではないときでも，(6.30) の右辺が意味を持ちさえすれば，これによって $v(t,x)$ は熱伝導の方程式の解と考えることができる．(6.32) の利用の仕方としては，まず，不等式

$$|v(t,x) - \phi(x)| \\ \leq \int_{-\infty}^{+\infty} W_{1/4}(z) \left|\phi(x - 2\sqrt{kt}z) - \phi(x)\right| dz \tag{6.34}$$

が (6.32) から従うことに注意しよう．初期関数 $\phi(x)$ が直線上の絶対可積分な関数ならば，これから（フビニの定理を援用して）

$$\int_{-\infty}^{+\infty} |v(t,x) - \phi(x)| dx \\ \leq \int_{-\infty}^{+\infty} W_{1/4}(z) \int_{-\infty}^{+\infty} \left|\phi(x - 2\sqrt{kt}z) - \phi(x)\right| dx\, dz$$

を導けば，右辺内部の積分が $t \to 0$ のときに 0 に収束するので

$$\lim_{t\to 0} \int_{-\infty}^{+\infty} |v(t,x) - \phi(x)| dx = 0$$

がわかる．なお，(6.34) の右辺にコーシー・ブニャコフスキーの不等式を適用すると，

$$|v(t,x) - \phi(x)|^2 \leq \int_{-\infty}^{+\infty} W_{1/4}(z) \left|\phi(x - 2\sqrt{kt}z) - \phi(x)\right|^2 dz$$

が得られる．これより，上と同じ論法で，初期関数 $\phi(x)$ が直線上で二乗可積分であれば，

$$\lim_{t \to 0} \int_{-\infty}^{+\infty} |v(t,x) - \phi(x)|^2 \, dx = 0$$

となることがわかる．

熱方程式の解の振舞いについて，フーリエによる計算例を二三示そう．

例 6.6 [14] 初期関数 $\phi(x)$ は，直線上の「性質のよい」関数であって，直線上絶対可積分であるとする[15]．$X > 0$ を任意にとる．熱方程式の初期値問題 (6.2) (6.3) の解 $v(t,x)$ は，$-X \leq x \leq X$ ならば，時間 t が十分に経過した後は，関数

$$v_a(t,x) = W_{kt}(x) \int_{-\infty}^{+\infty} \phi(y) \, dy$$

で近似できる[16]．実際，解 $v(t,x)$ の積分表示 (6.30) を念頭に，

$$\frac{W_{kt}(x-y)}{W_{kt}(x)} = \exp\left(\frac{xy}{2kt} - \frac{y^2}{4kt}\right)$$

を検討すると，$|y| \leq 2X$, $|x| \leq X$ のときに

$$\left|\frac{W_{kt}(x-y)}{W_{kt}(x)}\right| \leq \exp\left(\frac{X^2}{kt}\right)$$

となり，他方，$|y| \geq 2X$, $|x| \leq X$ のときは

$$\left|\frac{W_{kt}(x-y)}{W_{kt}(x)}\right| \leq 1 \quad \text{かつ} \quad \lim_{t \to +\infty} \frac{W_{kt}(x-y)}{W_{kt}(x)} = 1$$

---

[14] [10], 第 IX 章, 第 II 節．フーリエは高次元の熱方程式の場合も扱っている．

[15] Fourier は，有界な区間 $[-g, +h]$ ($g, h > 0$) の外部では消えるものとしている．フーリエの論法を付録のルベーグの収束定理（命題 A.14）の利用によって補えばよいのである．もとより，フーリエの時代の知見ではないが．

[16] 以下の (6.35) の意味で．

となる．したがって，

$$v(t,x) = W_{kt}(x) \int_{-\infty}^{+\infty} \frac{W_{kt}(x-y)}{W_{kt}(x)} \phi(y)\, dy$$

において，

$$\lim_{t\to\infty} \int_{-\infty}^{+\infty} \frac{W_{kt}(x-y)}{W_{kt}(x)} \phi(y)\, dy = \int_{-\infty}^{+\infty} \phi(y)\, dy$$

が得られる．フーリエの記法に従えば，

$$\frac{W_{kt}(x-y)}{W_{kt}(x)} = 1 + \omega(t,x,y), \quad \lim_{t\to+\infty} \omega(t,x,y) = 0$$

であり，したがって，

$$v(t,x) = W_{kt}(x)\left\{\int_{-\infty}^{+\infty} \phi(y)\, dy + \int_{-\infty}^{+\infty} \omega(t,x,y)\,\phi(y)\, dy\right\}$$

と書き表せば，

$$\lim_{t\to+\infty} \int_{-\infty}^{+\infty} \omega(t,x,y)\,\phi(y)\, dy = 0, \quad -X \leq x \leq X,$$

である．$t \to +\infty$ のとき 0 に収束する項を特に特定する必要のないときに $o(1)$ （$t \to +\infty$）と表す[17]ことにすれば，$-X \leq x \leq X$ において，$t \to +\infty$ のとき

$$v(t,x) = W_{kt}(x)\left\{\int_{-\infty}^{+\infty} \phi(y)\, dy + o(1)\right\} \qquad (6.35)$$

が成り立つ．(6.35) は，$|x| \leq X$ ならば，$v_a(t,x)$ が $v(t,x)$ の $t \to +\infty$ のときの漸近近似であることを意味する．フーリエは，さらに，初期関数が有界区間の外では消えてしまう場合に，ω の小ささと t の大きさが反比例の関係になることを述

---

[17] $o(1)$（スモール・オーダー 1）も後述の $O(t^{-1})$（ラージ・オーダー t^{-1}）もフーリエの記号ではない．

6.6. 熱核 – 再び，熱伝導方程式の解へ

べている．すなわち，$Y > 0$ として $|y| > Y$ ならば $\phi(x) = 0$ とする．このとき，$|x| \leq X$, $|y| \leq Y$ ならば

$$|\mu(x,y)| \leq \frac{2XY + Y^2}{4k} = M, \quad \mu(x,y) = \frac{2xy - y^2}{4k},$$

だから，このような x, y に対して，$t \geq T$ ならば，

$$|\omega(t,x,y)| = \left| \int_0^{\mu(x,y)/t} e^\xi \, d\xi \right| \leq \frac{M \, e^{M/T}}{t}$$

となる．したがって，この初期関数については，$C = M \, e^{M/T}$ として

$$\left| t \int_{-\infty}^{+\infty} \omega(t,x,y) \, \phi(y) \, dy \right| \leq C \int_{-Y}^{+Y} |\phi(y)| \, dy$$

である．$t \to +\infty$ のとき，t を乗じて有界に留まるような項を特に特定する必要がないときは $O(t^{-1})$ ($t \to +\infty$) と表す習慣である．これによれば，初期関数 $\phi(x)$ が $|x| \geq Y$ で消える場合，(6.35) に相当する漸近近似は，$-X \leq x \leq X$ として，$t \to +\infty$ のとき，

$$v(t,x) = W_{kt}(x) \left\{ \int_{-\infty}^{+\infty} \phi(y) \, dy + O(t^{-1}) \right\} \tag{6.36}$$

に改善される．

問 6.12 初期関数 $\phi(x)$ が直線上で

$$\int_{-\infty}^{+\infty} (1 + x^2) \, |\phi(x)| \, dx < +\infty$$

を満たすならば，(6.36) が成り立つ．

注意 6.13 初期関数 $\phi(x)$ が直線上で絶対可積分であって，しかも「性質のよい」関数であれば，

$$\int_{-\infty}^{+\infty} v(t,x) \, dx = \int_{-\infty}^{+\infty} \phi(x) \, dx, \quad t > 0 \tag{6.37}$$

が成り立つ．フーリエが実質的に注意していることであるが，
$$\frac{d}{dt}\int_{-\infty}^{+\infty} v(t,x)\,dx = k\int_{-\infty}^{+\infty}\frac{\partial^2}{\partial x^2}v(t,x)\,dx = 0$$
が成り立つからである．

例 **6.7** [18]
$$\phi(x) = \begin{cases} 1, & -1 \le x \le 1 \\ 0, & x < -1 \text{ または } x > 1 \end{cases}$$
ならば，熱伝導の方程式の解は，$t > 0$，$-\infty < x < +\infty$ において
$$v(x,t) = \frac{1}{2\sqrt{\pi kt}}\int_{-1}^{1}\exp\left(-\frac{(x-\xi)^2}{4kt}\right)d\xi$$
となる．フーリエは，これから，各 x について $v(x,t)$ の最大値が実現される t を求めている．すなわち，$\frac{\partial}{\partial x}v$, $\frac{\partial^2}{\partial x^2}v$ を逐次計算し，
$$\begin{aligned}\frac{\partial}{\partial t}v(x,t) &= k\frac{\partial^2}{\partial x^2}v(x,t) \\ &= \frac{1}{4\sqrt{\pi kt}\sqrt{t}}\Big\{-(x+1)\exp\left(-\frac{(x+1)^2}{4kt}\right) \\ &\quad + (x-1)\exp\left(-\frac{(x-1)^2}{4kt}\right)\Big\}\end{aligned}$$
を得る．したがって，$-1 \le x \le x$ ならば $\frac{\partial}{\partial t}v(x,t) < 0$ であり，この範囲の x に対しては，$v(x,t)$ は t の増大と共に単調に減衰する．他方，
$$T(x) = \frac{1}{k}\frac{x}{\log\frac{x+1}{x-1}}, \quad x < -1 \text{ または } x > 1$$

---

[18] [10], 第 IX 章, 第 III 節. なお，関係する最近の知見については [18] を挙げておこう．

とおけば，$|x| > 1$ のとき，直ちに確かめられるように，

$$\left.\frac{\partial}{\partial t}v(x,t)\right|_{t=T(x)} = 0, \quad \left.\frac{\partial^2}{\partial t^2}v(x,t)\right|_{t=T(x)} < 0$$

となる．したがって，

$$v(x,t) \leq \begin{cases} 1, & -1 \leq x \leq 1 \\ v(x,T(x)), & x < -1 \text{ または } x > 1 \end{cases}$$

である．

6.7　地表温度の地下への伝播モデル

地表面における一日あるいは一年のの温度変化が及ぼす，深さ z の地点での温度への影響を見るためのモデルとして，半直線 $z > 0$ における熱方程式

$$\frac{\partial}{\partial t}v(z,t) = k\,\frac{\partial^2}{\partial z^2}v(z,t), \quad k = \frac{K}{CD} > 0, \tag{6.38}$$

の有界な解 $v(z,t)$ を，周期境界条件

$$v(0,t) = \Theta(t) \tag{6.39}$$

のもとで求めよう．ここで，$\Theta(t)$ は地表面での温度変化を表す周期 $T > 0$ の周期関数とする（$T = T_\text{日} = 1$（日）$= 86400$（秒）あるいは $T = T_\text{年} = 365$（日）を想定することになる）．

注意 6.14　K, C, D は，それぞれ，地表近くの熱伝導率，比熱，密度を表す測定可能な数値であるが，「地表近く」と言っても組成は一様ではなく，指定に当たって種々の工夫が必要とされるようである．土木工学的あるいは建築学的には，むしろ，目的に応じて，地点毎に k を直接の測量から求めるこ

とが適当な場合も多いのではないか．ともかく，次に，フーリエが利用したものではないが，比較的最近の日本国内の数値の表[19]を掲げておく：

種類	(D)	(C)	(K)	(k)
岩石（重量）	2.8×10^6	0.86	3.1	1.1×10^{-1}
岩石（軽量）	1.9×10^6	0.86	1.4	7.2×10^{-2}
土壌（粘土質）	1.9×10^6	1.7	1.5	4.0×10^{-2}
土壌（砂質）	1.6×10^6	1.3	0.9	3.7×10^{-2}
土壌（ローム質）	1.5×10^6	2.3	1.0	2.3×10^{-2}
土壌（火山灰質）	1.1×10^6	1.7	0.5	2.2×10^{-2}
砂利	1.9×10^6	0.84	0.62	3.4×10^{-2}

密度 $D\,(\mathrm{kg/m^3})$，比熱 $C\,(\mathrm{J/kg\cdot K})$，熱伝導率 $K\,(\mathrm{W/m\cdot K})$，熱拡散率 $k\,(\mathrm{m^2/日})$ とする（K は絶対温度である）．

命題 6.3 $\Theta(t)$ のフーリエ係数を

$$m = \frac{1}{T}\int_0^T \Theta(s)\,ds,$$

$$a_n = \frac{2}{T}\int_0^T \Theta(s)\cos\frac{2\pi}{T}ns\,ds, \quad b_n = \frac{2}{T}\int_0^T \Theta(s)\sin\frac{2\pi}{T}ns\,ds$$

とする．このとき，(6.38) (6.39) の有界な解 $v(z,t)$ は

$$\begin{aligned}
v(z,t) = m + \sum_{n=1}^{\infty} \mathrm{e}^{-\sqrt{\frac{n\pi}{kT}}\,z} &\times \\
\times \Big\{ a_n \cos\Big(\frac{2\pi}{T}nt &- \sqrt{\frac{n\pi}{kT}}\,z\Big) \\
+ b_n \sin\Big(\frac{2\pi}{T}nt &- \sqrt{\frac{n\pi}{kT}}\,z\Big) \Big\}
\end{aligned} \quad (6.40)$$

---

[19] 数値表は，[31]（p.401. 表 17.18 材料の熱定数表）および [54]（p.71. 図表 C-19）から算出した．

6.7. 地表温度の地下への伝播モデル

で与えられる.

実際, 解 (6.40) は, 形から明らかなように, 変数分離解の重合として得られるものであるが, 多少注意が要る. まず, $\Theta(t)$ は

$$\Theta(t) = m + \sum_{n=1}^{\infty}\left\{a_n \cos\frac{2n\pi}{T}t + b_n \sin\frac{2n\pi}{T}t\right\} \quad (6.41)$$

と展開される. ここで, De Moivre の公式を用いれば,

$$\Theta(t) = \sum_{n=-\infty}^{\infty} c_n\, \mathrm{e}^{\sqrt{-1}\,\frac{2\pi}{T}\,n\,t} \quad (6.42)$$

と書くことができる. ただし,

$$c_0 = m, \quad c_n = \frac{1}{2}\left(a_n - \sqrt{-1}\,b_n\right), \quad c_{-n} = \overline{c_n} \quad (n \geq 1)$$

である. そこで, 境界条件 (6.39) のもとで, 方程式 (6.38) の解 $v(z,t)$ を求めよう. まず, 変数分離解として,

$$v_n(z,t) = \mathrm{e}^{\sqrt{-1}\,\frac{2\pi}{T}\,n\,t}\, v_n(z), \quad n = 0, \pm 1, \pm 2, \cdots$$

を想定し, (6.38) に代入すると,

$$\sqrt{-1}\,\frac{2\pi}{T}\,n\,v_n(z) = k\,v_n''(z) \quad (6.43)$$

が従う. したがって, 有界性 : $\sup_{z>0} |v_n(z)| < +\infty$ を考慮して,

$$\lambda_n^2 = \sqrt{-1}\,\frac{2\pi}{kT}\,n, \quad \Re\lambda_n \leq 0$$

すなわち,

$$\lambda_0 = 0, \quad \lambda_n = -\sqrt{\frac{n\pi}{kT}}\left(1 + \sqrt{-1}\right), \quad \lambda_{-n} = \overline{\lambda_n} \quad (n \geq 1)$$

とすると,
$$v_n(z) = C_n \,\mathrm{e}^{\lambda_n z} \quad (C_n : 定数)$$
にとればよい． $C_n = c_n$ にとれば,
$$v(z,t) = \sum_{n=-\infty}^{\infty} c_n \,\mathrm{e}^{\lambda_n z + \sqrt{-1}\frac{2\pi}{T}nt}$$
となり，したがって,
$$v(z,t) = c_0 + 2\sum_{n=1}^{\infty} \Re\left(c_n \,\mathrm{e}^{\lambda_n z + \sqrt{-1}\frac{2\pi}{T}nt}\right)$$
すなわち, (6.40) が求める解になる．

命題 6.4 $\Theta(t)$ は周期上で二乗可積分
$$\int_0^T \Theta(t)^2\,dt < +\infty \tag{6.44}$$
とする．このとき, $z>0$ として,
$$\int_0^T (v(z,t)-m)^2\,dt \leq \mathrm{e}^{-\sqrt{\frac{\pi}{kT}}z} \int_0^T (\Theta(t)-m)^2\,dt \tag{6.45}$$
が成り立つ．

まず, (6.40) を書き直すと,
$$v(z,t) = m + \sum_{n=1}^{\infty}\left\{(A_n(z)\cos\frac{2n\pi}{T}t + B_n(z)\sin\frac{2n\pi}{K}t\right\}$$
となる．ただし,
$$A_n(z) = \mathrm{e}^{-\sqrt{\frac{\pi n}{kT}}z}\left\{a_n\cos\sqrt{\frac{\pi n}{kT}}z - b_n\sin\sqrt{\frac{\pi n}{kT}}z\right\}$$

6.7. 地表温度の地下への伝播モデル

$$B_n(z) = e^{-\sqrt{\frac{\pi n}{kT}}z} \left\{ a_n \sin\sqrt{\frac{\pi n}{kT}}z + b_n \cos\sqrt{\frac{\pi n}{kT}}z \right\}$$

である．したがって，

$$\int_0^T (v(z,t)-m)^2\,dt = \frac{T}{2}\sum_{n=1}^\infty (A_n(z)^2 + B_n(z)^2)$$

となるが，

$$A_n(z)^2 + B_n(z)^2 = e^{-2\sqrt{\frac{\pi n}{kT}}z}(a_n^2 + b_n^2)$$
$$\leq e^{-2\sqrt{\frac{\pi}{kT}}z}(a_n^2 + b_n^2)$$

だから，

$$\int_0^T (v(z,t)-m)^2\,dt \leq e^{-2\sqrt{\frac{\pi}{kT}}z}\frac{T}{2}\sum_{n=1}^\infty (a_n^2 + b_n^2)$$

すなわち，(6.45) が得られる．

注意 6.15 解 (6.40) は，t について周期 T であるが，z についての周期性はない．実際，指数関数項は z の増大に対し，急速に減少する．上表の熱拡散率 k について，岩石（重量）から砂利まで表の順で

$$\sqrt{\frac{\pi}{k}} = 5.3,\ 6.6,\ 8.8,\ 9.2,\ 11.2,\ 11.7,\ 9.7$$

である．したがって，$z=3$（メートル）ならば，岩石（重量）の場合でも，$T_\text{日}=1$ より，指数関数項は

$$e^{-3\times 5.3} = 1.2\times 10^{-7} < 0.000000125\cdots$$

であり,他の土壌の場合はもっと減衰が速い.すなわち,フーリエが序章で述べているように,地表での一日の温度変化は深度3メートルでは全く感知できない.また,1年を周期とするときは,$T_\text{年} = 365\,T_\text{日}$ だから,$\sqrt{365} = 19.1$ に注意すると,深度 $3 \times 19.1 = 57.3$(メートル)では,地表の四季による温度変化を感知できないことになる.

なお,(6.40) において,$z = \sqrt{\pi k T}$ とおくと,

$$v(\sqrt{\pi k T}, t) = m + \sum_{n=1}^{\infty} e^{-\sqrt{n}\pi} \times$$
$$\times \left\{ a_n \cos\left(\frac{2\pi}{T} n \left[t - \frac{T}{2\sqrt{n}}\right]\right) \right.$$
$$\left. + b_n \sin\left(\frac{2\pi}{T} n \left[t - \frac{T}{2\sqrt{n}}\right]\right) \right\}$$

となる.さらに,

$$v\left(\sqrt{\pi k T}, t + \frac{T}{2}\right) = m + \sum_{n=1}^{\infty} e^{-\sqrt{n}\pi} \times$$
$$\times (-1)^n \left\{ a_n \cos\left(\frac{2\pi}{T} n \left[t - \frac{T}{2\sqrt{n}}\right]\right) \right.$$
$$\left. + b_n \sin\left(\frac{2\pi}{T} n \left[t - \frac{T}{2\sqrt{n}}\right]\right) \right\}$$

となる.つまり,深さ $z = \sqrt{\pi k T}$ では,温度変化の時間位相が半周期ずれていると思ってよいわけである.

$e^{-\pi} = 0.043$ から,次のことがわかる.

命題 6.5 $m = 15$(度),$a_n = 0, n = 1, 2, \cdots$,$b_1 = 5$(度),$b_n = 0, n = 2, 3, \cdots$ とすると,一日の温度は,地表で 10(度)から 20(度)の間を正弦曲線に従って振動する.

深さ[20] $z = \sqrt{\pi k}$（メートル）では 14.8（度）と 15.2（度）の間の半日遅れた振動として観測される．さらに，このとき，$T = T_{年}$ とし，$b_1 = 15$（度）と改めると，一年の温度は，地表で 0（度）から 30（度）の間を（正弦曲線に沿って）振動するが，深さ $z = 19.1 \times \sqrt{\pi k}$（メートル）では半年遅れで 14.4（度）から 15.6（度）の間を振動する．

一方，(6.45) が示すように，十分に深ければ（つまり，z が十分大きければ）温度 $v(z,t)$ は一定に近づく．なお，当時の観測結果を一般的に整理すると，地表から十分に深い地点での温度は地表の温度変動の影響を受けないだけでなく，概ね 27 m の深さの増大ごとに地温が 1 °C 上昇するというものであった．ケルヴィン卿は，この結果を，地球の内部の熱が対流によって表面から失われているということの示唆であるとし，種々の議論を重ねた上で，原初の地球の状態として，高温の溶岩からなる球体であったという立場を採用する．すなわち，ライプニッツの想定（プロトガイア[21]）の溶岩球が冷却を始めた時点[22]からの時間経過を追跡し，次の命題を立てる．

命題 6.6　地球が溶岩球状態から冷却によって今日の地殻が形成されるまでに経過した時間は 20,000,000 年と 60,000,000 年の間である[23]．

---

[20] つまり，土壌の種類に拠るが，概ね 25（センチメートル）から 60（センチメートル）の深さを指す．

[21] [33],「地質学」谷本勉氏訳．なお，「訳者あとがき」において，谷本氏はイギリスの科学史研究者 E.J.Aiton 教授によるライプニッツの引用「偶然の真理である自然法則は，観察と帰納によって発見することができる」を紹介している．

[22] ケルヴィン卿はラテン語句 *consistentior status*（固くなり始め）を使っている．

[23] [55], Vol.**2**, Appendix D 参照．ただし，この数値は地下深度 10 km における地温を想定して再計算して得た．ケルヴィン卿は，2000 万年から 4 億年までを導いている．

ケルヴィン卿は，問題を（乱暴なほど）相当に単純化した上で，熱方程式

$$\frac{\partial}{\partial t}v(z,t) = k\frac{\partial^2}{\partial z^2}v(z,t), \quad k = \frac{K}{CD} > 0, \qquad (6.46)$$

の解を構成し，その挙動を検討することによって，上の主張をしている．方程式 (6.46) は，形の上では先述の (6.38) と同じであるが，$t=0$ は冷却開始時点である．また，$-\infty < z < +\infty$ として考え，$z=0$ が地表面，$z>0$ が地表面からの深さを表す．初期条件

$$v(0,z) = \begin{cases} a, & z > 0 \\ b, & z < 0 \end{cases}, \quad a \neq b$$

を満たす (6.46) の解は

$$v(t,z) = \frac{a+b}{2} + (a-b)\frac{1}{\sqrt{\pi}}\int_0^{\frac{z}{2\sqrt{kt}}} e^{-\zeta^2}\,d\zeta$$

で与えられるから，温度の深さに関しての変化率は

$$\frac{\partial}{\partial z}v(t,z) = \frac{a-b}{2\sqrt{\pi kt}}\exp\left(-\frac{z^2}{4kt}\right)$$

となる．ここで，$a > 0$ は初期状態での溶岩球としての地球の温度，b は地球を囲む外界の温度である．

注意 6.16　直線上の連続微分可能な関数 $f(z)$ が

$$\lim_{z \to +\infty} f(z) = a, \quad \lim_{z \to -\infty} f(z) = b$$

を満たすとき

$$g_+(z) = f(z) - a, \quad g_-(z) = f(z) - b$$

6.7. 地表温度の地下への伝播モデル

とおくと,$\lim_{z \to \pm\infty} g_{\pm}(z) = 0$ である.今,さらに,

$$\sup_{\pm z > 0} |z\, g_{\pm}(z)| < +\infty$$

を仮定すると,$g_+(z)$ は $z > 0$ が十分大きいところで微分可能で,$z^2 g'_+(z)$ は $z \to +\infty$ のときに有界に留まる.$z \to -\infty$ のときの $g_-(z)$ の挙動についても同様のことがわかる.ここで,熱方程式 (6.46) の解として,初期値を $f(z)$ としたものを $u(t,z)$ とおこう.すると,容易に確かめられるように,$t \to +\infty$ ならば

$$|u(t,z) - v(t,z)| + \left| \frac{\partial}{\partial z} u(t,z) - \frac{\partial}{\partial z} v(t,x) \right| \to 0$$

が z に関して一様に成り立つ.すなわち,ケルヴィン卿が考察に用いた解 $v(t,z)$ は決して不自然なものではないのである.

さて,命題 6.6 の検証のためには,初期温度 a, b,熱拡散率 k の値を定めなければならない.メートル法[24]のもとで,ケルヴィン卿の数値とは少し異なるが,$a = 4000$ (℃),または,$a = 6000$ (℃) とする.b は,どんな見積りでも a に比べれば小さい.$b = 0$ とおいてもよいであろう.

熱拡散率は,ケルヴィン卿に従うと[25],$k = 37.2$ ($m^2/$年)となる.ここでは,荒っぽい議論をしているので,$k = 4.0 \times 10$ ($m^2/$年) としてよいであろう.

さて,$\frac{\partial}{\partial z} v(t,z)$ は,$z > 0$ において z に関し単調減少であり,$t > \frac{1}{2k} z^2$ では,t に関して単調減少である.そこで,$z = 10{,}000$ (m) においては[26],

$$\frac{\partial}{\partial z} v(t,z) = \frac{a-b}{22.4 \cdot \sqrt{t}} \exp\left(-\frac{8.23 \times 10^8}{160 \cdot t} \right)$$

---
[24] ケルヴィン卿は,いずれも,華氏並びにヤード・ポンド法で与えている.
[25] ヤード・ポンド法で $k = 400$ ($ft^2/$年) としている.
[26] 地殻形成が話題なので,ケルヴィン卿の数値より一桁小さくした.

となる．したがって，$a - b = 4000$ ならば，$t = 2.0 \times 10^7$ において，$\frac{\partial}{\partial z}v(t,z)$ は $= 0.0387 > \frac{1}{27} = 0.03704$，$t = 2.2 \times 10^7$ において $= 0.0370 < \frac{1}{27}$ である．また，$a - b = 6000$ ならば，$t = 5.1 \times 10^7$ において $= 0.03705 > \frac{1}{27}$，$t = 5.2 \times 10^7$ において $= 0.0367 < \frac{1}{27}$ となる．

6.8　平面および空間における熱伝導の方程式

さて，(6.2) (6.3) の考察をもとに，平面における熱方程式

$$\frac{\partial}{\partial t}v(t,x,y) = k\left(\frac{\partial^2}{\partial x^2} + \frac{\partial^2}{\partial y^2}\right)v(t,x,y) \tag{6.47}$$

（ただし，$k = \dfrac{K}{CD}$）に初期条件

$$v(0,x,y) = F(x,y) \tag{6.48}$$

を課した初期値問題を扱おう．

まず，変数分離形

$$v(t,x,y) = X(t,x)\,Y(t,y)$$

を想定して，(6.47) に代入すると，

$$\frac{X_t(t,x)}{X(t,x)} + \frac{Y_t(t,y)}{Y(t,y)} = k\left(\frac{X_{xx}(t,x)}{X(t,x)} + \frac{Y_{yy}(t,y)}{Y(t,y)}\right)$$

となる[27]．したがって，適当な t の関数 $\alpha(t), \beta(t)$ によって

$$\frac{X_t}{X} - k\frac{X_{xx}}{X} = \alpha(t), \quad \frac{Y_t}{Y} - k\frac{Y_{yy}}{Y} = \beta(t), \quad \alpha(t) + \beta(t) = 0$$

となるはずである．ここで，

$$A(t) = \int_0^t \alpha(t')\,dt', \quad B(t) = \int_0^t \beta(t')\,dt' = -A(t)$$

---

[27] ここで，$X_t = \frac{\partial}{\partial t}X$，$X_{xx} = \frac{\partial^2}{\partial x^2}X$ などである．

6.8. 平面および空間における熱伝導の方程式

により

$$\overline{X}(t,x) = e^{-A(t)} X(t,x), \quad \overline{Y}(t,y) = e^{-B(t)} Y(t,y)$$

とおくと,これらは,いずれも直線上の熱方程式を満たし,しかも,

$$v(t,x,y) = X(t,x)\,Y(t,y) = \overline{X}(t,x)\,\overline{Y}(t,y)$$

および

$$X(0,x) = \overline{X}(0,x), \quad Y(0,y) = \overline{Y}(0,y)$$

となる.したがって,命題 6.2 により,$X(0,x)$ の「性質がよければ」,

$$\overline{X}(t,x) = \frac{1}{2\sqrt{kt\pi}} \int_{-\infty}^{\infty} \exp\left(-\frac{(x-x')^2}{4kt}\right) X(0,x')\,dx'$$

となる.同様に,$Y(0,y)$ の「性質がよければ」,

$$\overline{Y}(t,y) = \frac{1}{2\sqrt{kt\pi}} \int_{-\infty}^{\infty} \exp\left(-\frac{(y-y')^2}{4kt}\right) Y(0,y')\,dy'$$

が得られる.変数 x, y したがって x', y' は独立だから,上記の 2 個の積分の積は

$$\frac{1}{4\sqrt{kt\pi}^2} \int_{-\infty}^{\infty}\int_{-\infty}^{\infty} \exp\left(-\frac{(x-x')^2+(y-y')^2}{4kt}\right) \times \\ \times X(0,x')\,Y(0,y')\,dx'dy'$$

となる[28].積分の表現を改め,$v(t,x,y) = \overline{X}(t,x)\,\overline{Y}(t,y)$ お

---

[28] ここで,フビニの定理(命題 A.13)(正確には,その類比)を利用している.

よび $F(x,y) = X(0,x) Y(0,y)$ に注意すると,

$$v(t,x,y) = \frac{1}{4\sqrt{kt}\pi^2} \iint_{\mathbb{R}^2} \exp\left(-\frac{(x-x')^2 + (y-y')^2}{4kt}\right) \times$$
$$\times F(x',y')\,dx'dy' \qquad (6.49)$$

となる.

注意 6.17 注意 6.9 の (6.29) によれば,

$$\frac{1}{4\sqrt{kl}\pi^2} \exp\left(-\frac{(x-x')^2 + (y-y')^2}{4kt}\right)$$
$$= W_{kt}(x-x')\,W_{kt}(y-y')$$

となる.

初期関数 $F(x,y)$ は, $\sum_n X_n(x) Y_n(y)$ の形の関数で近似するという, 見え透いてはいても, それなりに手間の掛かる議論 (ここで詳細は省略するが, それ) によって, 直積構造を緩められるから, 結局, 次を得る[29].

命題 6.7 初期関数 $F(x,y)$ の「性質がよければ」, 平面における熱方程式の初期値問題 (6.47) (6.48) の解 $v(t,x,y)$ は (6.49) で与えられる.

問 6.13 平面において x-方向と y-方向との熱拡散係数が異なる (非等方的な) 熱方程式, すなわち, $k,l > 0$ $(k \neq l)$ のもとでの方程式,

$$\frac{\partial}{\partial t} v(t,x,y) = \left(k\frac{\partial^2}{\partial x^2} + l\frac{\partial^2}{\partial y^2}\right) v(t,x,y)$$

---

[29] (6.49) の導出は, 本質的に, いわゆる発見的考察であって, この形を得てから再確認するのである.

6.8. 平面および空間における熱伝導の方程式

に初期条件 (6.48) を課したものの解は，$F(x,y)$ の「性質がよければ」

$$v(t,x,y) = \iint_{\mathbb{R}^2} W_{kt}(x-x')\,W_{lt}(y-y')\,F(x',y')\,dx'dy'$$

で与えられる．

分析を要するのは，初期関数 $F(x,y)$ の「性質のよさ」である．特に，重要なのが (6.48) が成立することであって，このためには，まず，(6.49) の右辺を

$$\iint_{\mathbb{R}^2} W_1(x')\,W_1(y') \times \\ \times F\left(x - 2\sqrt{kt}\,x',\, y - 2\sqrt{kt}\,y'\right)\,dx'dy' \tag{6.50}$$

と書き直して，補題 6.13 と同様に考えて，次を得る[30]．

補題 6.14 $F(x,y)$ が平面上の有界かつ連続な関数であれば，「性質のよさ」が実現される．

空間における熱方程式 (2.9) に対する初期条件 (6.1) の扱いも，命題 6.7 と全く同様である．

命題 6.8 初期関数 $F(x,y,z)$ の「性質がよければ」，空間における熱方程式の初期値問題 (2.9) (6.1) の解 $v(t,x,y,z)$ は $k = \frac{K}{CD}$ として，

$$v(t,x,y,z) = \\ = \iiint_{\mathbb{R}^3} W_{kt}(x-x')\,W_{kt}(y-y')\,W_{kt}(z-z') \times \\ \times F(x',y',z')\,dx'dy'dz' \tag{6.51}$$

で与えられる．

---

[30] なお，注意 6.10，注意 6.12 の類比も成り立つ．

実は，フーリエは，平面における熱方程式の扱いには強い興味を示していないようで，詳述していない．フーリエは『熱の解析的理論』の末尾で，方程式については，解が自然現象の記述になる「現象の方程式」を扱うべきことに常に留意すべきであり，それ以外の場合は，意味のない計算練習に過ぎないと言っている（第 428 節）．本稿で，現象のモデルとしては，より自然な空間の熱伝導の方程式を軽く扱い，平面の場合を詳しく論じたのは，直線上の熱方程式の扱いからの移行の様子が（次元が問題になる水準のものではないというのであれば）空間の場合より平面の方が簡明だからである．

7

フーリエ変換

$$\phi x = \frac{1}{\pi} \int_{-\infty}^{+\infty} d\alpha \phi \alpha \int_0^\infty dq \cos.(q(x-\alpha))$$

$$\frac{dv}{dt} = \frac{K}{CD}\left(\frac{d^2v}{dx^2} + \frac{d^2v}{dy^2} * \frac{d^2v}{dz^2}\right)$$

$$\frac{1}{2}\pi\varphi x = \sin.x \int_0^\pi \varphi x \sin.x dx + \sin.2x \int_0^\pi \varphi x \sin.2x dx$$
$$+ \sin.3x \int_0^\pi \varphi x \sin.3x dx + etc.$$

$$\frac{1}{2}\pi\varphi x = \frac{1}{2}\int_0^\pi \varphi x dx + \cos.x \int_0^\pi \varphi x \cos.x dx$$
$$+ \cos.2x \int_0^\pi \varphi x \cos.2x dx + \cos.3x \int_0^\pi \varphi x \cos.3x dx + etc.$$

7.1 複素数値関数の積分

フーリエは,直線上の熱分布を,今日,フーリエ正弦変換あるいはフーリエ余弦変換とよばれる積分変換を利用して扱った.その考察の過程で,逆変換や,さらに,合成積,微分演算,乗数演算とこれら積分変換の関係を導き,利用しているが,これらの関係の組織的な展開にまでは到達しなかったようである.フーリエは,指数関数と三角関数の関係を与えるド・モアヴルの等式

$$e^{\pm\sqrt{-1}\,x} = \cos x \pm \sqrt{-1}\sin x, \quad -\infty < x < +\infty \quad (7.1)$$

あるいは,

$$\cos x = \frac{e^{\sqrt{-1}\,x} + e^{-\sqrt{-1}\,x}}{2}$$
$$\sin x = \frac{e^{\sqrt{-1}\,x} - e^{-\sqrt{-1}\,x}}{2\sqrt{-1}} \quad (7.2)$$

を計算の上で多用しているが,積分核が指数関数 $e^{\pm\sqrt{-1}\,xy}$ の場合を徹底的に考察しているわけではない.この場合には,扱うべき関数が複素数値をとることになり,現実世界の記述を目指す立場としては抵抗のあるところだったのかも知れない.

さて,$f(x)$,$g(x)$ は実数値関数とすれば,

$$F^{\pm}(x) = f(x) \pm \sqrt{-1}\,g(x) \quad (7.3)$$

は(実変数の)複素数値関数[1])である.$f(x)$ は,$F^{\pm}(x)$ の実部,$\pm g(x)$ は $F^{\pm}(x)$ の虚部となり,

$$f(x) = \Re F^{\pm}(x), \quad \pm g(x) = \Im F^{\pm}(x)$$

---

[1]) 今の場合,各 x につき,複素数 $F^{+}(x)$ と $F^{-}(x)$ は複素共役の関係にある.

7.1. 複素数値関数の積分

と書くことがある. このとき,

$$f(x) = \frac{F^+(x) + F^-(x)}{2}, \quad g(x) = \frac{F^+(x) - F^-(x)}{2\sqrt{-1}} \quad (7.4)$$

である.

さらに, 直線上の複素数値関数 $F(x)$ の可積分性は, その実部 $f(x) = \Re F(x)$ および虚部 $g(x) = \Im F(x)$ の可積分性が同時に成り立つこととして定め, 積分は

$$\int_{-\infty}^{+\infty} F(x)\,dx = \int_{-\infty}^{+\infty} f(x)\,dx + \sqrt{-1}\int_{-\infty}^{+\infty} g(x)\,dx$$

と定義する. 複素数 $F(x)$ の絶対値について,

$$|f(x)|, |g(x)| = \sqrt{|f(x)|^2 + |g(x)|^2} = |F(x)|$$

が成り立つから, 実数値関数 $|F(x)|$ の可積分性が複素数値関数 $F(x)$ の可積分性を保証している.

命題 7.1 不等式

$$\left|\int_{-\infty}^{+\infty} F(x)\,dx\right| \le \int_{-\infty}^{+\infty} |F(x)|\,dx \quad (7.5)$$

すなわち, 丁寧に書き表すと,

$$\sqrt{\left(\int_{-\infty}^{+\infty} f(x)\,dx\right)^2 + \left(\int_{-\infty}^{+\infty} g(x)\,dx\right)^2}$$
$$\le \int_{-\infty}^{+\infty} \sqrt{f(x)^2 + g(x)^2}\,dx$$

が成立する.

実際, $F(x)$ が実数値の可積分関数の場合, 不等式 (7.5) の成立の検証は困難ではない[2]. 複素数値であることを活かすに

---

[2] 後述の付録 §A.4 所収の (A.13) (A.14) 参照.

は[3]

$$f(x) = \frac{f(x)}{\sqrt{|F(x)|}}\sqrt{|F(x)|}, \quad g(x) = \frac{g(x)}{\sqrt{|F(x)|}}\sqrt{|F(x)|}$$

および

$$\left(\frac{f(x)}{\sqrt{|F(x)|}}\right)^2 + \left(\frac{g(x)}{\sqrt{|F(x)|}}\right)^2 = |F(x)|$$

に注意して，コーシー・ブニャコフスキーの不等式を用いれば，

$$\left(\int_{-\infty}^{+\infty} f(x)\,dx\right)^2 + \left(\int_{-\infty}^{+\infty} g(x)\,dx\right)^2 < \left(\int_{-\infty}^{+\infty} |F(x)|\,dx\right)^2$$

が直ちに得られる．

7.2 フーリエ変換，余弦変換，正弦変換

直線上の絶対可積分な関数 $\phi(x)$ に対し，積分

$$\Phi(y) = \int_{-\infty}^{+\infty} e^{-\sqrt{-1}\,xy}\,\phi(x)\,dx, \quad -\infty < y < +\infty \quad (7.6)$$

が定める関数 Φ を関数 ϕ のフーリエ変換像，変換 $\mathcal{F}: \phi(x) \mapsto \Phi(y)$ をフーリエ変換といい，$\Phi(y) = \mathcal{F}[\phi](y)$ と書き表すことにする．

注意 7.1 (7.6) に加えて

$$\Phi^*(y) = \int_{-\infty}^{+\infty} e^{\sqrt{-1}\,xy}\,\phi(x)\,dx, \quad -\infty < y < +\infty \quad (7.7)$$

---

[3] [19], p.79 参照.

7.2. フーリエ変換，余弦変換，正弦変換

の定める関数 Φ^* を関数 ϕ の共役フーリエ変換像，変換 $\mathcal{F}^*: \phi(x) \mapsto \Phi^*(y)$ を共役フーリエ変換といい，$\Phi^*(y) = \mathcal{F}^*[\phi](y)$ と書き表そう．

$$\mathcal{F}^*[\phi](y) = \overline{\mathcal{F}[\overline{\phi}](y)} \quad (\overline{} \text{は複素共役を表す})$$

である．

問 7.1 直線上の絶対可積分な関数 $\phi(x)$ と $\psi(x)$ の 1 次結合 $a\,\phi(x) + b\,\phi(x)$ に対し，

$$\mathcal{F}[a\,\phi + b\,\psi](y) = a\,\mathcal{F}[\phi](y) + b\,\mathcal{F}[\psi](y)$$

が成り立つ（フーリエ変換の線形性）．

さて，補題 6.2，補題 6.3 によって，フーリエ変換とフーリエ余弦変換，フーリエ正弦変換を結び付けることができる．

命題 7.2 直線上の絶対可積分な関数 $\phi(x)$ に対し，

$$\mathcal{F}[\phi](y) = \mathcal{C}[\phi_{\text{偶}}](y) - \sqrt{-1}\,\mathcal{S}[\phi_{\text{奇}}](y) \tag{7.8}$$

$$\mathcal{F}^*[\phi](y) = \mathcal{C}[\phi_{\text{偶}}](y) + \sqrt{-1}\,\mathcal{S}[\phi_{\text{奇}}](y) \tag{7.9}$$

$(-\infty < y < +\infty)$ が成り立つ．ただし，フーリエ余弦変換，フーリエ正弦変換は，それぞれ，偶拡張，奇拡張したものとする．

実際，

$$\mathcal{F}[\phi](y) = \mathcal{F}[\phi_{\text{偶}}](y) + \mathcal{F}[\phi_{\text{奇}}](y)$$

であるが，この右辺を (7.2) を使って書き直せばよい．

系 7.1 直線上の絶対可積分な $\phi(x)$ に対し，

$$\mathcal{F}[\phi]_{\text{偶}}(y) = \mathcal{C}[\phi_{\text{偶}}](y), \quad \mathcal{F}[\phi]_{\text{奇}}(y) = -\sqrt{-1}\,\mathcal{S}[\phi_{\text{奇}}](y)$$

である．

例 7.1　$g(x) = e^{-ax^2}$ $(a > 0)$ とする．$g(x)$ は偶関数であり，したがって，$g = g_{偶}$ かつ $g_{奇} = 0$ である．ゆえに，

$$\mathcal{F}[g](y) = \mathcal{C}[g](y) = \mathcal{F}^*[g](y) = \sqrt{\frac{\pi}{a}} \exp\left(-\frac{1}{4a}y^2\right) \quad (7.10)$$

となる（ここで，例 6.4 を利用した）．特に，$a = \frac{1}{2}$ のときは，$\mathcal{F}[g](y) = \sqrt{2\pi}\, g(y)$，つまり，このとき，$g(x)$ は，本質的に，フーリエ変換で不変である．

例 7.2　熱核関数 $W_{kt}(x)$（すなわち，(6.29)）に対しては，

$$\mathcal{F}[W_{kt}](y) = e^{-kt\,y^2}$$

である．実際，例 7.1 において，$a = \frac{1}{4kt}$ のもとで，$W_{kt}(x) = \sqrt{\frac{a}{\pi}}\, g(x)$ である．

問 7.2　例 7.1 の $g(x)$ について，

$$\mathcal{F}^*[\mathcal{F}[g]](x) = \mathcal{F}[\mathcal{F}^*[g]](x) = 2\pi\, g(x)$$

が成り立つ．

例 7.3　$a > 0$ とし，

$$h_a(x) = \begin{cases} \frac{1}{2a}, & -a < x < a \\ 0, & x < -a \text{ あるいは } x > a \end{cases} \quad (a > 0)$$

に対し，

$$\mathcal{F}[h_a](y) = \left\{ \begin{array}{ll} 1, & y = 0 \\ \frac{\sin ay}{ay}, & y \neq 0 \end{array} \right\} = \operatorname{sinc}(ay)$$

となる（注意 6.4 参照）．ちなみに，

$$\int_{-\infty}^{+\infty} h_a(x)\,dx = 1, \quad a > 0$$

の一方で,$a \downarrow 0$ のとき, $x \neq 0$ ならば $h_a(x) \to 0$, $x = 0$ ならば $h_a(x) \to \infty$ となり,さらに,y によらずに,$\mathcal{F}[h_a](y) \to 1$ となる.

注意 7.2 正準正弦関数 $\operatorname{sinc}(x)$ は直線上絶対可積分ではない.実際,

$$\int_{-\infty}^{+\infty} |\operatorname{sinc}(x)|\, dx \geq \sum_{n=1}^{\infty} \int_{n\pi+\pi/4}^{n\pi+\pi/2} \frac{|\sin x|}{|x|}\, dx$$
$$\geq \frac{\sqrt{2}}{\pi} \sum_{n=1}^{\infty} \frac{1}{2n+1} = \infty$$

である.しかし,二乗可積分ではある.

例 7.4 $b > a$ として,区間 $[a, b]$ に対し,

$$I_{[a,b]}(x) = \begin{cases} 1, & x \in [a, b] \\ 0, & x \notin [a, b] \end{cases}$$

とおけば,

$$\mathcal{F}[I_{[a,b]}](y) = (b-a)\operatorname{sinc}\left(\frac{b-a}{2}y\right) \exp\left(-\sqrt{-1}\,\frac{a+b}{2}y\right)$$

である.

注意 7.3 (直線内の)集合 S に対し,

$$I_S(x) = \begin{cases} 1, & x \in S \\ 0, & x \notin S \end{cases}$$

によって定義される関数を集合 S の指示関数という.

例 7.5 有限個の区間 $S_n = [a_n, b_n]$, $a_n < b_n$, および実数 c_n ($n = 1, 2, \cdots, N$) によって, 関数[4]

$$\phi(x) = \sum_{n=1}^{N} c_n \, I_{S_n}(x)$$

を定めたとき,

$$\mathcal{F}[\phi](y) = \sum_{n=1}^{N} c_n \, |S_n| \operatorname{sinc}\left(\frac{|S_n|}{2} y\right) \exp\left(-\sqrt{-1} \, \frac{a_n + b_n}{2} y\right)$$

である. ただし, $|S_n| = b_n - a_n$ である. これから,

$$\lim_{|y| \to +\infty} |\mathcal{F}[\phi](y)| = 0$$

が成り立っていることがわかる.

フーリエ変換像に関係する若干の不等式[5]を導いておこう.

命題 7.3 直線上の絶対可積分な関数 $\phi(x)$ に対し,

$$|\mathcal{F}[\phi](y)| \leq \int_{-\infty}^{+\infty} |\phi(x)| \, dx, \quad -\infty < y < +\infty \quad (7.11)$$

が成り立つ. 特に, $\psi(x)$ も直線上絶対可積分ならば

$$|\mathcal{F}[\phi - \psi](y)| \leq \int_{-\infty}^{+\infty} |\phi(x) - \psi(x)| \, dx$$

となる.

実際, 定義 (7.6) から直ちに従うことである.

---

[4] このような関数は, 単純な関数という意味で, 単関数とよばれることがある.
[5] フーリエの時代には, 位相概念は未発達であり, 当然ながら, 不等式への関心は希薄であった. ここでは, 後世の視点を提供している.

7.2. フーリエ変換,余弦変換,正弦変換

命題 7.4 直線上の絶対可積分な関数 $\phi(x)$ のフーリエ変換像 $\mathcal{F}[\phi](y)$ は直線上の連続関数である.特に,$x\,\phi(x)$ が絶対可積分ならば,$\mathcal{F}[\phi](y)$ はリプシッツ連続である.

実際,$-\infty < y, y' < +\infty$ に対し,(7.6) によって

$$|\mathcal{F}[\phi](y) - \mathcal{F}[\phi](y')| \leq \int_{-\infty}^{+\infty} |\phi(x)||\mathrm{e}^{-\sqrt{-1}xy} - \mathrm{e}^{-\sqrt{-1}xy'}|\,dx$$

が成り立つ.ゆえに,$y' \to y$ のとき,$\mathcal{F}[\phi](y') \to \mathcal{F}[\phi](y)$ となる.特に,$x\,\phi(x)$ が絶対可積分ならば,等式

$$\mathrm{e}^{-\sqrt{-1}xy} - \mathrm{e}^{-\sqrt{-1}xy'} = -\sqrt{-1}\,x \int_{y'}^{y} \mathrm{e}^{-\sqrt{-1}\,x\,t}\,dt$$

より,

$$|\mathcal{F}[\phi](y) - \mathcal{F}[\phi](y')| \leq L\,|y - y'|, \quad L = \int_{-\infty}^{+\infty} |x|\,|\phi(x)|\,dx$$

となる.

例 7.5 を補おう.

例 7.6 $-\infty < \alpha < \beta < +\infty$ とし,$f(x)$ は区間 $[\alpha, \beta]$ において連続とする.関数 $\phi(x)$ を

$$\phi(x) = \begin{cases} f(x), & x \in [\alpha, \beta] \\ 0, & x \notin [\alpha, \beta] \end{cases}$$

で定義すれば,

$$\mathcal{F}[\phi](y) = \int_{\alpha}^{\beta} \mathrm{e}^{-\sqrt{-1}\,xy}\,f(x)\,dx$$

である.N を自然数とし,$[\alpha, \beta]$ を N 等分する:

$$\lambda = \frac{\beta - \alpha}{N}, \quad a_n = \alpha + n\,\lambda, \quad n = 0, \cdots, N$$

とおく ($a_0 = \alpha$, $a_N = \beta$ である). (右閉) 区間 $S_n = (a_{n-1}, a_n]$, $n = 1, \cdots, N$ の指示関数を用いて

$$f_N(x) = \sum_{n=1}^{N} f(a_n)\, I_{S_n}(x)$$

とする. $|S_n| = a_n - a_{n-1} = \lambda$ である. なお, $a_{n-1} < x \leq a_n$ ならば $f_N(x) = f(a_n)$ である.

$$\phi_N(x) = \begin{cases} f_N(x), & x \in (\alpha, \beta] \\ 0, & x \notin (\alpha, \beta] \end{cases}$$

とおけば, $N \to \infty$ のとき,

$$|\mathcal{F}[\phi](y) - \mathcal{F}[\phi_N](y)| \leq \int_\alpha^\beta |f(x) - f_N(x)| dx \to 0 \quad (7.12)$$

である[6]. 一方,

$$\begin{aligned}\mathcal{F}[\phi_N](y) &= \sum_{n=1}^{N} f(a_n) \int_{a_{n-1}}^{a_n} e^{-\sqrt{-1}\, xy}\, dx \\ &= \lambda \exp\left(-\sqrt{-1}(\alpha - \frac{1}{2})y\right) \times \\ &\quad \times \left\{\sum_{n=1}^{N} e^{-\sqrt{-1}\, n\lambda y} f(a_j)\right\} \operatorname{sinc}\left(\frac{\lambda}{2} y\right)\end{aligned}$$

となるから, N が, したがって, λ も, 任意に固定されて動かないとき,

$$\lim_{|y| \to \infty} \mathcal{F}[\phi_N](y) = 0 \quad (7.13)$$

となる. (7.12) と (7.13) とから, $\lim_{|y| \to \infty} \mathcal{F}[\phi](y) = 0$ が結論される.

---

[6] $f(x)$ は区間 $[\alpha, \beta]$ において一様連続である.

問 7.3 (7.13) の検証のために，
$$|\mathcal{F}[\phi_N](y)| \leq \frac{2N}{|y|} \max_{\alpha \leq x \leq \beta} |f(x)|$$
を導け．

問 7.4 (7.12) において，$f(x)$ が指数 $0 < \eta < 1$ のヘルダー連続，すなわち，
$$|f(x) - f(x')| \leq L_\eta |x - x'|^\eta, \quad \alpha < x, x' < \beta$$
をみたす関数であれば，
$$\int_\alpha^\beta |f(x) - f_N(x)| dx \leq L_\eta (\beta - \alpha)^{1+\eta} N^{-\eta}$$
が成り立つ．特に，$|y| \geq N^{1+\eta}$ ならば，
$$|\mathcal{F}[\phi](y)| \leq \left(2 \max_{\alpha \leq x \leq \beta} |f(x)| + L_\eta (\beta - \alpha)^{1+\eta}\right) N^{-\eta}$$
である．

さて，積分論の一般論によれば，直線上の絶対可積分な関数 $\phi(x)$ に対し，単関数の列 $\phi_N(x)$ を構成し，
$$\int_{-\infty}^\infty |\phi(x) - \phi_N(x)| dx \to 0, \quad N \to \infty$$
を実現することができる．したがって，例 7.5，例 7.6 の論法を組み合わせることにより，次の命題が得られる[7]．

定理 7.1 [リーマン・ルベーグの定理] 直線上の絶対可積分関数のフーリエ変換像 $\mathcal{F}[\phi](y)$ について
$$|\mathcal{F}[\phi](y)| \to 0, \quad |y| \to +\infty \tag{7.14}$$
が成り立つ．

---

[7] この類の議論は，フーリエの時代には関心が持たれなかった．脚注5)参照．

問 7.5　直線上の絶対可積分な関数 $\phi(x)$ に対し,

$$\lim_{k \to +\infty} \int_{-\infty}^{+\infty} \phi(x) \cos kx \, dx = 0$$

$$\lim_{k \to +\infty} \int_{-\infty}^{+\infty} \phi(x) \sin kx \, dx = 0$$

が成り立つ.

7.3　フーリエ変換と形式的な演算

任意の直線上の関数 $\phi(x)$ から新たな直線上の関数

$$\phi_{\langle \tau \rangle}(x) = \phi(x - \tau) \qquad (\tau \text{ は実数}) \tag{7.15}$$

が得られる（左へ τ の平行移動という）．$\phi(x)$ が直線上絶対可積分ならば，$\phi_{\langle \tau \rangle}(x)$ もそのようになる[8]．指数関数倍は，

$$\phi^{\langle \tau \rangle}(x) = e^{-\sqrt{-1}\,\tau x} \phi(x) \tag{7.16}$$

と置く．

これらとフーリエ変換の関係を確かめておこう．

命題 7.5　直線上の絶対可積分な関数 $\phi(x)$ に対し,

$$\mathcal{F}[\phi_{\langle \tau \rangle}](y) = e^{-\sqrt{-1}\,\tau y} \mathcal{F}[\phi](y) = \mathcal{F}[\phi]^{\langle \tau \rangle}(y)$$

が成り立つ．すなわち，平行移動はフーリエ変換によって指数関数の乗積となる．

実際，定義通りに計算すればよい．

---

[8] 命題 A.10 参照.

7.3. フーリエ変換と形式的な演算

問 7.6 直線上の絶対可積分関数 $\phi(x)$ に対し，
$$\mathcal{F}[\phi^{\langle\tau\rangle}](y) = \mathcal{F}[\phi](y+\tau) = \mathcal{F}[\phi]_{\langle-\tau\rangle}(y)$$
が成り立つ．

　直線上の絶対可積分な関数の合成積は，§6.4，(6.14) により定義した．§6.4 では合成積とフーリエ余弦変換・フーリエ正弦変換との関係は再生公式を導く上での技術的な視点が中心になったが，もともとは，指数関数の満たす関数等式を反映した特徴的な関係が，合成積とフーリエ変換の間には成り立っている．

定理 7.2　直線上の絶対可積分な関数 $f(x)$, $g(x)$ とこれらの合成積 $f*g(x)$ のフーリエ変換の間には，
$$\mathcal{F}[f*g](y) = \mathcal{F}[f](y) \cdot \mathcal{F}[g](y), \quad -\infty < y < +\infty \quad (7.17)$$
が成り立つ．

　合成積 $f*g(x)$ は絶対可積分である（補題6.7）．フーリエ変換像 $\mathcal{F}[f*g](y)$ の計算は，
$$\mathcal{F}[f*g](y) = \int_{-\infty}^{+\infty} e^{-\sqrt{-1}\,xy} \left(\int_{-\infty}^{+\infty} f(x-t)\,g(t)\,dt\right) dx$$
となるが，$e^{-\sqrt{-1}\,xy} = e^{-\sqrt{-1}\,(x-t)y}\, e^{-\sqrt{-1}\,ty}$ により，右辺を
$$\int_{-\infty}^{+\infty} \left(\int_{-\infty}^{+\infty} e^{-\sqrt{-1}\,(x-t)y} f(x-t) \cdot e^{-\sqrt{-1}\,ty} g(t)\,dt\right) dx$$
と書くことができる．積分の順序を交換すると[9]，
$$\int_{-\infty}^{+\infty} \left(\int_{-\infty}^{+\infty} e^{-\sqrt{-1}\,(x-t)y} f(x-t)\,dx\right) \cdot e^{-\sqrt{-1}\,ty} g(t)\,dt$$

---
[9] 脚注7)参照．

となる.ここで,積分変数を $x-t$ から x に改めると,

$$\int_{-\infty}^{+\infty} e^{-\sqrt{-1}\,(x-t)y} f(x-t)\,dx = \mathcal{F}[f](y)$$

が従うから,結局 (7.17) が得られる.

例 7.7 命題 6.2 において,初期関数 $\phi(x)$ が直線上で絶対可積分のとき,熱方程式の解 $v(t,x)$ は

$$\mathcal{F}[v(t,\cdot)](y) = e^{-kty^2}\,\mathcal{F}[\phi](y) \tag{7.18}$$

を満たす.実際,解 (6.30) は,合成積 $v(t,x) = W_{kt} * \phi(x)$ である(注意 6.9).例 7.2 を利用すればよい.

命題 7.6 $\phi(x), \psi(y)$ は,いずれも直線上の絶対可積分な関数とする.このとき,

$$\int_{-\infty}^{+\infty} \mathcal{F}[\phi](y)\,\overline{\psi(y)}\,dy = \int_{-\infty}^{+\infty} \phi(x)\,\overline{\mathcal{F}^*[\psi](x)}\,dx \tag{7.19}$$

が成り立つ.この等式の成立が $\mathcal{F}^*$ が $\mathcal{F}$ に対し,共役と付した理由である.

実際,命題 7.3 により,$\mathcal{F}[\phi](y)$ も $\mathcal{F}^*[\psi](x)$ も直線上有界であるから,(7.19) の両辺の積分は,それぞれ,意味を持つ.ところで,左辺は

$$\int_{-\infty}^{+\infty}\int_{-\infty}^{+\infty} \phi(x)\,\overline{e^{\sqrt{-1}\,xy}\psi(y)}\,dxdy$$

と書けるが,フビニの定理(定理 A.13)により,右辺の形に書き直される.

7.4 フーリエ変換とその逆変換

さて,定理 7.2 において,$g(x)$ を熱核,すなわち,$g(x) = W_t(x), t > 0$, とする(例 7.2 参照).問 7.2 により,

$$\mathcal{F}^*[\mathcal{F}[W_t]](y) = \mathcal{F}[\mathcal{F}^*[W_t]](y) = 2\pi\, W_t(y) \tag{7.20}$$

が成り立つのであった.

命題 7.7 $f(x)$ は直線上の絶対可積分関数であって,フーリエ変換像も絶対可積分であるとする.このとき,

$$\begin{aligned}
\int_{-\infty}^{+\infty} &f(x-y)\, W_t(y)\, dy \\
&= \frac{1}{2\pi} \int_{\infty}^{+\infty} \mathcal{F}^*[\mathcal{F}[f]](x-y)\, W_t(y)\, dy
\end{aligned} \tag{7.21}$$

が成り立つ.

実際,(7.20) によって,(7.21) 左辺は

$$\frac{1}{2\pi} \int_{-\infty}^{+\infty} f(x-y)\, \mathcal{F}^*[\mathcal{F}[W_t]](y)\, dy$$

となる.命題 7.6 と同様の考察により,この右辺は

$$\frac{1}{2\pi} \int_{-\infty}^{+\infty} \mathrm{e}^{\sqrt{-1}\,xz} \mathcal{F}[f](z)\, \mathcal{F}[W_t](z)\, dz$$

となるが,同様の考察をさらに重ねて,(7.21) 右辺が得られる.

問 7.7 (7.21) から

$$\begin{aligned}
\int_{-\infty}^{+\infty} &f(x-\sqrt{2t}\,y)\, \mathrm{e}^{-y^2}\, dy \\
&= \frac{1}{2\pi} \int_{\infty}^{+\infty} \mathcal{F}^*[\mathcal{F}[f]](x-\sqrt{2t}\,y)\, \mathrm{e}^{-y^2}\, dy
\end{aligned} \tag{7.22}$$

を導け.

定理 7.3　$\phi(x)$ は直線上の絶対可積分な関数であって，そのフーリエ変換像 $\mathcal{F}[\phi](y)$ も絶対可積分とする．このとき，

$$\mathcal{F}^*[\mathcal{F}[\phi]](x) = 2\pi\,\phi(x), \quad \mathcal{F}[\mathcal{F}^*[\phi]](x) = 2\pi\,\phi(x) \quad (7.23)$$

が（ほとんどいたるところで）成り立つ．

　実際，(7.22) において，$t \downarrow 0$ とすればよい[10]．

注意 7.4　定理 7.3 は，フーリエ変換と共役フーリエ変換が，本質的に，相互に逆変換となっていることを示している．しかも，命題 7.4 と併せて考えれば，関数自身もそのフーリエ変換像も直線上絶対可積分であるような関数について，そのフーリエ変換像の共役フーリエ変換像は，直線上連続である．したがって，(7.23) は，もとの関数が直線上で連続でない限り，各点で成り立つ等式というわけではない．

問 7.8　$\phi(x)$ は定理 7.3 の仮定を満たしているとし，さらに，点 x_0 において区分的に連続，

$$\lim_{h \downarrow 0, h > 0} \phi(x_0 \pm h) = \phi(x_0 \pm 0)$$

が存在するとする．このとき，

$$\frac{1}{2\pi}\,\mathcal{F}^*[\mathcal{F}[\phi]](x_0) = \frac{\phi(x_0 - 0) + \phi(x_0 + 0)}{2}$$

である．

　さて，

$$\mathcal{F}^*[\mathcal{F}[\phi]](x) = \mathcal{C}[\mathcal{C}[\phi_{\text{偶}}]](x) + \mathcal{S}[\mathcal{S}[\phi_{\text{奇}}]](x)$$

---

[10] ルベーグの収束定理（命題 A.14）による．

7.4. フーリエ変換とその逆変換

であり,この左辺は

$$2\pi\,\phi(x) = 2\pi\,\phi_{\text{偶}}(x) + 2\pi\,\phi_{\text{奇}}(x)$$

となるから,両辺の偶関数成分と奇関数成分を,それぞれ,比較すれば,次がわかる.

系 7.2 $\phi(x)$ は定理 7.3 のものとする.このとき,

$$\begin{aligned}\mathcal{C}[\mathcal{C}[\phi_{\text{偶}}]](x) &= 2\pi\,\phi_{\text{偶}}(x) \\ \mathcal{S}[\mathcal{S}[\phi_{\text{奇}}]](x) &= 2\pi\,\phi_{\text{奇}}(x)\end{aligned} \tag{7.24}$$

が(ほとんどいたるところで)成り立つ.

フーリエは,定理 7.3 に相当する結果を得ているが,上述の経路で導いているわけではない(§6.5 参照).(7.23) の第 1 式は,形の上では,

$$\phi(x) = \lim_{p\to\infty} \frac{1}{2\pi} \int_{-\infty}^{+\infty} dz \int_{-p}^{+p} e^{-\sqrt{-1}(x-z)y}\,\phi(z)\,dy$$

と表され,したがって

$$\phi(x) = \lim_{p\to\infty} \frac{1}{\pi} \int_{-\infty}^{+\infty} \frac{\sin p(x-z)}{x-z}\,\phi(z)\,dz$$

となる.フーリエはこの式を導いているが,フーリエは議論を実数値の場合に限っているから,(7.23) 第 1 式の実部を取る形で

$$\begin{aligned}\phi(x) &= \frac{1}{2\pi} \int_{-\infty}^{+\infty} dz \int_{-\infty}^{+\infty} \cos(x-z)y\,\phi(z)\,dy \\ &= \lim_{p\to\infty} \frac{1}{\pi} \int_{-\infty}^{+\infty} dz \int_{0}^{p} \cos(x-z)y\,\phi(z)\,dy\end{aligned}$$

から出発している（(6.20) 参照）．すなわち，定理 7.3 は命題 6.1 に帰着する．デルタ関数の表現式 (6.21) を

$$\lim_{p \to \infty} \frac{1}{\pi} \frac{\sin p(x-z)}{x-z} = \delta(x-z) \tag{7.25}$$

と書き直すこともできる[11]．

フーリエ自身は，フーリエ変換や共役フーリエ変換が自然に定義できるような関数がどんなものか，ということについて詳細な考察は行っていないが，実際に具体的にフーリエ変換像が求められる場合には，少なくとも，それ（らしいもの）は求めている．関数 $\phi(x)$ について，直線上絶対可積分という要請は，抽象的ながら，具体的に検証できる場合も多く，フーリエにも許容できたであろう．一方，フーリエ変換像が直線上絶対可積分というような条件は，検証手続きもはっきりせず，フーリエでなくても違和感を覚えるだろう．

この点の改善を図るため，まず，補題 6.5 および補題 6.3 の類比を挙げよう．

補題 7.1 関数 $\phi(x)$ および $x\phi(x)$ が直線上絶対可積分であれば，$\phi(x)$ のフーリエ変換像 $\mathcal{F}[\phi](y)$ は微分可能で，導関数は $x\phi(x)$ のフーリエ変換像の虚数単位（$\sqrt{-1}$）倍である：すなわち，

$$\mathcal{F}[x\phi(x)](y) = \sqrt{-1}\frac{d}{dy}\mathcal{F}[\phi](y). \tag{7.26}$$

が成り立つ．

実際，

$$x\,\mathrm{e}^{-\sqrt{-1}\,xy} = \sqrt{-1}\frac{\partial}{\partial y}\left(\phi(x)\,\mathrm{e}^{-\sqrt{-1}\,xy}\right)$$

---
[11] [10]，第 IX 章，第 415-416 節．

7.4. フーリエ変換とその逆変換

に基づき，パラメータ y に関する微分と積分記号との交換をする．

補題 7.2 直線上絶対可積分な関数 $\phi(x)$ が微分可能であって，その導関数 $\phi'(x)$ も直線上絶対可積分とすると，$\phi'(x)$ のフーリエ変換像は，$\phi(x)$ のフーリエ変換像にその独立変数を乗じたものの $\sqrt{-1}$ 倍である．すなわち，

$$\mathcal{F}[\phi'](y) = \sqrt{-1}\, y \mathcal{F}[\phi](y). \tag{7.27}$$

が成り立つ．

実際，

$$\phi'(x)\,\mathrm{e}^{-\sqrt{-1}\,xy}$$
$$= \frac{d}{dx}\left(\phi(x)\,\mathrm{e}^{-\sqrt{-1}\,xy}\right) + \sqrt{-1}\,y\,\phi(x)\,\mathrm{e}^{-\sqrt{-1}\,xy}$$

となるが，$\phi(x)$ の導関数 $\phi'(x)$ が絶対可積分ならば，両辺を $x = -\infty$ から $x = +\infty$ まで積分するとき，右辺第一項からの寄与はなく，

$$\int_{-\infty}^{+\infty} \phi'(x)\,\mathrm{e}^{-\sqrt{-1}\,xy}\,dx = \sqrt{-1}\,y \int_{-\infty}^{+\infty} \phi(x)\,\mathrm{e}^{-\sqrt{-1}\,xy}\,dx$$

となるからである．

そこで，直線上の（複素数値）関数 $\phi(x)$ であって，任意階の導関数 $\phi^{(k)}(x)$ $(k = 0, 1, 2, \cdots)$ が存在して，さらに，これらに独立変数 x の任意のべき乗 x^ℓ $(\ell = 0, 1, 2, \cdots)$ を乗じたもの $x^\ell \phi^{(k)}(x)$ が，いずれも直線上で有界：

$$|x^\ell \phi^{(k)}(x)| \le M_{k,\ell}, \quad -\infty < x < +\infty \tag{7.28}$$

となるようなものの全体 $\mathscr{S}$ を考えよう．関数族 $\mathscr{S}$ はシュヴァルツ族といわれ，$\mathscr{S}$ の元は急減少関数とよばれる[12]．

---

[12] [50] 参照.

例 7.8　例 6.4 の関数 $g(x) = \mathrm{e}^{-ax^2} \in \mathscr{S}$ $(a > 0)$ である. さらに, 任意の $\ell = 0, 1, 2, \cdots$ に対し, $x^\ell g(x) \in \mathscr{S}$ である. 特に, $t > 0$ なら, ガウス核 $W_t(x) \in \mathscr{S}$ である.

命題 7.8　$\phi \in \mathscr{S}$ のフーリエ変換像, 共役フーリエ変換像について, $\mathcal{F}[\phi] \in \mathscr{S}$, $\mathcal{F}^*[\phi] \in \mathscr{S}$ である. 特に, 任意の $\psi \in \mathscr{S}$ に対して, $\mathscr{S}$ の元 ϕ がただ一つ定まって $\psi = \mathcal{F}[\phi]$ となる.

まず, $\phi \in \mathscr{S}$ ならば, 任意の k, ℓ に対し, $x^\ell \phi^{(k)}(x)$ が直線上絶対可積分であることを確かめよう. 実際,

$$|x^\ell \phi^{(k)}(x)| \leq \frac{M_{k,\ell} + M_{k,\ell+2}}{1 + x^2}, \quad -\infty < x < +\infty$$

となるが, 右辺は絶対可積分の関数に他ならない. したがって, 補題 7.1, 補題 7.2 を繰り返し用いることにより, 命題 7.8 は示される.

命題 7.6 を思い起こそう.

$$\int_{-\infty}^{+\infty} \mathcal{F}[\phi](y) \overline{\psi(y)} \, dy = \int_{-\infty}^{+\infty} \phi(x) \overline{\mathcal{F}^*[\psi](x)} \, dx \quad (7.19)$$

において, $\phi, \psi \in \mathscr{S}$ とし, 特に, $\psi = \mathcal{F}[\phi_1]$, $\phi_1 \in \mathscr{S}$ とすることにより, 次が得られる.

補題 7.3　直線上の急減少関数 $\phi(x)$, $\phi_1(x)$ に対し,

$$\int_{-\infty}^{+\infty} \mathcal{F}[\phi](y) \overline{\mathcal{F}[\phi_1](y)} \, dy = 2\pi \int_{-\infty}^{+\infty} \phi(x) \overline{\phi_1(x)} \, dx \quad (7.29)$$

が成り立つ. 特に, $\phi = \phi_1$ ならば

$$\int_{-\infty}^{+\infty} |\mathcal{F}[\phi](y)|^2 \, dy = 2\pi \int_{-\infty}^{+\infty} |\phi(x)|^2 \, dx \quad (7.30)$$

となる.

7.4. フーリエ変換とその逆変換

さて，直線上の任意の二乗可積分関数 $f(x)$ に対し，急減少関数の列 $\phi_n(x)$ が見つかって

$$\int_{-\infty}^{+\infty} |f(x) - \phi_n(x)|^2 \, dx \to 0, \quad n \to \infty \tag{7.31}$$

が成り立つとしよう．すなわち，次の補題を仮定しよう（後に実際に確認する）：

補題 7.4 直線上の任意の二乗可積分関数 $f(x)$ に対し，(7.31) が成り立つような急減少関数列 $\phi_n \in \mathscr{S}$, $n = 1, 2, \cdots$, が存在する．

$\{\phi_n(x)\}$ は，$\mathscr{L}^2$ の基本列でもある．(7.30) により，

$$\int_{-\infty}^{+\infty} |\mathcal{F}[\phi_n](y) - \mathcal{F}[\phi_m](y)|^2 \, dy$$
$$= 2\pi \int_{-\infty}^{+\infty} |\phi_n(x) - \phi_m(x)|^2 \, dx$$

となるから，$\{\mathcal{F}[\phi_n](y)\}$ も $\mathscr{L}^2$ の基本列であることがわかる．したがって，直線上の二乗可積分関数 $g \in \mathscr{L}^2$ が確定して，

$$\int_{-\infty}^{+\infty} |g(y) - \mathcal{F}[\phi_n](y)|^2 \, dy \to 0, \quad n \to \infty$$

が成立する．この $g(y)$ を $f(x)$ のフーリエ変換像と定義しよう：$g(y) = \mathcal{F}[f](y)$．同様に，$f(x)$ の共役フーリエ変換像を定義できる．

定理 7.4 直線上の二乗可積分な関数 f に対し，フーリエ変換像 $\mathcal{F}[f]$，共役フーリエ変換像 $\mathcal{F}^*[f]$ が定義され，いずれも直線上二乗可積分である．さらに，

$$\mathcal{F}^*[\mathcal{F}[f]] = \mathcal{F}[\mathcal{F}^*[f]] = 2\pi f, \quad f \in \mathscr{L}^2$$

となる．また，$f, g \in \mathscr{L}^2$ に対し，

$$\int_{-\infty}^{+\infty} \mathcal{F}[f](y)\,\overline{\mathcal{F}[g](y)}\,dy = 2\pi \int_{-\infty}^{+\infty} f(x)\,\overline{g(x)}\,dx \quad (7.32)$$

が成り立つ．(7.32) は，パーセヴァル等式とよばれる．

例 7.9 例 7.3 における h_a は直線の上で二乗可積分であり，$\mathcal{F}[h_a](y) = \mathrm{sinc}(ay)$ も二乗可積分である．しかも，$\mathscr{L}^2$ の元として（の等式で）

$$\mathcal{F}^*[\mathrm{sinc}(a\cdot)](x) = 2\pi\, h_a(x)$$

となる．

補題 7.4 を検証しよう．$f \in \mathscr{L}^2$ に対し，

$$f_N(x) = \begin{cases} f(x), & |x| < N \\ 0, & |x| \geq N \end{cases} \quad (N > 0)$$

とおくと，

$$\int_{\infty}^{+\infty} |f(x) - f_N(x)|^2\,dx \to 0, \quad N \to \infty$$

である．次に，熱核 $W_t(x)$, $t > 0$, をとり，合成積

$$f_{N,t}(x) = W_t * f_N(x)$$

を作ると，$f_{N,t}(x) \in \mathscr{S}$ となる[13]．仕上げは，N を動かさずに，

$$\int_{-\infty}^{+\infty} |f_N(x) - f_{N,t}(x)|^2\,dx \to 0, \quad t \downarrow 0 \quad (7.33)$$

---

[13] この検証には，定義式を利用して，

$$|x\,W_t * f_N(x)| \leq C_{1,N} < +\infty, \quad \left|\frac{d}{dx}(W_t * f_N(x))\right| \leq C'_{1,N} < +\infty$$

を確かめ，以下，繰り返せばよい．詳細は省略する．

の成立を示すことである．実際，左辺は，

$$\int_{-\infty}^{+\infty} \left| \int_{-\infty}^{+\infty} f_N(x-y) W_t(y) dy - f_N(x) \right|^2 dx$$
$$= \int_{-\infty}^{+\infty} \left| \int_{-\infty}^{+\infty} \left(f_N(x - 2\sqrt{t}\, y) - f_N(x) \right) W_1(y) dy \right|^2 dx$$

となる（$\int_{-\infty}^{+\infty} W_1(y)\, dy = 1$ を利用した）．右辺の被積分関数を

$$\left(f_N(x - 2\sqrt{t}\, y) - f_N(x) \right) \sqrt{W_1(y)} \cdot \sqrt{W_1(y)}$$

と読み直して，内側の積分の二乗をコーシー・ブニャコフスキーの不等式によって評価すると，

$$\leq \int_{-\infty}^{+\infty} \left| f_N(x - 2\sqrt{t}\, y) - f_N(x) \right|^2 W_1(y)\, dy$$

が成り立つから，(7.33) の左辺は

$$\int_{-\infty}^{+\infty} W_1(y) \left\{ \int_{-\infty}^{+\infty} |f_N(x - 2\sqrt{t}\, y) - f_N(x)|^2\, dx \right\} dy$$

で押さえられる．しかも，

$$\int_{-\infty}^{+\infty} |f_N(x - 2\sqrt{t}\, y) - f_N(x)|^2\, dx \leq 4 \int_{-\infty}^{+\infty} |f_N(x)|^2\, dx$$

に注意すれば，この積分は，ルベーグの収束定理により，$t \downarrow 0$ のとき，0 に収束する．

7.5　フーリエの表象（記号）解析

フーリエは，直線上の熱方程式 (6.2) の解法の過程，例えば，(6.5) の構成を参考に，より広範な種類の微分方程式を考察している[14]．

---

[14] [10], 第 IX 章第 IV 節．特に，404 項．

まず，X の m-次の多項式

$$\mathscr{P}(X) = a_0 + a_1 X + \cdots + a_m X^m \tag{7.34}$$

において，不定元 X を $\frac{\partial^2}{\partial x^2}$ で置き換えた微分作用素

$$\mathscr{P}\left(\frac{\partial^2}{\partial x^2}\right) = a_0 + a_1 \frac{\partial^2}{\partial x^2} + \cdots + a_m \frac{\partial^{2m}}{\partial x^{2m}} \tag{7.35}$$

を考えよう．パラメータ $-\infty < q < +\infty$ に対して，

$$\frac{d^{2l}}{dx^{2l}} \cos qx = (-1)^l q^{2l} \cos qx, \quad l = 0, 1, 2, \cdots,$$

だから

$$\mathscr{P}\left(\frac{\partial^2}{\partial x^2}\right) \cos qx = \mathscr{P}(-q^2) \cos qx \tag{7.36}$$

である．

注意 7.5 フーリエ（の時代で）は，微分方程式の解法を代数多項式の計算に帰着させる表象（記号）解析は，フーリエ余弦変換（あるいはフーリエ正弦変換）を前提として利用するため，偶数階の微分演算のみが現われるような作用素に限定せざるを得なかった．この制限は，フーリエ変換に拠れば，除かれる．

典型的な場合として，$t > 0$, $-\infty < x < +\infty$ における方程式

$$\frac{\partial}{\partial t} w(t,x) = \mathscr{P}\left(\frac{\partial^2}{\partial x^2}\right) w(t,x) \tag{7.37}$$

を初期条件

$$w(0,x) = \phi(x), \quad -\infty < x < +\infty \tag{7.38}$$

のもとで考えよう．$\phi(x)$ は（直線上の）フーリエ余弦変換が繰り返し適用できるような（適当ななめらかさと可積分条件を満たしている）関数とする．

7.5. フーリエの表象（記号）解析

想定される (7.37) の解 $w(t,x)$ が x に関して適当ななめらかさと可積分性を満たしていれば，命題 6.1 により，

$$w(t,x) = \frac{1}{\pi} \int_{-\infty}^{+\infty} \int_{0}^{+\infty} w(t,q) \cos y(x-q) \, dy \, dq$$

と表せるだろう[15]（発見的考察）．微分記号と積分記号とを交換できるとすると，(7.37) は

$$\frac{1}{\pi} \int_{-\infty}^{+\infty} dq \int_{0}^{+\infty} dy \times$$
$$\times \left(\frac{\partial}{\partial t} - \mathscr{P}\left(\frac{\partial^2}{\partial x^2}\right) \right) \{w(t,q) \cos y(x-q)\} = 0$$

となる．被積分関数は，さらに，

$$\left(\frac{\partial}{\partial t} w(t,q) - \mathscr{P}(-y^2) \, w(t,q) \right) \cos y(x-q)$$

と書き換えられるから，(7.37) の成立のためには，ここでの $w(t,q)$ が，パラメータ y を含んでいて，

$$w(t,q) = w(t,q,y) = w_0(q) \exp\left(\mathscr{P}(-y^2)\,t\right)$$

であるとするのは自然であろう．$w_0(q)$ は任意ではあるが，$w_0(q) = \phi(q)$ であれば，命題 6.1 により，(7.38) が満たされる．そこで，改めて，

$$\begin{aligned} w(t,x) = \frac{1}{\pi} \int_{-\infty}^{+\infty} dq \int_{0}^{+\infty} dy \times \\ \times \phi(q) \exp\left(\mathscr{P}(-y^2)\,t\right) \cos y(x-q) \end{aligned} \quad (7.39)$$

とおけば，(7.37) (7.38) の解（の候補）が得られる．

---

[15] y の積分範囲を $-\infty < y < +\infty$ とすれば，右辺は

$$\frac{1}{2\pi} \int_{-\infty}^{+\infty} \int_{-\infty}^{+\infty} w(t,q) \cos y(x-q) \, dy \, dq$$

となる．[10], 404 項では，この形で論じられている．

命題 7.9 多項式 $\mathscr{P}(X)$ において,$(-1)^m a_m < 0$ とする.初期関数 $\phi(x)$ が,なめらか,かつ,導関数は,いずれも,直線上で絶対可積分ならば[16]

$$w(x,t) = \frac{1}{\pi} \int_0^{+\infty} dy \, \exp\left(\mathscr{P}(-y^2)t\right) \times \\ \times \left\{ \int_{-\infty}^{+\infty} \phi(q) \cos y(x-q) \, dq \right\} \tag{7.40}$$

は,(7.37)(7.38) の解になる[17].

実際,まず,$\phi(x)$ に関する要請から,そのフーリエ余弦変換は有界である.他方,

$$\lim_{y \to +\infty} \frac{\mathscr{P}(-y^2)}{y^{2m}} = (-1)^m a_m < 0$$

だから,$\epsilon = \frac{1}{2}|a_m|$ とすると,十分大きく $R_\epsilon > 0$ を選べば,

$$\mathscr{P}(-y^2) \leq -\epsilon\, y^{2m}, \quad y \geq R_\epsilon \tag{7.41}$$

となる.したがって,(7.40) の右辺は収束する.微分演算と積分記号の交換可能性も確認できるので,(7.40) により,(7.37)(7.38) の解が実現されることは明らかであろう.

注意 7.6 $(-1)^m a_m < 0$ のとき,

$$\mathscr{W}_t(x) = \frac{1}{\pi} \int_0^{+\infty} \exp\left(\mathscr{P}(-y^2)t\right) \cos xy \, dy, \quad t > 0 \tag{7.42}$$

とおくと,$\mathscr{W}_t(x)$ は直線上絶対可積分になる.実は,$t > 0$ のとき,$\mathscr{W}_t(x)$ が x の急減少関数となる.これは,(7.41) と部分

---

[16] 例えば,注意 6.8 参照.
[17] dx, dy は,本稿の基本的な方針としては数学の習慣に従い,被積分関数の後に置くことにしているが,体裁上,(フーリエのものでもあるが)物理流に被積分関数の前に(積分記号と組み合わせて)置くことがある.不統一をご寛恕いただきたい.

積分から従う．例えば，$x\mathscr{W}_t(x)$ の有界性は，その積分表示が

$$2t \int_0^{+\infty} y\, \mathscr{P}'(-y^2) \exp\left(\mathscr{P}(-y^2)\right) \sin xy\, dy$$

と変形され，被積分関数は y について絶対可積分であることからわかる．したがって，(7.39) は，合成積

$$w(x,t) = \int_{-\infty}^{+\infty} \mathscr{W}_t(x-q)\, \phi(q)\, dq$$

の形に表せる．

7.6　単純化された弾性平面の運動

フーリエは，弾性体の運動を，単純化された弾性平面の垂直方向の運動として考察する形で扱っている[18]．弾性平面の各点での変位 v は，その点の x-座標と経過時間 t のみに依存する形で，$t > 0$, $-\infty < x < +\infty$ における微分方程式

$$\frac{\partial^2 v}{\partial t^2} + \frac{\partial^4 v}{\partial x^4} = 0, \quad v = v(t,x) \tag{7.43}$$

によって記述されているものとする．$v = v(t,x)$ は，初期状態

$$v(0,x) = \phi(x), \quad \frac{\partial v}{\partial t}(0,x) = \psi(x) \tag{7.44}$$

から決まるはずであり，このことを解の構成によって確認することを目指す．

　フーリエが展開した議論は，やや釈然としないので，(見かけ上，複素数値の関数を扱うことになるが) フーリエ変換によって (7.43) (7.44) の解を導こう．

---

[18] [10], 405 項.

(7.43) の解 $v(t,x)$ が,フーリエ変換によって

$$v(t,x) = \frac{1}{2\pi}\int_0^{+\infty} e^{\sqrt{-1}\,qx}\,\widehat{v}(t,q)\,dq, \quad -\infty < x < +\infty$$

の形に得られているとすれば,(7.43) より

$$\frac{\partial^2}{\partial t^2}\widehat{v}(t,q) + q^4\,\widehat{v}(t,q) = 0$$

すなわち,

$$\widehat{v}(t,q) = A(q)\,e^{\sqrt{-1}\,q^2 t} + B(q)\,e^{-\sqrt{-1}\,q^2 t}$$

となるから,逆フーリエ変換によって,

$$v(t,x) = \frac{1}{2\pi}\int_{-\infty}^{+\infty} e^{\sqrt{-1}\,xq}\,\widehat{v}(t,q)\,dq \qquad (7.45)$$

となる.(7.45) が意味を持つためには,$A(q)$, $B(q)$ がよい振舞をするものでなければならない.$A(q)$, $B(q)$ を急減少関数とすれば,(7.44) から,

$$\frac{1}{2\pi}\int_0^{+\infty} e^{\sqrt{-1}\,xq}\,\{A(q)+B(q)\}\,dq = \phi(x)$$

$$\frac{1}{2\pi}\int_0^{+\infty} e^{\sqrt{-1}\,xq}\,q^2\,\{A(q)-B(q)\}\,dq = -\sqrt{-1}\,\psi(x)$$

あるいは,$\phi(x)$, $\psi(x)$ のフーリエ変換像を,それぞれ,

$$\widehat{\phi}(q) = \mathscr{F}[\phi](q), \quad \widehat{\psi}(q) = \mathscr{F}[\psi](q)$$

として,

$$A(q) + B(q) = \widehat{\phi}(q), \quad q^2\,\{A(q)-B(q)\} = -\sqrt{-1}\,\widehat{\psi}(q)$$

となる.したがって,$A(q)$, $B(q)$ が急減少関数ならば,

$$\widehat{\psi}^{(k)}(0) = 0, \quad k = 0, 1,$$

7.6. 単純化された弾性平面の運動

すなわち，$\psi(x)$ の 0-次，1-次のモーメントは消えなければならない：

$$\int_{-\infty}^{+\infty} x^k \, \psi(x) \, dx = 0, \quad k = 0, 1. \tag{7.46}$$

このとき，

$$A(q) = \frac{1}{2}\left(\widehat{\phi}(q) - \sqrt{-1}\,\frac{\widehat{\psi}(q)}{q^2}\right)$$

$$B(q) = \frac{1}{2}\left(\widehat{\phi}(q) + \sqrt{-1}\,\frac{\widehat{\psi}(q)}{q^2}\right)$$

となる．これらを (7.45) に代入し，整理すると，

$$\begin{aligned}v(t,x) = \frac{1}{2\pi}\int_{-\infty}^{+\infty} & dq \; \mathrm{e}^{\sqrt{-1}\,xq} \times \\ & \times \left(\widehat{\phi}(q)\,\cos q^2 t + \frac{\widehat{\psi}(q)}{q^2}\,\sin q^2 t\right)\end{aligned} \tag{7.47}$$

が得られる．

問 7.9 $\psi(x)$ は急減少関数とする．(7.46) は，

$$\chi(x) = \int_{-\infty}^{x} (x-y)\,\psi(y)\,dy$$

が $\chi''(x) = \psi(x)$ を満たす急減少関数であるための必要十分条件である．

注意 7.7 (7.47) において，

$$\frac{\widehat{\psi}(q)}{q^2}\,\sin q^2 t = \widehat{\psi}(q)\,\frac{\sin q^2 t}{q^2}$$

と書き直すことにより，$\widehat{\psi}^{(k)}(0) = 0$ ($k=0,1$) の条件を外すことができる．

さて，(7.47) において，

$$e^{\sqrt{-1}\,xq}\,\widehat{\phi}(q) = \int_{-\infty}^{+\infty} e^{\sqrt{-1}\,q(x-\alpha)}\,\phi(\alpha)\,d\alpha$$

および $e^{\sqrt{-1}\,xq}\,\widehat{\psi}(q)$ も同様に表し，q に関する積分が偶関数部分だけに帰着することに注意し，さらに，積分順序を改めると[19]，フーリエが得た次の命題にたどり着く．

命題 7.10　単純化された弾性平面の運動方程式の初期値問題 (7.43) (7.44) において，初期値 $\phi(\alpha)$, $\psi(\alpha)$ が命題 6.1 の要請を満たしていれば，解 $v(t,x)$ は

$$\begin{aligned}
v(t,x) = &\frac{1}{\pi} \int_{-\infty}^{+\infty} d\alpha \int_0^{+\infty} dq \times \\
&\qquad\times \phi(\alpha)\,\cos q^2 t\,\cos q(x-\alpha) \\
+ &\frac{1}{\pi} \int_{-\infty}^{+\infty} d\alpha \int_0^{+\infty} dq \times \\
&\qquad\times \psi(\alpha)\,\frac{\sin q^2 t}{q^2}\,\cos q(x-\alpha)
\end{aligned} \tag{7.48}$$

で与えられる．

フーリエは，さらに，解 (7.48) の簡明な表現を目指して，本質的に，次の等式の成立を主張する．フーリエの議論は今日の水準では意味をなさず，また，その応用としての (7.48) の書き換えも歴史的な興味以上のものではないが，次の等式自体は重要である．粗筋を示す．

命題 7.11　$a > 0$ とする．このとき，ξ を実パラメータと

---

[19] ただし，この操作は不当である．

7.6. 単純化された弾性平面の運動

して

$$\int_{-\infty}^{+\infty} e^{\sqrt{-1}\,ax^2}\,e^{\sqrt{-1}\,x\xi}\,dx = \sqrt{\frac{\pi}{a}}\,\exp\left(\sqrt{-1}\left[\frac{\pi}{4}-\frac{\xi^2}{4a}\right]\right) \tag{7.49}$$

となる.

実際に,この等式の成立に意味を与えることは簡単ではないが,左辺については,被積分関数の偶関数部分だけの積分に帰着できると考えれば,(7.49) は

$$\int_{-\infty}^{+\infty} e^{\sqrt{-1}\,ax^2}\cos x\xi\,dx = \sqrt{\frac{\pi}{a}}\,\exp\left(\sqrt{-1}\left[\frac{\pi}{4}-\frac{\xi^2}{4a}\right]\right)$$

となる.フーリエは,この等式を実数部分の等式と虚数部分の等式に分解して与えている[20].実数部分ならば,

$$\int_{-\infty}^{+\infty} \cos ax^2 \cos x\xi\,dx = \sqrt{\frac{\pi}{a}}\,\cos\left(\frac{\pi}{4}-\frac{\xi^2}{4a}\right) \tag{7.50}$$

である.

(7.49) の左辺の被積分関数は振動しており,積分の収束性の判断は難しい[21]. (7.49) の構造を形式的な変形によって見てみよう.(7.49) 左辺の被積分関数の指数部分は

$$\sqrt{-1}\,a\,x^2 + \sqrt{-1}\,x\xi = \sqrt{-1}\,a\left(x+\frac{\xi}{2a}\right)^2 - \sqrt{-1}\frac{\xi^2}{4a}$$

となるから,結局,(7.49) 左辺は

$$\int_{-\infty}^{+\infty} e^{\sqrt{-1}\,ax^2}\,dx\,\exp\left(-\sqrt{-1}\frac{\xi^2}{4a}\right)$$

---
[20] [10], 406 節.
[21] フーリエ自身の説明は興味深いが,今日では従えない([10], 407 節).

と変形される．したがって，

$$\int_{-\infty}^{+\infty} e^{\sqrt{-1}\,ax^2}\,dx = \sqrt{\frac{\pi}{a}}\,\exp\left(\sqrt{-1}\,\frac{\pi}{4}\right) \tag{7.51}$$

が（何らかの形で）正当化できればよい．左辺の積分が

$$\lim_{\epsilon\downarrow 0}\int_{-\infty}^{+\infty} e^{\sqrt{-1}\,ax^2-\epsilon x^2}\,dx \quad (\epsilon>0)$$

によって得られるとする．ここで，$\mu=\sqrt{\epsilon-\sqrt{-1}\,a}$ とし，

$$y=\mu x \quad \text{すなわち}\quad x=\frac{1}{\mu}y,\quad \frac{1}{\mu}=\sqrt{\frac{\epsilon+\sqrt{-1}\,a}{\epsilon^2+a^2}}$$

とおくと，

$$\lim_{\epsilon\downarrow 0}\int_{-\infty}^{+\infty} e^{\sqrt{-1}\,ax^2-\epsilon x^2}\,dx = \lim_{\epsilon\downarrow 0}\frac{1}{\mu}\int_{-\mu\infty}^{+\mu\infty} e^{-y^2}\,dy$$

となる[22]．これから，

$$\lim_{\epsilon\downarrow 0}\frac{1}{\mu}\int_{-\mu\infty}^{+\mu\infty} e^{-y^2}\,dy = \left(\lim_{\epsilon\downarrow 0}\frac{1}{\mu}\right)\int_{-\infty}^{+\infty} e^{-y^2}\,dy$$
$$= \sqrt{\frac{\pi}{a}}\,\exp\left(\sqrt{-1}\,\frac{\pi}{4}\right)$$

が得られる．

(7.48) の取り扱いに戻ろう．(7.50) によって，(7.48) を書き直すと，$t>0$ のときは，

$$\begin{aligned}u(x,t) &= \frac{1}{2\sqrt{\pi t}}\int_{-\infty}^{+\infty} d\alpha\,\phi(\alpha)\cos\left(\frac{\pi}{4}-\frac{(x-\alpha)^2}{4t}\right)\\&\quad +\int_0^t ds\,\frac{1}{2\sqrt{\pi s}}\int_{-\infty}^{+\infty}d\alpha\times\\&\qquad\qquad\times\psi(\alpha)\cos\left(\frac{\pi}{4}-\frac{(x-\alpha)^2}{4s}\right)\end{aligned} \tag{7.52}$$

---

[22] 右辺の積分範囲は，本来，複素平面内で意味を持つ．ここでは深入りしない．現代における一般的な文脈での扱いは，[16], Lemma 7.7.3（p.218）参照．

7.6. 単純化された弾性平面の運動

となる．実は，フーリエは，さらに，$t=0$ までを籠めるべく，

$$u(x,t) = \frac{1}{\sqrt{\pi}} \int_{-\infty}^{+\infty} \phi(x+2\sqrt{t}\,\beta) \cos\left(\frac{\pi}{4} - \beta^2\right) d\beta$$
$$+ \int_0^t \frac{1}{\sqrt{\pi}} \int_{-\infty}^{+\infty} \psi(x+2\sqrt{s}\,\beta) \cos\left(\frac{\pi}{4} - \beta^2\right) d\beta\,ds$$

と変形している[23]．

注意 7.8 なお，(7.43) の左辺に現われる微分作用素は

$$\frac{\partial^2}{\partial t^2} + \frac{\partial^4}{\partial x^4} = \left(\frac{\partial}{\partial t} + \sqrt{-1}\frac{\partial^2}{\partial x^2}\right)\left(\frac{\partial}{\partial t} - \sqrt{-1}\frac{\partial^2}{\partial x^2}\right)$$

と分解されるから，初期値問題

$$\left(\frac{\partial}{\partial t} + \sqrt{-1}\frac{\partial^2}{\partial x^2}\right) u_1(t,x) = 0, \quad u_1(0,x) = \phi_1(x) \quad (7.53)$$

$$\left(\frac{\partial}{\partial t} - \sqrt{-1}\frac{\partial^2}{\partial x^2}\right) u_2(t,x) = 0, \quad u_1(0,x) = \phi_2(x) \quad (7.54)$$

の解 $u_1(t,x)$, $u_2(t,x)$ を求めて，微分方程式 (7.43) の解を

$$u(t,x) = u_1(t,x) + u_2(t,x) \quad (7.55)$$

の形で求めることができる．複素数を係数とする以上，$u_1(t,x)$, $\phi_1(x)$, $u_2(t,x)$, $\phi_2(x)$ は複素数値の関数を前提とすべきであって，フーリエの時代の扱い方ではない．一方，初期条件 (7.44) を実現するためには，

$$\phi_1(x) + \phi_2(x) = \phi(x)$$
$$\sqrt{-1}\left\{-\frac{d^2}{dx^2}\phi_1(x) + \frac{d^2}{dx^2}\phi_2(x)\right\} = \psi(x)$$

を満たすように，$\phi_1(x)$, $\phi_2(x)$ を選べばよい．こうして得られる解は (7.47) に一致する．

---

[23] ただし，$t=0$ まで含めると，200 年を経た今日でも，この式の解釈は自明ではない．

7.7 フーリエの作用素解析

フーリエは，方程式

$$\frac{\partial}{\partial t}v(t,x) = \frac{\partial^2}{\partial x^2}v(t,x) \tag{7.56}$$

の解を作用素 $\frac{\partial^2}{\partial x^2}$ の指数関数

$$v(t,x) = \exp\left(t\frac{\partial^2}{\partial x^2}\right)\varphi(x) \tag{7.57}$$

の形で求められることを主張している．フーリエが実質的に行なったことは，$\varphi(x)$ が直線上の無限回連続微分可能な関数[24]であって，任意の偶数階の導関数 $\varphi^{(2k)}(x)$ について，

$$\sup_{-\infty < x < +\infty} |\varphi^{(2k)}(x)| \leq C M^k < +\infty \tag{7.58}$$

$$\varphi^{(2k)}(x) = \frac{\partial^{2k}}{\partial x^{2k}}\varphi(x)$$

となる $M > 0$ および $C > 0$ があれば，

$$v(t,x) = \sum_{k=0}^{\infty} \frac{t^k}{k!}\frac{\partial^{2k}}{\partial x^{2k}}\varphi(x), \quad -\infty < x < +\infty \tag{7.59}$$

という解があることであった[25]．右辺は $\varphi(x)$ に

$$\sum_{k=0}^{\infty} \frac{t^k}{k!}\frac{\partial^{2k}}{\partial x^{2k}} = \exp\left(t\frac{\partial^2}{\partial x^2}\right)$$

を施したものと考えられるわけである．実際，代入計算により，(7.59) が (7.56) を満たしていることは直ちに確認できる．

---

[24] すなわち，各階の導関数すべてが存在し，連続であるもの．

[25] フーリエの念頭にあったのは，恐らく解析関数であり，また，結果も局所的なもので十分であったろう．フーリエは収束性も可微分性もことさらには論じていないが，べき級数への展開可能性は当然視しているように見える．

7.7. フーリエの作用素解析

一方，こうして得られる $v(t,x)$ については $v(0,x) = \varphi(x)$ であるから，$t > 0$ ならば

$$v_1(t,x) = \frac{1}{2\sqrt{\pi t}} \int_{-\infty}^{+\infty} \exp\left(-\frac{(x-y)^2}{4t}\right) \varphi(y)\, dy$$
$$= \frac{1}{\sqrt{\pi}} \int_{-\infty}^{+\infty} e^{-z^2} \varphi(x + 2\sqrt{t}\,z)\, dz$$

という解がある（命題 6.2 および (6.27) 参照）．そこで，もし

$$\varphi(x + 2\sqrt{t}\,z) = \sum_{k=0}^{\infty} \varphi^{(k)}(x) \frac{(2\sqrt{t}\,z)^k}{k!}$$

と展開され，この展開が $-\infty < z < +\infty$ に関して一様に収束するならば，（積分と総和の順序を交換すると）

$$\sum_{k=0}^{\infty} \frac{1}{\sqrt{\pi}} \int_{-\infty}^{+\infty} e^{-z^2} \frac{(2\sqrt{t}\,z)^k}{k!}\, dz\, \varphi^{(k)}(x)$$

となる．ここで，

$$\int_{-\infty}^{+\infty} e^{-z^2} z^k\, dz = \begin{cases} 0, & k \text{ 奇数} \\ \Gamma\left(\frac{k+1}{2}\right), & k \text{ 偶数} \end{cases}$$

である[26]．したがって，$k = 2m$ のとき，

$$\frac{2^{2m}}{(2m)!\sqrt{\pi}} \Gamma\left(m + \frac{1}{2}\right) = \frac{1}{m!}$$

---

[26] $\sigma > 0$ に対し，

$$\Gamma(\sigma) = \int_0^{+\infty} e^{-\theta} \theta^{\sigma-1}\, d\theta = \int_{-\infty}^{+\infty} e^{-z^2} z^{2s-1}\, dz$$

で定義される関数をガンマ関数という．

$$\Gamma\left(\frac{1}{2}\right) = \sqrt{\pi}, \quad \Gamma(1) = 1, \quad \Gamma(\sigma+1) = \sigma\, \Gamma(\sigma)$$

は重要な性質である．

に注意すると，

$$v_1(t,x) = \sum_{m=0}^{\infty} \frac{t^m}{m!}\,\varphi^{(2m)}(x) = v(t,x)$$

となることがわかる[27]．

例 7.10 $\varphi(x) = \sin ax$ とする．

$$\varphi^{(2k)}(x) = (-1)^k\,a^{2k}\,\sin ax$$

だから，$v(t,x) = \mathrm{e}^{-a^2 t}\sin ax$ である．より一般的には，初期関数

$$\varphi(x) = \sum_{k=0}^{\infty} c_k\,\sin a_k\,x$$

に現われる係数が，不等式

$$\sum_{k=0}^{\infty} |c_k| a_k^{2m} \leq C\,M^m, \quad m = 0, 1, 2, \cdots$$

を満たすならば，

$$v(t,x) = \sum_{k=0}^{\infty} \mathrm{e}^{-a_k^2\,t}\,\sin a_k x$$

となる．

ところで，(7.57) に現われる $\exp\left(t\,\dfrac{\partial^2}{\partial x^2}\right)$ であるが，指数関数のように考えると，（少なくとも）$t_1 > 0$，$t_2 > 0$ に対して，

$$\exp\left(t_1\,\frac{\partial^2}{\partial x^2}\right) \exp\left(t_2\,\frac{\partial^2}{\partial x^2}\right) = \exp\left((t_1+t_2)\,\frac{\partial^2}{\partial x^2}\right)$$

---
[27] 英訳 [11] の該当箇所（p.399）の脚注を参考に試みた計算である．

7.7. フーリエの作用素解析

が成り立つべきであろう．熱方程式の初期値問題 (7.56)(6.3) の場合に即して考えると，このことは，初期関数 $\varphi(x)$ に対する解 $v(t,x)$ について，$t_1 > 0$ として，$v(t_1, x)$ を改めて初期関数として得られる解を $w(t,x)$ とすると，$t_2 > 0$ のときに，

$$w(t_2, x) = v(t_1 + t_2, x)$$

が成り立つということに相当する．解 $v(t,x)$ の表現式 (6.26)（むしろ，(6.30)）に拠れば，

$$\int_{-\infty}^{+\infty} W_{t_2}(x-y) \left\{ \int_{-\infty}^{+\infty} W_{t_1}(y-z)\,\varphi(z)\,dz \right\} dy \\ = \int_{-\infty}^{+\infty} W_{t_1+t_2}(x-z)\,\varphi(z)\,dz \tag{7.60}$$

ということを意味するが，この関係式が実際に成り立つことが次に掲げる命題によって確かめられる．

命題 7.12 $t_1 > 0$, $t_2 > 0$ ならば

$$\int_{-\infty}^{+\infty} W_{t_2}(x-y)\,W_{t_1}(y-z)\,dy = W_{t_1+t_2}(x-z) \tag{7.61}$$

となる．すなわち

$$\begin{aligned}\int_{-\infty}^{+\infty} dy\ & \frac{1}{2\sqrt{t_2\pi}}\exp\left(-\frac{(x-y)^2}{4t_2}\right) \times \\ & \times \frac{1}{2\sqrt{t_1\pi}}\exp\left(-\frac{(y-z)^2}{4t_1}\right) \\ = & \frac{1}{2\sqrt{(t_1+t_2)\pi}}\exp\left(-\frac{(x-z)^2}{4(t_1+t_2)}\right)\end{aligned} \tag{7.62}$$

が成り立つ．

実際,例 7.2 及び定理 7.2 によれば,(7.61) の左辺のフーリエ変換像は

$$\mathcal{F}[W_{t_2} * W_{t_1}](y) = \mathrm{e}^{-(t_1+t_2)y^2} = \mathcal{F}[W_{t_1+t_2}](y)$$

となる.さらに,逆変換 $\mathcal{F}^*$ を施せば,(7.61) が得られる.

注意 7.9 (7.62) 左辺の積分変数の変換によって,右辺を導き出すこともできる.左辺の被積分関数の指数は

$$-\frac{(x-y)^2}{4t_2} - \frac{(y-z)^1}{4t_2}$$
$$= -\frac{t_1+t_2}{4t_1t_2}\left(y - \frac{t_1x+t_2z}{t_1+t_2}\right)^2 - \frac{(x-z)^2}{4(t_1+t_2)}$$

だから,

$$y = \sqrt{\frac{4t_1t_2}{t_1+t_2}}\, s + \frac{t_1x+t_2z}{t_1+t_2}$$

によって,s を新たな積分変数として,(7.62) 左辺の積分を書き直すと

$$\frac{1}{2\pi\sqrt{t_1+t_2}} \int_{-\infty}^{+\infty} \mathrm{e}^{-s^2}\, ds \exp\left(-\frac{(x-z)^2}{4(t_1+t_2)}\right)$$

となるが,これは (7.62) の右辺に他ならない.

7.8 高次元のフーリエ変換とその応用 – 平面の場合 –

フーリエは命題 6.1 の高次元版,すなわち,

$$f(x,y) = \left(\frac{1}{2\pi}\right)^2 \int d\alpha \int d\beta \int dp \int dq\, f(\alpha,\beta) \times \\ \times \cos(p\,x - p\,\alpha)\cos(q\,y - q\,\beta) \quad (7.63)$$

7.8. 高次元のフーリエ変換とその応用 – 平面の場合 –

および

$$
\begin{aligned}
f(x,y,z) &= \\
&= \left(\frac{1}{2\pi}\right)^3 \int d\alpha \int d\beta \int d\gamma \int dp \int dq \int dr \\
&\quad f(\alpha,\beta,\gamma) \times \\
&\quad \times \cos(px - p\alpha)\cos(qy - q\beta)\cos(rz - r\gamma)
\end{aligned}
\quad (7.64)
$$

を提示して[28]，応用例を述べている．これらの等式の説明は，(6.20) の変数ごとの適用によっている．フーリエは，高次元のフーリエ変換について体系的な展開を行っているわけではない．しかし，例えば，(7.63) についてなら，実質的には，2 次元の場合のフーリエ変換像：

$$\mathcal{F}[f](p,q) = \int_{-\infty}^{+\infty}\int_{-\infty}^{+\infty} e^{-\sqrt{-1}\,(xp+yq)} f(x,y)\,dxdy \quad (7.65)$$

および，2 次元の場合の共役フーリエ変換像：

$$\mathcal{F}^*[g](x,y) = \int_{-\infty}^{+\infty}\int_{-\infty}^{+\infty} e^{\sqrt{-1}\,(xp+yq)} g(p,q)\,dpdq \quad (7.66)$$

を前提に，(7.63) の形で，再生公式

$$f(x,y) = \left(\frac{1}{2\pi}\right)^2 \mathcal{F}^*[\mathcal{F}[f]](x,y) \quad (7.67)$$

が示されているわけである．

注意 7.10 (7.65) や (7.66) は，1 次元の場合と同様，有効に定義され，さらに，(7.67) の成立のためには，関数 $f(x,y)$ や $g(p,q)$ に対して要求されるべき「性質のよさ」がある．(2

---

[28] (7.63) (7.64) に現われる積分は，いずれも区間 $(-\infty, +\infty)$ におけるものである．

変数の) 関数 $f(x,y)$ は，無限回連続微分可能[29]であって，しかも，$m, n, k, l = 0, 1, 2, \cdots$ について，

$$\sup_{-\infty < x, y < +\infty} \left| x^m y^n \frac{\partial^{k+l}}{\partial x^k \partial y^l} f(x,y) \right| < +\infty \tag{7.68}$$

が成り立つとき，急減少であるといわれる．補題7.1，補題7.2の場合と同様に，急減少な $f(x,y)$ のフーリエ変換像 $\mathcal{F}[f](p,q)$ に対しては

$$\sqrt{-1}\, p\, \mathcal{F}[f](p,q) = \mathcal{F}\left[\frac{\partial}{\partial x} f\right](p,q) \tag{7.69}$$

$$\sqrt{-1}\, q\, \mathcal{F}[f](p,q) = \mathcal{F}\left[\frac{\partial}{\partial y} f\right](p,q) \tag{7.70}$$

および

$$\mathcal{F}[xf](p,q) = \sqrt{-1} \frac{\partial}{\partial p} \mathcal{F}[f](p,q) \tag{7.71}$$

$$\mathcal{F}[yf](p,q) = \sqrt{-1} \frac{\partial}{\partial q} \mathcal{F}[f](p,q) \tag{7.72}$$

が成り立つ．したがって，フーリエ変換像 $\mathcal{F}[f](p,q)$ は（1変数の場合と同様に）2変数 p, q の急減少関数になる．さらに，その共役フーリエ変換像が計算できて，(7.67) が成立する．3次元の場合も同様である．

さて，フーリエは (7.63) に基づいて，偏微分方程式，すなわち，2次元の波動方程式：

$$\frac{\partial^2 v}{\partial t^2} = \frac{\partial^2 v}{\partial x^2} + \frac{\partial^2 v}{\partial y^2} \tag{7.73}$$

の解 $v = v(t,x,y)$ を構成する．この際，初期条件

$$v(0,x,y) = f(x,y), \quad \frac{\partial v}{\partial t}(0,x,y) = g(x,y) \tag{7.74}$$

---
[29] すなわち，$f(x,y)$ には，各階の偏導関数が存在し，しかも，すべて連続である．

の満足を要請しており，2 次元の波動方程式の初期値問題の解を計算しているのである[30]．

ここでは，フーリエ変換を利用する形に翻案して，説明しよう．$v(t,x,y)$ は，変数 x, y に関して「性質がよい」，例えば，急減少であることを想定して出発するならば，そのフーリエ変換像

$$\widehat{v}(t,p,q) = \mathcal{F}[v(t,\cdot,\cdot)](p,q)$$

があるはずである．また，このことは $f(x,y)$, $g(x,y)$ も「性質がよく」，フーリエ変換像

$$\widehat{f}(p,q) = \mathcal{F}[f](p,q), \quad \widehat{g}(p,q) = \mathcal{F}[g](p,q)$$

が計算できるという想定も含むことになる．

そこで，$\widehat{v} = \widehat{v}(t,p,q)$ が満足すべき方程式を求めると，(7.69) により，

$$\frac{\partial^2 \widehat{v}}{\partial t^2} + (p^2 + q^2)\widehat{v} = 0$$

が導かれ，さらに，(7.74) から

$$\widehat{v}(0,p,q) = \widehat{f}(p,q), \quad \frac{\partial \widehat{v}}{\partial t}(0,x,y) = \widehat{g}(p,q)$$

が得られる．したがって，

$$\widehat{v}(t,p,q) = \widehat{f}(p,q) \cos\left(\sqrt{p^2+q^2}\, t\right) + \widehat{g}(p,q) \frac{\sin\left(\sqrt{p^2+q^2}\, t\right)}{\sqrt{p^2+q^2}}$$

が従う．

以上から，次の命題を得る．

---

[30] 『熱の解析的理論』第 IX 章，第 408-409 項（[10]）．

命題 7.13　初期値問題 (7.73) (7.74) の解 $v(t,x,y)$ は,$f(x,y)$, $g(x,y)$ が急減少であるとき,

$$\begin{aligned}v(t,x,y) &= \frac{1}{(2\pi)^2}\iint dpdq \quad \mathrm{e}^{\sqrt{-1}(px+qy)} \times \\ &\quad\times \cos\left(\sqrt{p^2+q^2}\,t\right)\widehat{f}(p,q) \\ &+\frac{1}{(2\pi)^2}\iint dpdq \quad \mathrm{e}^{\sqrt{-1}(px+qy)} \times \\ &\quad\times \frac{\sin\left(\sqrt{p^2+q^2}\,t\right)}{\sqrt{p^2+q^2}}\widehat{g}(p,q)\end{aligned} \quad (7.75)$$

と表される[31].

ここで,

$$\begin{aligned}&K_0(t,x,y) \\ &= \frac{1}{(2\pi)^2}\iint \mathrm{e}^{\sqrt{-1}(px+qy)}\cos\left(\sqrt{p^2+q^2}\,t\right)dpdq\end{aligned} \quad (7.76)$$

$$\begin{aligned}&K_1(t,x,y) \\ &= \frac{1}{(2\pi)^2}\iint \mathrm{e}^{\sqrt{-1}(px+qy)}\frac{\sin\left(\sqrt{p^2+q^2}\,t\right)}{\sqrt{p^2+q^2}}dpdq\end{aligned} \quad (7.77)$$

が意味を持てば,$\widehat{f}(p,q)$,$\widehat{g}(p,q)$ はフーリエ変換像であることに注意すると,(7.75) は

$$\begin{aligned}&v(t,x,y) \\ &= \int_{-\infty}^{+\infty}\int_{-\infty}^{+\infty} K_0(t,x-x',y-y')\,f(x',y')\,dx'dy' \\ &+ \int_{-\infty}^{+\infty}\int_{-\infty}^{+\infty} K_1(t,x-x',y-y')\,g(x',y')\,dx'dy'\end{aligned} \quad (7.78)$$

---
[31] p および q に関する積分は,いずれも $-\infty$ から $+\infty$ までである.以下の (7.76) および (7.77) においても同様.

となる．なお，

$$K_0(t,x,y) = \frac{\partial}{\partial t} K_0(t,x,y) \tag{7.79}$$

も（両辺に意味が付けられれば）直ちに従う．

問 7.10 $m = 1, 2, \cdots$ に対し，

$$K_1^{(m)}(t,x,y)$$
$$= \frac{1}{(2\pi)^2} \iint e^{\sqrt{-1}\,(px+qy)} \frac{\sin\left(\sqrt{p^2+q^2}\,t\right)}{(1+p^2+q^2)^m \sqrt{p^2+q^2}}\, dp dq$$

は収束し[32]，しかも，各 $t > 0$ について

$$\sup_{-\infty < x,\, y < +\infty} (1 + x^2 + y^2) |K_1^{(m)}(t,x,y)| < +\infty$$

となる．$g(x,y)$ が急減少ならば，

$$\int_{-\infty}^{+\infty} \int_{-\infty}^{+\infty} K_1(t, x-x', y-y')\, g(x', y')\, dx' dy'$$
$$= \int_{-\infty}^{+\infty} \int_{-\infty}^{+\infty} K_1^{(m)}(t, x-x', y-y')\, g_{(m)}(x', y')\, dx' dy'$$

が成り立つ[33]．ただし，

$$g_{(m)}(x,y) = \left(1 - \frac{\partial^2}{\partial x^2} - \frac{\partial^2}{\partial y^2}\right)^m g(x,y)$$

とする．

---

[32] ここでは，具体的な関数形は問わない．
[33] 左辺に意味を付けるための操作であり，大事なことは，右辺が古典的な（リーマンあるいはルベーグの意味での）積分で表されることである．

注意 7.11 全く同様に

$$K_0^{(m)}(t,x,y)$$
$$= \frac{1}{(2\pi)^2} \iint e^{\sqrt{-1}\,(px+qy)} \frac{\cos\left(\sqrt{p^2+q^2}\,t\right)}{(1+p^2+q^2)^m}\,dpdq$$

の収束,並びに,各 $t > 0$ における

$$\sup_{-\infty < x,\,y < +\infty} (1+x^2+y^2)\,|K_0^{(m)}(t,x,y)| < +\infty$$

を示すことができる.特に,(7.79) の代わりに

$$K_0^{(m)}(t,x,y) = \frac{\partial}{\partial t} K_1^{(m)}(t,x,y)$$

は確かに意味を持つ.また,$g(x,y)$ が急減少ならば,

$$\int_{-\infty}^{+\infty}\int_{-\infty}^{+\infty} K_0(t,x-x',y-y')\,g(x',y')\,dx'dy'$$
$$= \int_{-\infty}^{+\infty}\int_{-\infty}^{+\infty} K_0^{(m)}(t,x-x',y-y')\,g_{(m)}(x',y')\,dx'dy'$$

によって,左辺を解釈することができる.

実は,$K_1(t,x,y)$ は具体的に表せる[34].

補題 7.5 $t > 0$ とする.このとき,

$$K_1(t,x,y) = \begin{cases} 0, & x^2+y^2 > t^2 \\ \dfrac{1}{2\pi} \dfrac{1}{\sqrt{t^2-x^2-y^2}}, & x^2+y^2 < t^2 \end{cases} \quad (7.80)$$

である.特に,$K_1(t,x,y)$ は,原点 $(0,0)$ を中心とする回転で不変である.すなわち,$r = \sqrt{x^2+y^2}$ に依存して定まる.

---

[34] フーリエの時代にも知られていたのではないかと思われるが,未確認.

7.8. 高次元のフーリエ変換とその応用 – 平面の場合 –

実際, (7.77) において, (x,y), (p,q) を, それぞれ, 極座標表示

$$x = r\cos\theta,\ y = r\sin\theta \quad (r>0,\ -\pi<\theta<\pi)$$
$$p = \rho\cos\phi,\ q = \rho\sin\phi \quad (\rho>0,\ -\pi<\phi<\pi)$$

とし, 積分変数の変換 $(p,q) \to (\rho,\phi)$ を行うと,

$$K_1(t,x,y) = \frac{1}{(2\pi)^2} \int_0^{+\infty}\int_{-\pi}^{\pi} e^{\sqrt{-1}\,r\rho\cos(\phi-\theta)}\sin(\rho t)\,d\phi\,d\rho$$

となるが, 第 1 種の 0 次ベッセル関数の積分表示 (4.29) によって,

$$K_1(t,x,y) = \frac{1}{2\pi}\int_0^{+\infty}\sin(\rho t)\,J_0(r\rho)\,d\rho$$

となる. 右辺の積分は (今日では) 知られていて[35]

$$\int_0^{+\infty}\sin(\rho t)\,J_0(r\rho)\,d\rho = \begin{cases} 0, & r>t \\ \dfrac{1}{\sqrt{t^2-r^2}}, & r<t \end{cases}$$

となる.

系 7.3 初期値問題 (7.73) (7.74) において, $f(x,y)=0$ ならば, 解 $v(t,x,y)$ は

$$v(t,x,y) = \frac{1}{2\pi}\iint_{\mathscr{K}(t,x,y)} \frac{g(x',y')}{\sqrt{t^2-(x-x')^2-(y-y')^2}}\,dx'dy' \quad (7.81)$$

で与えられる. ただし, 積分領域は, $t>0$ のもとで

$$\mathscr{K}(t,x,y) = \{(x',y');\,(x-x')^2+(y-y')^2<t^2\} \quad (7.82)$$

すなわち, 中心 (x,y), 半径 t の円板の内部である.

---
[35] 例えば, [36], **III**, p.202. 数学ソフトにもある.

念のために，直接的な検証を行なう[36]．(x, y) を極とする極座標

$$x' = x + r\cos\theta, \ y' = y + r\sin\theta \qquad (7.83)$$

$(r > 0, \ 0 \leq \theta < 2\pi)$ によって (7.81) を書き直すと，

$$v(t, x, y) = \\ = \frac{1}{2\pi}\int_0^{2\pi} d\theta \int_0^t \frac{g(x+r\cos\theta, y+r\sin\theta)}{\sqrt{t^2-r^2}}\, r\,dr \qquad (7.84)$$

となる．$g(x, y)$ がなめらかであっても，このままでは (7.84) 右辺の積分が意味を持つかどうか不明である．そこで，部分積分によって，右辺を，さらに変形すると，

$$v(t, x, y) = t\, g(x, y) \\ + \frac{1}{2\pi}\int_0^{2\pi} d\theta \int_0^t \frac{\partial}{\partial r}[g(\cdot, \cdot)]\sqrt{t^2-r^2}\, dr \qquad (7.85)$$

となり，この段階での収束の問題は解消する．そこで，さらに t で偏微分すると，

$$\frac{\partial}{\partial t}v(t, x, y) = g(x, y) \\ + \frac{t}{2\pi}\int_0^{2\pi} d\theta \int_0^t \frac{\partial}{\partial r}[g(\cdot, \cdot)]\frac{dr}{\sqrt{t^2-r^2}}$$

となるが[37]，部分積分により，

$$\frac{\partial}{\partial t}v(t, x, y) = g(x, y) + \frac{t}{4}\int_0^{2\pi} \frac{\partial}{\partial r}[g(\cdot, \cdot)]\bigg|_{r=t} d\theta \\ - \frac{t}{2\pi}\int_0^{2\pi} d\theta \int_0^t \frac{\partial^2}{\partial r^2}[g(\cdot, \cdot)]\arcsin\frac{r}{t}\, dr$$

---

[36] フーリエの時代の発想に従うわけではない．今日でも，基礎的な偏微分方程式の教科書に必ず示されているわけではない．

[37] ちなみに，$0 < r < t$ において

$$\frac{\partial}{\partial r}\left\{\arcsin\frac{r}{t}\right\} = \frac{1}{\sqrt{t^2-r^2}}, \quad t\frac{\partial}{\partial t}\left\{\arcsin\frac{r}{t}\right\} = -\frac{r}{\sqrt{t^2-r^2}}$$

である．

と表すことによって，積分に意味を与えることができる．これより，

$$\frac{\partial^2}{\partial t^2}v(t,x,y) = \frac{1}{4}\int_0^{2\pi}\frac{\partial}{\partial r}[g(\cdot,\cdot)]\bigg|_{r=t}d\theta$$
$$-\frac{1}{2\pi}\int_0^{2\pi}d\theta\int_0^t\frac{\partial^2}{\partial r^2}[g(\cdot,\cdot)]\arcsin\frac{r}{t}\,dr \quad (7.86)$$
$$-\frac{1}{2\pi}\int_0^{2\pi}d\theta\int_0^t\frac{\partial^2}{\partial r^2}[g(\cdot,\cdot)]\frac{\partial}{\partial r}\left(\sqrt{t^2-r^2}\right)dr$$

が得られる．なお，$\frac{\partial^2}{\partial r^2}[g(x+r\cos\theta,y+r\sin\theta)]$ が $r\to 0$ で収束すれば，

$$\lim_{t\to 0}\frac{\partial^2}{\partial t^2}v(t,x,y) = 0$$

である．一方，直接の計算で

$$\left(\frac{\partial^2}{\partial x^2}+\frac{\partial^2}{\partial y^2}\right)g(x+r\cos\theta,y+r\sin\theta)$$
$$=\frac{\partial^2}{\partial r^2}[g(\cdot,\cdot)]+\frac{1}{r}\frac{\partial}{\partial r}[g(\cdot,\cdot)]+\frac{1}{r^2}\frac{\partial^2}{\partial\theta^2}[g(\cdot,\cdot)]$$

が確かめられるから，(7.84) より

$$\left(\frac{\partial^2}{\partial x^2}+\frac{\partial^2}{\partial y^2}\right)v(t,x,y)$$
$$=-\frac{1}{2\pi}\int_0^{2\pi}d\theta\int_0^t\frac{\partial^2}{\partial r^2}[g(\cdot,\cdot)]\frac{\partial}{\partial r}\sqrt{t^2-r^2}\,dr$$
$$+\frac{1}{2\pi}\int_0^{2\pi}d\theta\int_0^t\frac{\partial}{\partial r}[g(\cdot,\cdot)]\frac{\partial}{\partial r}\left(\arcsin\frac{r}{t}\right)dr$$

が従う[38]．部分積分によって，右辺を変形すると，(7.86) の右辺が得られる．以上により，$g(x,y)$ が急減少であれば（少なくとも，3 回連続微分可能ならば），$t>0$ において，$v(t,x,y)$

---

[38] $g(x+r\cos\theta,y+r\sin\theta)$ は θ の周期関数である．

が t について 2 回偏微分可能になること,および,初期条件が満たされ,さらに,方程式 (7.73) の成立がわかる.

以上の考察により,次の定理を得る.

定理 7.5　平面の波動方程式の初期値問題 (7.73) (7.74) の解 $v(t,x,y)$ は,$f(x,y)$, $g(x,y)$ が急減少のとき,

$$\begin{aligned}
&v(t,x,y) \\
&= \frac{\partial}{\partial t}\left\{\frac{1}{2\pi}\iint_{\mathcal{K}(t,x,y)} dx'dy' \frac{f(x',y')}{\sqrt{t^2-(x-x')^2-(y-y')^2}}\right\} \\
&\quad + \frac{1}{2\pi}\iint_{\mathcal{K}(t,x,y)} dx'dy' \frac{g(x',y')}{\sqrt{t^2-(x-x')^2-(y-y')^2}}
\end{aligned} \quad (7.87)$$

で与えられる.積分域は (7.82) のものである.

注意 7.12　1 次元の波動方程式

$$\frac{\partial^2}{\partial t^2}w(t,x) = \frac{\partial^2}{\partial x^2}w(t,x), \quad -\infty < x < +\infty \quad (7.88)$$

の解は(任意の関数 $\phi(\xi)$, $\psi(\xi)$ を用いて)

$$w(t,x) = \phi(x-t) + \psi(x+t) \quad (7.89)$$

と表される[39].フーリエは,この類比として,平面の(実数値の)調和関数,すなわち,

$$\left(\frac{\partial^2}{\partial x^2} + \frac{\partial^2}{\partial y^2}\right)v(x,y) = 0 \quad (7.90)$$

---
[39] なお,後述の注意 7.13 と比較されたい.

7.8. 高次元のフーリエ変換とその応用 – 平面の場合 –

を満たす $v(x,y)$ を, (1複素変数の) 正則関数とその共役関数 (歪正則関数) の和

$$v(x,y) = \Phi(x+\sqrt{-1}\,y) + \Psi(x-\sqrt{-1}\,y)$$

に表せる[40]ことをフーリエ変換像の計算による説明を試みている. 同様の試みは, 三次元の調和関数, すなわち,

$$\left(\frac{\partial^2}{\partial x^2} + \frac{\partial^2}{\partial y^2} + \frac{\partial^2}{\partial z^2}\right) v(x,y,z) = 0 \tag{7.91}$$

を満たす $v(x,y,z)$ を, (7.73) の解の構成をなぞることによって, 記述しようとしている. 積分表現は必ず意味を持つということが信じられていた時代であり, ロマンティックな, あるいは, 文学的な説明としては, やや錯綜してはいるものの, 今日でも, なお, 有効な場合があるかもしれないが, 数学的な説明としては, もはや, 成立しない.

(7.91) について言えば, 半空間, 例えば $z > 0$ に限定して, $z = 0$ において境界条件

$$v(x,y,0) = \varphi(x,y) \tag{7.92}$$

を与える形にしておけば, $\varphi(x,y)$ のフーリエ変換像を

$$\widehat{\varphi}(p,q) = \iint e^{-\sqrt{-1}\,\{px'+qy'\}}\, \varphi(x',y')\,dx'dy'$$

として[41],

$$v(x,y,z) = \frac{1}{(2\pi)^2} \iint dp dq\, e^{\sqrt{-1}\,\{p\,x+q\,y\}} \times \\ \times e^{-z\sqrt{p^2+q^2}}\, \widehat{\varphi}(p,q) \tag{7.93}$$

---

[40] $\Phi(x+\sqrt{-1}\,y)$ は $\zeta = x+\sqrt{-1}\,y$ の正則関数, $\Psi(x-\sqrt{-1}\,y)$ は歪正則関数である. $v(x,y)$ が実数値であるためには, $\Psi(x-\sqrt{-1}\,y)$ は $\Phi(x+\sqrt{-1}\,y)$ の複素共役でなければならない.

[41] 積分域は, 平面全体. 以下, 節末まで同様.

という今日でも通用する形に留められたはずである．ここで，

$$P_z(x,y) = \frac{1}{(2\pi)^2} \iint e^{\sqrt{-1}\,(px+qy)}\, e^{-z\sqrt{p^2+q^2}}\, dpdq \quad (7.94)$$

とおけば，

$$v(x,y,z) = \iint P_z(x-x', y-y')\, \varphi(x',y')\, dx'dy' \quad (7.95)$$

と表される．なお，

$$P_z(x,y) = \frac{1}{2\pi} \frac{z}{(x^2+y^2+z^2)^{3/2}} \quad (7.96)$$

である[42]．

問 7.11 $z>0$ において，$w(x,y,z) = P_z(x,y)$ は調和，すなわち，(7.91) を満たす．また，すべての $z>0$ に対し，

$$\iint P_z(x,y)\, dxdy = 1$$

が成り立つ．特に，$\varphi(x,y)$ がよい関数（例えば，急減少）ならば，(7.95) において

$$\lim_{z\downarrow 0} v(x,y,z) = \varphi(x,y)$$

が成立する．

---

[42] 極座標表示 $p = \rho\cos\psi$, $q = \rho\sin\psi$ および $x = r\cos\theta$, $y = r\sin\theta$ によると，(7.94) 右辺の積分は，わずかの整理の後に

$$\frac{1}{(2\pi)^2} \int_0^{2\pi} d\psi \int_0^{+\infty} e^{\sqrt{-1}\,\rho r\cos\psi - \rho z}\, \rho\, d\rho$$
$$= \frac{1}{(2\pi)^2} \int_0^{2\pi} \frac{1}{(z-\sqrt{-1}\, r\cos\psi)^2}\, d\psi$$

と書き直される．この右辺の積分から（1変数複素関数論の応用として）留数計算によって (7.96) が従う．なお，$P_z(x,y)$ は今日では，（半空間の）ポワソン核とよばれる関数の典型である．

7.9 高次元のフーリエ変換：補遺（一般の場合）

フーリエは (7.64) を用いることにより，3 次元の波動方程式
$$\frac{\partial^2}{\partial t^2}v(t,x,y,z) = \left(\frac{\partial^2}{\partial x^2} + \frac{\partial^2}{\partial y^2} + \frac{\partial^2}{\partial z^2}\right)v(t,x,y,z) \quad (7.97)$$
の初期値問題の解が，命題 7.13 の類比の形で得られることを注意している[43]．

ここでは，直線や平面の場合に成り立っていることが，類比と類推の範囲で，一般の n 次元ユークリッド空間（$\mathbb{R}^n$ と表す）でも成り立つということを（表面的ながら）注意したい．フーリエの時代には，必要性が感じられなかったことだろうが，そして，フーリエ自身は自然現象の理解に直接的な寄与が見えないような形式的な考察や計算を評価はしていなかったが，フーリエ変換のアイデアは，n 次元空間の場合にも，ほぼ，そのまま拡張できてしまう．

その際の表現のためには，記号法の開発が重要であった．例えば，n 次元空間の点の座標を，$(x, y, \cdots)$ と書いて済ませるか，ごたごたすることを承知で $(x_1, x_2, \cdots, x_n)$ と表すか，では，考察を継続していく上で大きな違いが生ずる．平面の場合でも，(x, y) と書く代わりに，(x_1, x_2) と書けば，文字使用の自由度は増すが，便宜性が大幅に向上するわけではないだろう．要するに，目的に適合した記号法を選択し，かつ，記号法の混同がないように，表現の管理をすることが大切である．

n 次元空間 $\mathbb{R}^n$ の点を n 個の実数，x_1, $\cdots$, x_n の組：$x = (x_1, x_2, \cdots, x_n)$ で表そう．つまり，x は座標 $(x_1, \cdots, x_n)$ の $\mathbb{R}^n$ の点を表し，これによって，ベクトルとしても理解できるようになる．$\mathbb{R}^n$ の第二の点を $y = (y_1, y_2, \cdots, y_n)$ とすれば，
$$x \pm y = (x_1 \pm y_1, x_2 \pm y_2, \cdots, x_n \pm y_n)$$

---

[43] 第 IX 章，第 IV 節，第 409 項末尾（[10]）．ただし，本書ではフーリエ余弦変換の代わりにフーリエ変換を用いたので，見掛けは異なる．

によって新たな点 $x \pm y$ が定まり，また，実数 t に対して，

$$tx = (tx_1, tx_2, \cdots, tx_n)$$

という点も定まる．なお，原点 O は $O = (0, 0, \cdots, 0)$ と書かれる[44]．

また，$x = (x_1, x_2, \cdots, x_n)$ および $y = (y_1, y_2, \cdots, y_n)$ に対し，両者の内積を

$$x \cdot y \,(\text{または}\, \langle x, y \rangle\,) = x_1 y_1 + x_2 y_2 + \cdots + x_n y_n$$

と表すと

$$x \cdot x = x_1^2 + x_2^2 + \cdots + x_n^2 \,(= \langle x, x \rangle)$$

である．

n 次元空間 $\mathbb{R}^n$ において定義された関数 f について，変数 x を明示するときは $f(x)$ と書かれ，さらに，座標成分まで示すならば，$f(x_1, x_2, \cdots, x_n)$ と書かれる．この関数の空間全体における積分については，

$$\int \cdots \int_{\mathbb{R}^n} f(x_1, x_2, \cdots, x_n)\, dx_1 dx_2 \cdots dx_n = \int f(x)\, dx$$

の左辺のように表すのが自然だろうが，文脈が明確であれば，右辺の表現で十分であろう[45]．この結果，例えば，積分域が

---

[44] $O = (O_1, O_2, \cdots, O_n)$ ではなく．

[45] 積分を論ずるためには，直線や平面の場合の積分の定義や性質，関数の可積分性などについての議論を n 次元空間の場合に拡張しておかなければならない．特に，関数 $f(x)$ としては，

$$\int_{\mathbb{R}^n} f(x)\, dx$$
$$= \int_{-\infty}^{+\infty} \left\{ \int_{-\infty}^{+\infty} \cdots \left\{ \int_{-\infty}^{+\infty} f(x_1, x_2, \cdots, x_n)\, dx_n \right\} \cdots dx_2 \right\} dx_1$$

と左辺の積分が（実は，積分順序に依らない）累次積分と一致するものに限って議論が進められるのである．なお，脚注17)参照．

7.9. 高次元のフーリエ変換：補遺（一般の場合）

$\mathbb{R}^n$ 全体であるとわかっていれば,

$$G_t(x) = \mathrm{e}^{-t\,x\cdot x} = \mathrm{e}^{-tx_1^2}\mathrm{e}^{-tx_2^2}\cdots \mathrm{e}^{-tx_n^2}, \quad t > 0$$

の積分については，(6.31) の反復に帰着するので

$$\int_{\mathbb{R}^n} G_t(x)\,dx = \left(\sqrt{\frac{\pi}{t}}\right)^n, \quad t > 0$$

と計算できる．

さて，n 次元空間 $\mathbb{R}^n$ で定義された関数 $f(x)$ のフーリエ変換像は，直線や平面の場合の類比として，

$$\mathcal{F}[f](y) = \int_{\mathbb{R}^n} \mathrm{e}^{-\sqrt{-1}\,y\cdot x} f(x)\,dx, \quad y = (y_1, \cdots, y_n) \quad (7.98)$$

によって定義され，共役フーリエ変換は

$$\mathcal{F}^*[f](y) = \int_{\mathbb{R}^n} \mathrm{e}^{\sqrt{-1}\,y\cdot x} f(x)\,dx, \quad y = (y_1, \cdots, y_n) \quad (7.99)$$

と定義されるべきである．

$f(x)$ が $\mathbb{R}^n$ における急減少関数（シュヴァルツ族の関数），すなわち，無限回連続微分可能であって，

$$\sup_{x\in\mathbb{R}^n} (1+x\cdot x)^{m_0} \left|\left(\frac{\partial}{\partial x_1}\right)^{m_1}\cdots \left(\frac{\partial}{\partial x_n}\right)^{m_n} f(x)\right| < +\infty$$

を，各 $m_0, m_1, \cdots, m_n = 0, 1, 2, \cdots$ に対して満足するようなものであれば，(7.98) および (7.99) は意味を持つ．上掲の $G_t(x)$ は，急減少関数の一例である．

念のために，計算すると，

$$\mathcal{F}[G_t](y) = \mathcal{F}^*[G_t](y) = \left(\sqrt{\frac{\pi}{t}}\right)^n G_{\frac{1}{4t}}(y), \quad t > 0$$

したがって,

$$\mathcal{F}^*[\mathcal{F}[G_t]](x) = \mathcal{F}[\mathcal{F}^*[G_t]](x) = (2\pi)^n\,G_t(x)$$

が成り立つ.

高次元空間のシュヴァルツ族に対するフーリエ変換,あるいは,共役フーリエ変換に対しても,命題 7.1,命題 7.2 の類比が成り立つ.すなわち,等式

$$y_j \left(e^{-\sqrt{-1}\, x\cdot y} f(x) \right)$$
$$= e^{-\sqrt{-1}\, x\cdot y} \frac{1}{\sqrt{-1}} \frac{\partial}{\partial x_j} f(x) - \frac{1}{\sqrt{-1}} \frac{\partial}{\partial x_j} \left(e^{-\sqrt{-1}\, x\cdot y} f(x) \right)$$

を積分すれば,

$$y_j \,\mathcal{F}[f](y) = \mathcal{F}\left[\frac{1}{\sqrt{-1}} \frac{\partial}{\partial x_j} f \right](y) \tag{7.100}$$

が得られる.同様にして,

$$\sqrt{-1}\, \frac{\partial}{\partial y_j} \mathcal{F}[f](y) = \mathcal{F}[x_j\, f](y) \tag{7.101}$$

が得られる.

問 7.12 共役フーリエ変換の場合には

$$y_j\, \mathcal{F}^*[f](y) = -\mathcal{F}^*\left[\frac{1}{\sqrt{-1}} \frac{\partial}{\partial x_j} f \right](y)$$

$$\frac{1}{\sqrt{-1}} \frac{\partial}{\partial y_j} \mathcal{F}^*[f](y) = \mathcal{F}^*[x_j\, f](y)$$

となることを確認せよ.

急減少関数のフーリエ変換像および共役フーリエ変換像が急減少関数になること,また,フーリエ変換と共役フーリエ変換との間に本質的な逆作用関係が成り立つことは,1 次元,2 次元の場合と同様である.

7.9. 高次元のフーリエ変換：補遺（一般の場合）

定理 7.6 急減少関数 $f(x)$ に対し，
$$\mathcal{F}^*[\mathcal{F}[f]](x) = \mathcal{F}[\mathcal{F}^*[f]](x) = (2\pi)^n f(x) \tag{7.102}$$
が成り立つ．

例 7.11 n 次元空間における波動方程式
$$\frac{\partial^2}{\partial t^2} v(t, x) = \left(\frac{\partial^2}{\partial x_1^2} + \cdots + \frac{\partial^1}{\partial x_n^2} \right) v(t, x) \tag{7.103}$$
に初期条件
$$v(0, x) = f(x), \quad \frac{\partial}{\partial t} v(0, x) = g(x) \tag{7.104}$$
を課した初期値問題は，$v(t, x)$ の（x に関する）フーリエ変換像，$f(x)$ のフーリエ変換像，$g(x)$ のフーリエ変換像を，それぞれ，$\widehat{v}(t, y)$，$\widehat{f}(y)$，$\widehat{g}(y)$ とすると，(7.100) を繰り返し用いることにより，常微分方程式
$$\frac{d^2}{dt^2} \widehat{v}(t, y) + y \cdot y \, \widehat{v}(t, y) = 0$$
と初期条件
$$\widehat{v}(0, y) = \widehat{f}(y), \quad \frac{d}{dt} \widehat{v}(0, y) = \widehat{g}(y)$$
の組合せに変換される．したがって，
$$\begin{aligned} v(t, x) = &\frac{1}{(2\pi)^n} \int_{\mathbb{R}^n} e^{\sqrt{-1}\, x \cdot y} \left(\cos \sqrt{y \cdot y}\, t \right) \widehat{f}(y)\, dy \\ &+ \frac{1}{(2\pi)^n} \int_{\mathbb{R}^n} e^{\sqrt{-1}\, x \cdot y} \left(\frac{\sin \sqrt{y \cdot y}\, t}{\sqrt{y \cdot y}} \right) \widehat{g}(y)\, dy \end{aligned} \tag{7.105}$$
となる（命題 7.13 を想起されたい．また，3 次元空間の波動方程式 (7.97) の解もこの形に表される[46]）．形の上では，
$$K_0(t, x) = \frac{1}{(2\pi)^n} \int_{\mathbb{R}^n} e^{\sqrt{-1}\, x \cdot y} \left(\cos \sqrt{y \cdot y}\, t \right) dy \tag{7.106}$$

---
[46] ただし，変数 x などの取り扱い姿勢の相違に注意．

$$K_1(t,x) = \frac{1}{(2\pi)^n} \int_{\mathbb{R}^n} e^{\sqrt{-1}\,x\cdot y} \left(\frac{\sin\sqrt{y\cdot y}\,t}{\sqrt{y\cdot y}} \right) dy \quad (7.107)$$

とおくと,解 $v(t,x)$ は

$$\begin{aligned}v(t,x) = &\int_{\mathbb{R}^n} K_0(t,x-x')\,f(x')\,dx' \\ &+ \int_{\mathbb{R}^n} K_1(t,x-x')\,g(x')\,dx'\end{aligned} \quad (7.108)$$

のように合成積の形で表される.実際は,このままでは,$K_0(t,x)$,$K_1(t,x)$ が関数として得られないので,注意 7.11 のような手続きを経て,(7.108) を理解しなければならない[47].

注意 7.13 $n=1$ のときは,($t>0$ として)

$$K_1(t,x) = \begin{cases} \frac{1}{2}, & -t < x < t \\ 0, & x < -t \text{ または } t < x \end{cases} \quad (7.109)$$

であるが,このためには,フーリエ変換や共役フーリエ変換の定義域を (7.102) の類比が成立するように拡張するための立ち入った議論を要する.実は,$n=2$ の場合も同様であった.$n=1$ の場合,(7.109) から,周知の解

$$v(t,x) = \frac{f(x-t)+f(x+t)}{2} + \frac{1}{2}\int_{x-t}^{x+t} g(x')\,dx' \quad (7.110)$$

が得られる.

例 7.12 n 次元空間における熱伝導方程式

$$\frac{\partial}{\partial t}v(t,x) = k\left(\frac{\partial^2}{\partial x_1^2} + \cdots + \frac{\partial^2}{\partial x_n^2} \right) v(t,x), \quad t>0 \quad (7.111)$$

---

[47] 方程式 (7.103) を理解する上で重要なのは,$K_0(t,x)$,$K_1(t,x)$ の分析であり,$f(x)$,$g(x)$ を急減少関数とすることは,そのための第一歩なのである.なお,波動方程式そのものの扱いについては,[5],第 VI 章参照.

の解を初期条件
$$v(x,0) = f(x) \tag{7.112}$$
のもとで構成しよう.

$\widehat{v}(t,y)$, $\widehat{f}(y)$ をそれぞれ $v(t,x)$, $f(x)$ のフーリエ変換像とすると,
$$\frac{d}{dt}\widehat{v}(t,y) = -k\, y \cdot y\, \widehat{v}(t,y), \quad \widehat{v}(0,y) = \widehat{f}(y)$$
が得られる. これより,
$$\widehat{v}(t,y) = \mathrm{e}^{-k\,t\,y\cdot y}\, \widehat{f}(y) = G_{kt}(y)\, \widehat{f}(y)$$
となるから,
$$v(t,x) = \frac{1}{(2\pi)^n} \int_{\mathbb{R}^n} \mathrm{e}^{\sqrt{-1}\,x\cdot y}\, G_{kt}(y)\, \widehat{f}(y)\, dy$$
が従う. ここで,
$$\frac{1}{(2\pi)^n}\, \mathrm{e}^{\sqrt{-1}\,x\cdot y}\, G_{kt}(y)\, dy = \left(\frac{1}{\sqrt{4\pi kt}}\right)^n \exp\left(-\frac{x\cdot x}{4kt}\right)$$
だから,
$$\mathbf{W}_{kt} = \left(\frac{1}{\sqrt{4\pi kt}}\right)^n \exp\left(-\frac{x\cdot x}{4kt}\right) \tag{7.113}$$
とおけば, (7.111) (7.112) の解は
$$v(t,x) = \int_{\mathbb{R}^n} \mathbf{W}_{kt}(x-x')\, f(x')\, dx' \tag{7.114}$$
となる.

例 7.13 $n+1$ 次元半空間 $\mathbb{R}_+^{n+1} = \{(x,t);\, x \in \mathbb{R}^n,\, t > 0\}$ における調和関数 $v(x,t)$, すなわち, 方程式
$$\left(\frac{\partial^2}{\partial x_1^2} + \cdots + \frac{\partial^2}{\partial x_n^2} + \frac{\partial^2}{\partial t^2}\right) v(x,t) = 0 \tag{7.115}$$

の解が，境界条件
$$v(x,0) = f(x) \tag{7.116}$$
を満たすとする．$\widehat{v}(y,t)$, $\widehat{f}(y)$ をそれぞれ $v(t,x)$, $f(x)$ のフーリエ変換像とすると，
$$\frac{d^2}{dt^2}\widehat{v}(y,t) - y \cdot y\,\widehat{v}(y,t) = 0, \quad \widehat{v}(y,t) = \widehat{f}(y)$$
が成り立つ．$\widehat{v}(y,t)$ が $t \to +\infty$ において有界に留まるとすれば，
$$\widehat{v}(y,t) = \mathrm{e}^{-t\sqrt{y\cdot y}}\,\widehat{f}(y)$$
である．したがって，
$$v(x,t) = \frac{1}{(2\pi)^n}\int_{\mathbb{R}^n} \mathrm{e}^{\sqrt{-1}\,x\cdot y}\,\mathrm{e}^{-t\sqrt{y\cdot y}}\,\widehat{f}(y)\,dy$$
となる．特に，
$$\mathbf{P}_t(x) = \frac{1}{(2\pi)^n}\int_{\mathbb{R}^n} \mathrm{e}^{\sqrt{-1}\,x\cdot y}\,\mathrm{e}^{-t\sqrt{y\cdot y}}\,dy \tag{7.117}$$
とおけば，
$$v(x,t) = \int_{\mathbb{R}^n} \mathbf{P}_t(x-x')\,f(x')\,dx' \tag{7.118}$$
である（注意 7.12 参照）．

付録

A

無限小解析と微分積分学の基本定理について

$$\phi x = \frac{1}{\pi}\int_{-\infty}^{+\infty} d\alpha \phi\alpha \int_0^\infty dq\cos.(q(x-\alpha))$$

$$\frac{dv}{dt} = \frac{K}{CD}\left(\frac{d^2v}{dx^2} + \frac{d^2v}{dy^2} * \frac{d^2v}{dz^2}\right)$$

$$\frac{1}{2}\pi\varphi x = \sin .x \int_0^\pi \varphi x \sin .x dx + \sin .2x \int_0^\pi \varphi x \sin .2x dx$$
$$+ \sin .3x \int_0^\pi \varphi x \sin .3x dx + etc.$$

$$\frac{1}{2}\pi\varphi x = \frac{1}{2}\int_0^\pi \varphi x dx + \cos .x \int_0^\pi \varphi x \cos .x dx$$
$$+ \cos .2x \int_0^\pi \varphi x \cos .2x dx + \cos .3x \int_0^\pi \varphi x \cos .3x dx + etc.$$

A. 無限小解析と微分積分学の基本定理について

　本章の論述で前提としている（多変数の）微分積分学は，フーリエの時代のものに拠るのではなく，内容的には現代の水準を反映させているつもりではある．しかし，論述の姿勢は，現代の精確な知見を厳密に尊重することよりは，フーリエの本質的なアイデアと思われるものを読者と共有することを目指している．したがって，技術的な扱いを軽視しているわけではないが，直感的な記述に相当に依存している．ただし，記述の精確さ正確さについては，読者が必要に応じて補うことができるだけの示唆も併せて提供しているつもりである．ここでは，無限小解析をどのように理解するか，そして，アイデアとしての微分積分学の基本定理[1]とは何かについて説明したい．

A.1　なぜ日本では微分積分学が生まれなかったか

　筆者は，歴史家ではなく，したがって，歴史資料に基づいての研究や考察の経験はない．数学史についても特段の見識があるわけではない[2]．だが，日本の解析学者の端くれとして，

　　　なぜ，われわれの先祖たちは微分積分学[3]を生み
　　　出すことができなかったのか

という深刻な問いへの関心は持ち続けている．わたくし自身のおおよその解答へのヒントとしては，認識についての我々固有の方式，つまり，古来からの我々固有のものの見方，捉え方，感じ方の，言わば，癖に拠るのだろうという，文化史的

---

[1] 数学史的記述を試みようというのではない．今日，標準的な積分論の教科書で，ラドン・ニコディムの定理として掲げられている，このアイデアの史的発展を著者はこう理解したいという言明である．

[2] これらについては，[49], [52], [53] を挙げておく．なお，[26] 第 2 章も見られよ．

[3] あるいは，さらに一般に，自然科学という知的体系

A.1. なぜ日本では微分積分学が生まれなかったか

にも,哲学的にも,極めて茫漠としたものを得ているだけで,細かい議論となると,とても手の付けられる状態ではない.

さて,無限小解析の基礎には,この宇宙は一様等質な連続した空間[4](中心射影法・遠近法)で構成されているというアイデアがある.つまり,無限小解析の本質は,空間を,どこから始めても,いくらでも小さい微細な部分に細分することができ,その極限の無限小部分が,なお,空間の特質の一端を保持しているという想定にある[5].この想定の前提が,空間の一様性,等質性,連続性に他ならない.まさに,この一様等質な連続した空間というアイデアの有無が彼我を分けたのではないかと思われる.

空間内の運動も,空間の特質を引き継いで,一様等質で連続であると想定すれば,いくらでも小さい微細な部分に細分し,極限の無限小部分がこの運動の特質の一端を保持していると考えるのは自然なことであろう.このことをしかるべき数学的な形式で定式化して表現した命題が微分積分学の基本定理というわけである.

一様等質な連続した空間は,南欧ルネッサンス,特に,アルベルティの正統作図法([1])によって確立したアイデアであ

---

[4] 日常語の語法で「一様」「等質」「連続」を用いている.「一様」「等質」は日常的にも数学的にも限定的であり乖離は小さいが,「連続」は数学的に厳格な定義は日常語とかけ離れている.この節では,「空間」一般の特徴として用いているので,混用や誤解が生じるおそれは高い.「連結」とすべきかとも考えたが,この語も数学的な定義がある.ここで,「連続」とは,直感的には,砂状ではないこと,また,切れ目裂け目が局所的にはないことを指す.

[5] 無限小部分とは何か.古典ギリシア人は,点とは位置であって大きさのない存在であると言った.それでは,点は,空間なり平面なりの無限小部分なのかというと,そうではないようだ.無限小部分とは,幾何学的(あるいは,科学的)対象について,その対象の本質あるいは特性を体現する理念上の最小単位であり,大きさのアイデアがあり,しかし,その大きさの量は 0 であるというものではないか.無限小部分自体には,位置に相当するアイデアは含まれていないのではないか.つまり,一様性や等質性が反映しているのである.なお,投影図との関連で,[3] の序章に,一様等質な連続した空間はカントの「純粋理性批判」で意識されたとの指摘がある([23] 参照.[39] によると,第一,第二アンチノミーが該当するようである).

る．正統作図法の空間把握の原理は視覚的なものであり，これによって無限遠方から手前までの一様等質で連続した空間が明確に意識されるようになった（[20] 参照）．正統作図法の当初の基礎付けはエウクレイデスのオプティカ（[8] 参照) が利用されたが，しかし，古典ギリシア人の空間把握の原理は本質的に筋肉接触感覚的なものであった．つまり，かれらにとって，空間は基本において個別的であり不連続な（砂状の）ものであった．エレアのゼノの逆理が示すように，古典ギリシア人には無限や運動のアイデアの把握は困難であった．しかし，その一方で，論理学は筋肉接触感覚に徹しない限り生まれなかったのではないかと思われる．

　微分積分学は，しかし，数理技術でもあり，まさにそれゆえに，一様等質な連続した空間というアイデアだけで生まれるものではなかった．微分積分学の成立を導いた西欧圏における数理技術の発達の過程は，恐らく学問世界だけに注視していたのでは周到な理解はできないのではないだろうか[6]．そこには，都市があり，社会があり，宗教があり，歴史があった．また，敢えて言えば，地政学的な要素もあったのであろう．こう考えると，微分積分学の成立は必然か，つまり，西欧圏以外でも，遅かれ早かれ，到達しうるものであったろうかと問われたら，否と答えざるを得ないのではないか．しかし，微分積分学は，アイデアの根源はともかく，出来上がってしまえば汎用技術でもあり，それゆえに，成立した後では世界中に拡散するのは当然の成り行きであった．

　いずれにせよ，フーリエによって，空間は一様で等質な連続したものから，さらに，各点で振動しているものとして認

---

[6] 例えば，画家ピエロ・デラ・フランチェスカ（[44]）やアルブレヒト・デューラー（[7]）も，ケプラーやガリレオに影響を及ぼしたという意味で，微分積分学への道程に関わっていた．このような前駆的部分は日本にあったろうか．事実の確認に関心はあるが，何らかの価値判断を伴う議論を試みようというわけではない．なお，[57] 参照．

識されるようになった．

A.2　粗筋としての微分積分学の基本定理

§A.1 において，微分積分学の基本定理を日常言語で説明することを試みた．ここでは，まず，数学的と見紛うような（したがって，数学ではないが，しかし），記号を多用し，記号がある意味で本質的な役割を果たす説明を与えよう．

E を空間とする．E は点 e の集まりであるが，E が一様等質な空間という意味は，（どんな方式で）E を細分化するにせよ，E の異なる 2 点 e, e' を含む細分化の極限（つまり，e, e' における無限小部分）$dE_e, dE_{e'}$ は，それ自体は本質的に区別できないものになるということであり，したがって，

$$dE_e = dE_{e'} = dE, \quad e, e' \in E, \quad e \neq e',$$

のような記号上の表現ができることになる．他方，空間の連続性の意味は，E の各点 e において，e を含む E の「無限に小さくなるような部分'空間'の列」$\Delta E_e, \Delta' E_e, \Delta'' E_e, \cdots$ に対し，その列の極限となる無限小部分(空間) dE_e が，なお，空間 E の特質を維持するということになる．ここで，各部分'空間' ΔE_e の「大きさ」$|\Delta E_e|$ が定義できて，それに基づいて，部分'空間'が無限に小さくなる，つまり，「大きさ」が 0 に収束するような，そういう部分'空間'列の極限として「大きさ」0 に相当するものを dE_e と表すのである．したがって，dE_e は「大きさ」は 0（$|dE_e| = 0$）であって，空間 E の点 e における特質だけを代表しているものということになる．

一様等質で連続な空間 E において生起する現象などを表現するある性質に対応する量 $\mathscr{P}$ が E 上に定義されていると

する.この性質の量 $\mathscr{P}$ が,E において一様で等質ということを,E の任意の部分'空間'ΔE においても $\mathscr{P}$ が意味を持つことと理解できるとしよう.ΔE における $\mathscr{P}$ を $\mathscr{P}_{\Delta E}$ と表すならば,このとき,E の点 e に対し,e を含み,無限小部分 dE_e を極限とするような E の無限に小さくなる部分'空間'の列 $\Delta E, \Delta' E, \Delta'' E, \cdots$ に対しても性質の量の列 $\mathscr{P}_{\Delta E}, \mathscr{P}_{\Delta' E}, \mathscr{P}_{\Delta'' E}, \cdots$ が意味を持つはずである.性質の量 $\mathscr{P}$ の連続性とは,E の各点 e におけるこの性質の量の列の極限として,dE_e における $\mathscr{P}$ の特質,むしろ,本質を露呈させるべき無限小部分 $\mathscr{P}_{dE_e}$ が存在することであるとするのは自然な発想だろう.記法の上では,$d\mathscr{P}_e = \mathscr{P}_{dE_e}$ と略記しよう.しかし,$\mathscr{P}$ の一様性や等質性と E のものとの関係が任意であっては考察の手掛かりにならないのだから,E を参照するときは,点 e ごとの係数というべき量 $p(e)$ の介在:

$$d\mathscr{P}_e = p(e)\, dE_e = p(e)\, dE$$

が成り立つ程度に,E に対して近しい $\mathscr{P}$ に考察を限定することは許されるだろう.実際,技術的には,各点 $e \in E$ における係数量 $p(e)$ が求められない限り,実質的な議論は成立しない[7].さらに,性質の量 $\mathscr{P}$ の無限小部分 $d\mathscr{P}_e$ は,なお,$\mathscr{P}$ の特質を維持していて,したがって,$d\mathscr{P}_e$ を総合することによって,性質の量 $\mathscr{P}$ を再現することができるとするのである.ここまでについて次の形に整理しておこう.

命題 A.1(微分積分学の基本定理の原理的構造) 一様・等質かつ連続な空間 E の無限小部分は点に依らない($dE_e = dE$).

---

[7] 要するに,技術的には,$e \in \Delta E$ である部分'空間'の列について

$$\frac{\mathscr{P}_{\Delta E}}{|\Delta E|} \to p(e), \quad |\Delta E| \to 0, \quad e \in \Delta E,$$

の形で,つまり,$p(e)$ が $\mathscr{P}$ の e における微分係数量(というべきもの)として求められることが期待される.

A.2. 粗筋としての微分積分学の基本定理

一般に，E で定義された性質の量 $\mathscr{P}$ については，各点 e における無限小部分 $d\mathscr{P}_e$ を総合することによって $\mathscr{P}$ が再現される．$d\mathscr{P}_e$ は $\mathscr{P}$ の e における特性が凝縮されていると考えるべきであるが，特に，dE に比例するとき，すなわち，比例係数 $p(e)$ によって $d\mathscr{P}_e = p(e)\,dE$ と把握できるときが重要である．記号的には，

$$\mathscr{P} = \int_E d\mathscr{P}_e = \int_E p(e)\,dE$$

あるいは，むしろ，E の任意の部分（空間）ΔE に対して，

$$\mathscr{P}_{\Delta E} = \int_{\Delta E} p(e)\,dE$$

と表される．

以上が，粗筋として，微分積分学の基本定理に通ずるはずの指導原理を示したものである．一様性，等質性，連続性も鍵となる概念のように見えるが，標語というべきものである．具体的な例の蓄積を通じて，内容が数学的に明確化され精緻化されて，さらに改めて抽象化されて，今日，「微分積分学の基本定理」と呼ばれる体系に成長したのである．

ただし，この粗筋は高校教科書の微分積分学の基本定理とは様相を異にしているところがある．対応する例を挙げておく．

例 A.1 $E = [a, b]$ を直線上の閉区間とする（$a < b$）．E の点を e で表す（$a < e < b$）．E の一様性，等質性，連続性は，E が直線上の区間であるということに尽きる．f を E 上の関数とし，f の値の差を論ずることを E において考慮する $\mathscr{P}$ と考える．特に，$\mathscr{P}$ は $\{f(b) - f(a)\}$ であり，E の部分（区間）$\Delta = [a', b']$（$a < a' < b' < b$）に対しては，「大きさ」$|\Delta| = b' - a'$（長さ）とし，一方，$\mathscr{P}_\Delta = \{f(b') - f(a')\}$ とする．$\mathscr{P}$ の一様性，等質性，連続性については，関数 f が区

間 E 上の連続関数に留まらず,なめらかな関数であることが前提になる.このとき,(連続な)導関数 f' があるので,

$$d\mathscr{P}_e = df_e = f'(e)\,dE_e = f'(e)\,dE$$

と表され,しかも,$a < a' < b' < b$ に対して

$$f(b') - f(a') = \int_{a'}^{b'} f'(e)\,dE$$

が成り立つ[8].

通例,高校の教科書では,微分積分学の基本定理は,

$$\frac{d}{dx}\int_a^x f(t)\,dt = f(x), \quad a < x < b,$$

と表される.しかし,これは自明であり,さらに,グリーン・ストークスの定理やガウス・オストログラツキーの定理を含む高次元の微分積分学の基本定理の示唆を与えない[9].

もう一例挙げておこう.

例 A.2　簡単のために,空間 E として,直交平面[10]内の長方形で辺が直交軸に平行なものを考え,E の部分'空間'としても,辺が直交軸に平行な長方形となるものだけに限定しよう.E の一様性,等質性,連続性は,直交平面の相当する性質を引き継ぐものであり,したがって,$e \in E$ における無限小部分は $dE_e = dxdy$ である.$\mathscr{P}$ としては,E におけるな

---

[8] f として,E 上の恒等関数 $x : E \ni e \mapsto e \in E$ をとると,$e = x(e)$ だから,$x'(e) = 1$ であり,$dx_e = dE_e = dE$ となる.e を x と書き,dE を dx と書いてよいわけである.

[9] つまり,1変数の場合に積分演算が微分演算の逆演算であるという命題と,微分積分学の基本定理とは,理念としては,分離しなければいけないのである.

[10] 直交軸が x-, y-軸である xy-平面とする.

A.2. 粗筋としての微分積分学の基本定理

めらかなベクトル場 $\mathbf{v}(x,y) = (X(x,y), Y(x,e))$（$(x,y)$ は $e \in E$ の直交座標）の挙動を問題としたい.

$$\Box = \{(x,y); a \leq x \leq a+\xi, b \leq y \leq b+\eta\}$$

を E の部分 '空間', その「大きさ」（面積）$|\Box| = \xi\eta$ とし,

$$\mathscr{P}_\Box = \int_a^{a+\xi} Y(x,b)dx - \int_a^{a+\xi} Y(x,b+\eta)dx$$
$$+ \int_b^{b+\eta} X(a,y)dy - \int_b^{b+\eta} X(a+\xi,y)dy$$

とする[11]. $\mathscr{P}_\Box$ は, $\Box$ の周に沿ってベクトル場 $\mathbf{v}$ の直交成分を積分したもので, $\mathbf{v}$ が $\Box$ にもたらした収支の効果を表していると考えられる. $\mathscr{P}$ の一様性, 等質性は, $\mathscr{P}_\Box$ が任意の $\Box$ に対して定義できることを意味し, このためには, ベクト

---

[11] 数学的概念としては, 線積分のアイデアを用いるべきところである. $\partial\Box$ で $\Box$ の周を表そう. この周全体を $\Box$ の内部を左側に見て, つまり, 反時計回りに進むように, パラメータ t：

$$t = \begin{cases} x-a, & a \leq x \leq a+\xi, \ y = b \\ y-b+\xi, & x = a+\xi, \ b \leq y \leq b+\eta, \\ a+\xi-x+\xi+\eta, & a \leq x \leq a+\xi, \ y = b+\eta \\ b+\eta-y+2\xi+\eta, & x = a, \ b \leq y \leq b+\eta \end{cases}$$

を導入する（$0 \leq t \leq 2\xi+2\eta$）. この式から, $\partial\Box$ の各辺を x, y を t の関数として表現できる：$x = x(t), y = y(t)$. $x(t), y(t)$ は t の区分的に微分可能な関数でもある. すると,

$$\mathscr{P}_\Box = \int_0^{2\xi+2\eta} \{Y(x(t),y(t))x'(t) - X(x(t),y(t))y'(t)\} dt$$

となっていることがわかる. $dx = x'(t)\,dt, dy = y'(t)\,dt$ を念頭に, この積分は, 線積分として,

$$\mathscr{P}_\Box = \int_{\partial\Box} Y(x,y)\,dx - X(x,y)\,dy$$

と書かれる. $\Box$ が長方形のとき, 以下の (A.1) は自明に近いが, この線積分が示唆する洞察を加えると, $\Box$ が（例えば）区分的になめらかな閉曲線で囲まれた平面領域の場合にも成立することが示されるのである.

場 **v** は連続であれば十分だが，さらに，そのなめらかさが $\mathscr{P}$ の連続性を担保している．実際，

$$d\mathscr{P}_e = -\left(\frac{\partial}{\partial x}X(x,y) + \frac{\partial}{\partial y}Y(x,y)\right)dxdy$$

かつ

$$\mathscr{P}_\square = -\int_\square \left(\frac{\partial}{\partial x}X(x,y) + \frac{\partial}{\partial y}Y(x,y)\right)dxdy \quad (\text{A.1})$$

となる．

A.3　ルベーグ積分の粗筋

本稿では，基本的に（つまり，特に，ことわりのない限り）ルベーグ積分で意味が付けられる議論を用いている．議論の進行の上で，ルベーグ積分の基本的な性質を必要とするからである．読者に了解していただければ十分なことは[12]，本稿内の記号

$$\int_{\mathscr{M}} f\,d\mu \quad (\text{A.2})$$

すなわち，関数 f，積分範囲 $\mathscr{M}$，つまり，f の定義域の一部，および，（無限小の）長さ・面積あるいは体積を表す積分要素（すなわち，$dx, dxdy, dxdydz, \cdots$ などを一括した）$d\mu$ を組み合わせたものが，単なる記号ではなく，数学的な議論の階梯として的確な意味を担い，現実に対応する内容を伴っているということである．

---

[12] 微分積分学の基礎的な議論では，リーマン積分が講じられるが，ルベーグ積分は大学の前期課程では通例扱われていない．しかし，本稿の水準であれば，要するに，（以下に概説する）可測性，可積分性などの符牒が現れても，ひとまず，そういうものだと思って立ち止まらずに進んで構わないということである．なお，包括的な [32] のような試みもある．

A.3. ルベーグ積分の粗筋

ここでは,まず,積分についての特徴的な扱いを見るために,直線区間 $I = (a, b)$, $a < b$, (の各点) で定義された有界な正値関数 $f(x)$ の積分

$$\int_I f(x)\,dx = \int_a^b f(x)\,dx \tag{A.3}$$

を検討しよう.この積分値は,$I = (a, b)$ 上の関数 $f(x)$ と (a, b) の間の領域,すなわち,グラフ領域 $\mathscr{G}_f$,の面積を表している.

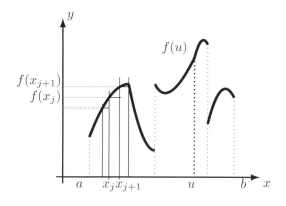

リーマン積分は,区分求積法のアイデア,すなわち,まず,区間 (a, b) を小区間に分割し,関数 $f(x)$ の各小区間における値から代表値を(任意に)採り,つぎに,(小区間における代表値)×(小区間の長さ)を縦×横として造った長方形領域の合併集合を領域 $\mathscr{G}_f$ の近似とすると,区間 (a, b) の分割が細かくなればなるほど,これらの長方形領域の合併集合による $\mathscr{G}_f$ の近似の精度が上がり,最終的には収束する,という想定に基づく.これらの長方形領域の合併集合の面積は,各長方形の面積の総和であり,積分値 (A.3) に収束するはずの数列

を与えるのである．このような操作によって，安定した結果が (A.3) として導かれるような関数 f の族がリーマン積分可能な関数であり，特に，（閉区間 $[a,b]$ における）連続関数はリーマン積分可能である．

重要なことは，リーマン積分の基本操作はグラフ領域 $\mathscr{G}_f$ を区間 (a,b) に垂直な直線群で分割することであり，言い換えれば，関数の定義域を主要な制御の対象とすれば値域の制御が副次的に済まされるものとして，定義がされていることである[13]．

これに対し，ルベーグ積分はグラフ領域 $\mathscr{G}_f$ を区間 (a,b) に平行な直線群で分割することを基本操作とする $\mathscr{G}_f$ の面積への接近法に基づいている．すなわち，「高さ」の列

$$y_0 = 0 < y_1 < y_2 < \cdots < y_N = \sup_{a<x<b} f(x) < +\infty$$

をとり，対応して，(a,b) の部分集合

$$S_j = \{x \in (a,b);\ y_{j-1} \leq f(x) < y_j\}, \quad j = 1, 2, \cdots, N$$

をとったとき[14]，これらの集合の「長さ」を測るということができるならば，それらの「長さ」$|S_j|$ と対応する「高さ」y_{j-1} の積の総和 $y_1 |S_2| + \cdots + y_{N-1} |S_N|$ は $\mathscr{G}_f$ の面積の近似になり，さらに，「高さ」の列が細かくなればなるほど，近似の精度は上がって，最終的には，極限値として積分値 (A.3) が得られることが期待される．もちろん，併せて期待すべきこと

---

[13] したがって，関数列をリーマン積分で扱う際には，関数列の成分関数すべてに共通の定義域の制御が各成分関数の値域すべての制御に及ぶことを保証する条件が課されなければならない．

[14] 指示関数を用いると，$a < x < b$ に対し，

$$y_1 I_{S_2}(x) + \cdots + y_{N-1} I_{S_N}(x)$$
$$\leq f(x) < y_1 I_{S_1}(x) + \cdots + y_N I_{S_N}(x)$$

となる．

は，この接近法がリーマン積分可能な関数に対しても適用でき，その際，得られる積分値がリーマン積分による値を再現することである．実際，このような操作は，少なくとも連続関数を含むような広範な関数の族，ルベーグ積分可能な関数の族，に対して安定的に遂行できる．この接近法による積分がルベーグ積分である．

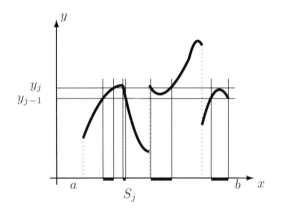

ルベーグ積分は，関数の値域を制御しているとは言え，核心にあるのは，上の集合 $S_1, \cdots, S_N$ の「長さ」が測れるということである．このアイデアこそが「可測性」であり，詳細な分析と展開を要したのであった．他方，ルベーグ積分が値域の制御に基づくことから，次の命題（ルベーグの収束定理が成立する．

命題 A.2 区間 $I = (a, b)$ 上のルベーグ積分可能な（正値有界な）関数の列 $\{f_n(x)\}$ が各点 x で収束して，I 上の有界関数 $f(x)$ を定めるならば，$f(x)$ はルベーグ積分可能で

$$\lim_{n \to \infty} \int_I f_n(x)\,dx = \int_I f(x)\,dx$$

が成り立つ[15].

A.4　可測性と積分

　上の議論において，本来の順序としては，直線上の集合 S の可測性，つまり，「長さ」$|S|$ が測れるということの分析が先行していなければならなかった．基礎にすべきなのは区間全体から成る集合族 $\mathscr{I}$ であり，特に，各区間の「長さ」である．任意の閉区間 $[c,d]$ （$c<d$）の「長さ」は $d-c$ でなければならない．開区間 (c,d)，半開区間 $(c,d]$, $[c,d)$ の「長さ」も $d-c$ である[16]．一般に「長さ」に期待される性質：$S_1 \subset S_2$ ならば $|S_1| \leq |S_2|$ との整合性から，空集合 $\emptyset$ の「長さ」は 0 でなければならない：$|\emptyset|=0$.

　さて，一点ならびに空集合も区間とみなせば，2個の区間 I と J の共通部分 $I \cap J$ は（いつも）区間であり，「長さ」について

$$|I \cap J| \leq \min(|I|, |J|)$$

となる．一方，合併集合 $I \cup J$ は $I \cup J \neq \emptyset$ のときは区間であるが，$I \cap J = \emptyset$ のときは（単一の）区間にはならない．差重合 $I \setminus J = I \setminus (I \cap J)$ は，$I \subset J$ のときは必ずしも単一の区間にならない．しかし，$I \cup J$ も $I \setminus J$ もたかだか2個の（共通部分が空の）区間の合併で表され，「長さ」は，それぞれ

$$|I \cup J| = |I| + |J| - |I \cap J|, \quad |I \setminus J| = |I| - |I \cap J|$$

となる．

---

[15] 各 $f_n(x)$ がリーマン積分可能であっても，$f(x)$ はリーマン積分可能とは限らないという意味で，ルベーグ積分の方が操作の自由性が高いということである．

[16] 特に，1 点は，$c=d$ のときの $[c,c]$ に相当するから，「長さ」0 になる．(c,c) は空集合であるが，「長さ」0 である．

A.4. 可測性と積分

例 A.3　たかだか可算個数の区間 $I_n, n = 1, 2, \cdots$ の合併集合 $\bigcup_n I_n$ は,その「長さ」が測れるならば,

$$\left|\bigcup_n I_n\right| \leq \sum_n |I_n| \quad (\leq +\infty)$$

となるはずである.$\bigcup_n I_n$ は,集合としては,

$$\bigcup_n I_n = I_1 \cup (I_2 \setminus I_1) \cup (I_3 \setminus I_1 \cup I_2) \cup \cdots$$

と表される.右辺の各項は互いに交わらず[17],しかも,各項それぞれは「長さ」が測れる集合[18].それらの総和として,

$$\left|\bigcup_n I_n\right| = |I_1| + |I_2 \setminus I_1| + |I_3 \setminus (I_1 \cup I_2)| + \cdots$$

が計算できる[19].

例 A.4　直線上の集合 S に対し,たかだか可算個数の区間の族 $I_n, n = 1, 2, \cdots$ が

$$S \subset \bigcup_n I_n$$

を満たすとき,$\{I_n\}$ を S の被覆という.任意の $\epsilon > 0$ に対し,$\sum_n |I_n| < \epsilon$ となるような被覆が構成できるような集合 S は零集合と呼ばれる.明らかに,空集合および一点からなる集合は零集合である.また,零集合の任意の部分集合は零集合である.零集合と零集合の合併集合は零集合である.可算個の零集合の合併集合も零集合である.

---

[17] すなわち,共通部分が空集合であって

[18] つまり,有限個の互いに交わらない区間からなっている.

[19] ただし,値は発散するかも知れず,そのときは,$|\bigcup_n I_n| = \infty$ ということになる.

零集合は可測集合と呼ばれる集合の族のうちで自明なものである.

集合 S は区間 $J = [a,b]$ の部分集合 $S \subset J$ とする. S の被覆 $\{I_n\}$ を任意に選んだときの被覆の合併集合の「長さ」の下限を S の外測度と言い,

$$|S|_* = \inf_{\text{集合 } S \text{ の被覆}} \left| \bigcup_n I_n \cap J \right| \tag{A.4}$$

と表そう[20]. S が零集合であることは $|S|_* = 0$ の成立に他ならない.

問 A.1 集合 S の外測度が正($|S|_* > 0$)ならば, $S \supset J_0$ となる区間 $J_0 \neq \emptyset$ がある.

注意 A.1 (A.4) を

$$|S|_* = \inf_{\text{集合 } S \text{ の被覆}} \sum_n |I_n \cap J|$$

と書き換えることができる.

集合 $S \subset J$ と $J \setminus S \subset J$ の間に

$$|S|_* + |J \setminus S|_* = |J| = b - a \tag{A.5}$$

が成り立つときは,

$$|S|* = |J| - |J \setminus S|_*, \quad |J \setminus S|_* = |J| - |S|_*$$

---

[20] 区間の族 $\{I_n\}$ が S の被覆であれば, $\{I_n \cap J\}$ も(区間の族に書き直され)S の被覆になる. このとき,

$$S = S \cap J \subset \bigcup_n (I_n \cap J) \subset \bigcup_n I_n$$

だから $I_n = I_n \cap J \subset J$ としてよい.

A.4. 可測性と積分

であり，$S = J \setminus (J \setminus S)$ という関係と整合する．(A.5) が成り立つような集合 S（$\subset J$）をルベーグ可測集合（以下，単に，可測集合と言い，あるいは，集合 S はルベーグ可測（以下，単に，可測）であると言う．

注意 A.2　集合 $S \subset J$ が可測でなければ，

$$|J| < |S|_* + |J \setminus S|_*$$

が成り立つ．

$S \subset J$ が可測であるとき，外測度 $|S|_*$ を，単に，測度と言い，$|S|$ とかく．さらに，一般に，直線上の集合 S は，任意の区間 J について $S \cap J$ が可測集合になるとき，可測であると言う．特に，全直線は可測である．

例 A.5　（直線上の）可測集合 S の測度が有限 $|S| < +\infty$ のとき，指示関数 $I_S(x)$ の積分を

$$\int_{-\infty}^{+\infty} I_S(x)\,dx = \int_S 1\,dx = |S|$$

と定める．

以下，可測集合の全体に関わる命題を 4 つ挙げるが，いずれも定義から直接的に検証できる．

命題 A.3　直線 $\mathbb{R}$ 上の可測集合の全体を $\mathscr{L}$ とする．

$$\emptyset \in \mathscr{L}, \quad \mathbb{R} \in \mathscr{L} \tag{A.6}$$

$$S \in \mathscr{L} \implies \mathbb{R} \setminus S \in \mathscr{L} \tag{A.7}$$

$$S_n \in \mathscr{L}, \quad n = 1, 2, \cdots$$
$$\implies \bigcup_n S_n \in \mathscr{L}, \quad \bigcap_n S_n \in \mathscr{L} \tag{A.8}$$

が成り立つ．特に，

$$\bigcup_n \bigcap_{k \geq n} S_k \in \mathscr{L}, \quad \bigcap_n \bigcap_{k \geq n} S_n \in \mathscr{L} \tag{A.9}$$

となる[21]．

命題 A.4 直線上の測度について，

$$S \in \mathscr{L} \implies |S| \geq 0$$

$$S_1, S_2 \in \mathscr{L}, \quad S_1 \subset S_2 \implies |S_1| \leq |S_2|$$

および

$$S_1, S_2 \in \mathscr{L} \implies |S_1 \cup S_2| \leq |S_1| + |S_2|$$

(ただし，等号$\Leftrightarrow |S_1 \cap S_2| = 0$) が成り立つ．

命題 A.5 一般に，集合の族 $\{S_n\}$ に対し，

$$S_i \cap S_j = \emptyset, \quad i \neq j$$

が満たされているとき，$\bigcup_n S_n$ を $\sum_n S_n$ とかく[22]ことにする．各 S_n が可測であり，測度 $|S_n|$ の総和が収束すると，

$$\left| \sum_n S_n \right| = \sum_n |S_n|$$

が成り立つ（一方の辺が発散するときは，他の辺も発散する）．

---

[21] (A.6) (A.7) (A.8) をみたす $\mathbb{R}$ の部分集合の族を $\mathbb{R}$ の σ-加法族という．この命題は，直線上のルベーグ可測集合の全体は σ-加法族をなすと言い換えられる．なお，$\mathbb{R}$ を集合 X で置き換えれば，X の σ-加法族の定義になる．
[22] 直和という．

A.4. 可測性と積分

命題 A.6 直線上の集合 S と実数 a に対し,

$$aS = \{ax ; x \in S\} \quad \text{および} \quad a + S = \{a + x ; x \in S\}$$

とおく. $S \in \mathscr{L}$ ならば $aS \in \mathscr{L}$ および $a + S \in \mathscr{L}$ であって,

$$|aS| = |a|\,|S| \quad \text{および} \quad |a + S| = |S|$$

が成り立つ.

さて, f を直線上の実数値関数とする. 直線上の任意の集合 $R \subset \mathbb{R}$ に対し, f による値が R に属すような f の定義域の点全体を f による原像 $f^{-1}(R)$ と言う. すなわち,

$$f^{-1}(R) = \{x ; f(x) \in R\}$$

である. 任意の $S \in \mathscr{L}$ に対し, $f^{-1}(S) \in \mathscr{L}$ が成り立つような関数は重要であって, このような関数は可測関数と呼ばれる. 実際, 有用な基礎的関数は可測関数である.

与えられた関数が可測関数であるかどうかは比較的簡便に判定ができる.

命題 A.7 f は区間 I ($= (a, b)$, $-\infty \leq a < b \leq +\infty$) で定義された実数値関数とする. f が可測関数であることは, 任意の実数 c について, 集合

$$E(f < c) = \{x \in I ; f(x) < c\}$$

が可測集合になることである. このときは,

$$E(f \geq c) = \{x \in I ; f(x) \geq c\} = \mathbb{R} \setminus E(f < c)$$

も可測集合になる. また, $c < d$ に対し,

$$E(c \leq f < d) = E(f \geq c) \cap E(f < d)$$

も可測集合である.

270   A. 無限小解析と微分積分学の基本定理について

命題 A.8　直線上の実数値の連続関数[23] f は可測関数である．

問 A.2　f を（直線上の）実数値の可測関数とする．
$$f_+(x) = \max(f(x), 0), \quad f_-(x) = \max(-f(x), 0)$$
とおくと，$f_\pm(x)$ は非負値の可測関数であり，
$$f(x) = f_+(x) - f_-(x), \quad |f(x)| = f_+(x) + f_-(x)$$
および
$$f(x) = 0 \iff f_+(x) = 0 = f_-(x)$$
が成り立つ．

f を区間 I 上の非負実数値の可測関数とする．正数の単調増大列 $\mathbf{c} = \{c_1, \cdots, c_n\}$ $(0 < c_1 < \cdots < c_n)$ に対し，
$$S_j = E(c_{j-1} \leq f < c_j), \quad j = 1, \cdots, n \quad (c_0 = 0)$$
とおき，指示関数 $I_{S_j}(x)$ を用いて
$$f_{\mathbf{c}}(x) = \sum_{j=1}^n c_{j-1} I_{S_j}(x)$$
とおく．$f_{\mathbf{c}}$ は I 上の可測関数であって，$f_{\mathbf{c}}(x) < f(x)$ をすべての x において満足する．さらに，
$$\int_I f_{\mathbf{c}}(x)\, dx = \sum_{j=1}^n c_{j-1} |S_j|$$
である．

---

[23] 本書の性格を考慮して，連続関数については数学的に正式な定義は与えて来なかった．直感的な表現としては，今の場合，各点で定義されている関数 f について，「直線上の点 a に限りなく近づく点列 x_n が何であれ，関数値の列 $f(x_n)$ は関数値 $f(a)$ に限りなく近づくときに f は点 a において連続であると言い，f が直線上のすべての点において連続のときに，f は直線上の連続関数と言われる」となる．ただし，「限りなく」という修飾語が問題である．例えば，[51] を見よ．

A.4. 可測性と積分

問 A.3 $f(x)$ を I 上の非負実数値の有界な可測関数とし, $M = \sup_x f(x) < +\infty$ とおく. $c_0^{(0)} = 0, c_1^{(0)} = M$ として, 単調増大列 $\mathbf{c}^{(0)} = \{c_0^{(0)}, c_1^{(0)}\}$ を定める. 次に, $c_1^{(1)} = c_0^{(0)}$, $c_1^{(2)} = c_0^{(1)}$ を満たす単調増大列 $\mathbf{c}^{(1)} = \{c_0^{(1)}, c_1^{(1)}, c_2^{(1)}\}$ を定め, さらに, 単調増大列 $\mathbf{c}^{(n)} = \{c_k^{(n)}, k = 0, 1, \cdots, 2^n\}$ から単調増大列 $\mathbf{c}^{(n+1)} = \{c_k^{(n+1)}, k = 0, 1, \cdots, 2^{n+1}\}$ を

$$c_0^{(n+1)} = c_0^{(n)} = \cdots = 0, \quad c_{2^{n+1}}^{(n+1)} = c_{2^n}^{(n)} = \cdots = M$$

および

$$c_{2k}^{(n+1)} = c_k^{(n)}, \quad c_{k-1}^{(n)} < c_{2k-1}^{(n+1)} < c_k^{(n)}$$
$$k = 1, 2, \cdots, 2^n - 1$$

によって構成する. このとき,

$$f_{\mathbf{c}^{(1)}}(x) \leq f_{\mathbf{c}^{(2)}}(x) \leq \cdots \leq f_{\mathbf{c}^{(n)}}(x) \leq \cdots < f(x)$$

が成り立つ[24]. しかも, $n \to \infty$ のときに

$$d^{(n)} = \min\{c_k^{(n)} - c_{k-1}^{(n)}, k = 1, \cdots, 2^n\} \to 0 \quad (A.10)$$

が成り立つように, $\mathbf{c}^{(n)}$ が構成されていれば,

$$f_{\mathbf{c}^{(n)}}(x) \to f(x), \quad n \to \infty \quad (A.11)$$

が各 x で成り立つ.

---

[24] $f_{\mathbf{c}^{(n)}}(x)$ の構成は上と同様である. すなわち,

$$S_k^{(n)} = E(c_{k-1}^{(n)} \leq f < c_k^{(n)})$$

として,

$$f_{\mathbf{c}^{(n)}}(x) = \sum_{k=1}^{2^n} c_{k-1}^{(n)} I_{S_k^{(n)}}(x)$$

である.

さて，上問において，I が有界区間 $[a,b]$ のときは[25]

$$\int_I f_{\mathbf{c}^{(n)}}(x)\,dx = \sum_{k=1}^{2^n} c_{k-1}^{(n)}|S_k^{(n)}| < M|b-a|$$

だから，有界な単調増大列

$$\int_I f_{\mathbf{c}^{(n)}}(x)\,dx \leq \int_I f_{\mathbf{c}^{(n+1)}}(x)\,dx \leq \cdots < M|b-a|$$

が得られる．特に，(A.10) のもとでは (A.11) が成り立つから，このとき，

$$\int_I f(x)\,dx = \lim_{n\to\infty} \int_I f_{\mathbf{c}^{(n)}}(x)\,dx \qquad (\text{A.12})$$

と定義するのがよい．したがって，次を得る：

命題 A.9 有界区間上の非負値かつ有界な可測関数は，ルベーグの意味で積分可能で，その積分は (A.12) で与えられる．

また，ここまでの論法により，命題 A.2 の成立も明らかであろう．

注意 A.3 f が有界区間 $I = [a,b]$ 上の非有界な非負値可測関数の場合，任意の $N > 0$ に対し，レベル N で切り落として得られる

$$f_b^N(x) = \begin{cases} f(x), & x \in E(f < N) \\ N, & x \notin E(f < N) \end{cases}$$

は I 上の有界な可測関数であり，積分 $\int_I f_b^N(x)\,dx$ が存在する．さらに，$N < N'$ ならば $f_b^N(x) \leq f_b^{N'}(x)$，すなわち，単調増大で，$f(x)$ が極限になる．そこで，$N \to +\infty$ のとき，

---

[25] $S_k^{(n)} = E(c_{k-1}^{(n)} \leq f < c_k^{(n)})$

A.4. 可測性と積分

$\int_I f_b^N(x)\,dx$ が有界に留まるならば（極限値が存在するので）非負，非有界な実数値可測関数 f は可積分であるといい，積分を

$$\int_I f(x)\,dx = \lim_{N\to+\infty} \int_I f_b^N(x)\,dx$$

によって定義する．

注意 A.4 f が非有界な区間で定義されている非負可測関数の場合はどうか．$I = \mathbb{R} = (-\infty, +\infty)$ のときを見よう．$N > 0$ とし，

$$f_{c,N}(x) = \begin{cases} f(x), & |x| \le N \\ 0, & |x| > N \end{cases}$$

とおくと，$N < N'$ ならば $f_{c,N}(x) \le f_{c,N'}(x)$，すなわち，単調増大で，極限で $f(x)$ が得られる．一方，積分は

$$\int_I f_{c,N}(x)\,dx = \int_N^{-N} f(x)\,dx$$

となり，$N \to \infty$ のときに有界に留まるならば，f は可積分であって，

$$\int_I f(x)\,dx = \lim_{N\to+\infty} \int_I f_{c,N}(x)\,dx = \lim_{N\to+\infty} \int_{-N}^{N} f(x)\,dx$$

によって，f の積分が定義される．

一般に，区間 I 上の実数値可測関数 f については，(問 A.2 にあるように) f を非負値の可測関数の差と表して，すなわち，f の非負部分 f_+ と非正部分 f_- とに分け，$f(x) = f_+(x) - f_-(x)$ のもとで，積分を

$$\int_I f(x)\,dx = \int_I f_+(x)\,dx - \int_I f_-(x)\,dx \qquad (A.13)$$

と定義する．非負値の可測関数 $|f|$ の可積分性は

$$\int_I |f(x)|\,dx = \int_I f_+(x)\,dx + \int_I f_-(x)\,dx \qquad \text{(A.14)}$$

に他ならないから，f の可積分性は $|f|$ の可積分性と同等である．

なお，直線は，平行移動によって不変：すなわち，任意の実数 $\tau \in \mathbb{R}$ について

$$x \in \mathbb{R} \iff x - \tau \in \mathbb{R}$$

である．区間 $I = (a, b)$ は平行移動によって

$$I_{(\tau)} = (a - \tau, b - \tau)$$

となるが，長さは変わらない：$|I| = |I_{(\tau)}|$．したがって，ルベーグ測度は平行移動に依らない．

今，直線上の関数 $f(x)$ について，$x \mapsto f(x - \tau)$ で定義される関数を関数 f の（左に τ の）平行移動といい，

$$f_{\langle \tau \rangle}(x) = f(x - \tau)$$

と表そう．定義から，次の命題は明らかであろう．

命題 A.10 直線上の関数 $f(x)$ の平行移動を $f_{\langle \tau \rangle}(x)$ とする．$f(x)$ が可測ならば，$f_{\langle \tau \rangle}(x)$ も可測である．$f(x)$ が可積分ならば，$f_{\langle \tau \rangle}(x)$ も可積分であって，$I = (-\infty, +\infty)$ に対し，

$$\int_I f(x)\,dx = \int_I f_{\langle \tau \rangle}(x)\,dx, \quad I = (-\infty, +\infty)$$

が成り立つ．

A.5 フビニの定理

ここまでに述べた可測集合および測度のアイデアは,直線以外の場合でも,基準となり,かつ,大きさ(測度)が測れる集合(つまり,区間に相当するもの)の族による被覆の原理が成り立つもの,ここでは,仮に,計測基準集合系と呼ぶが,そういうもの[26]があれば,ほぼ同じ構成のまま,拡張できる.平面(2次元ユークリッド空間 $\mathbb{R}^2$)内の集合の場合ならば,計測基準集合系として,長方形

$$R_{a,\epsilon} = \left\{ x = (x_1, x_2);\ \begin{array}{l} a_1 < x_1 \leq a_1 + \epsilon_1 \\ a_2 < x_2 \leq a_2 + \epsilon_2 \end{array} \right\},$$

ただし,

$$a = (a_1, a_2),\ \epsilon = (\epsilon_1, \epsilon_2) \in \mathbb{R}^2,\quad \epsilon_1 \geq 0,\ \epsilon_2 \geq 0$$

から成るもの $\mathscr{R} = \{R_{a,\epsilon}\}$ を採用することができる.各長方形の大きさは,面積 $|R_{a,\epsilon}| = \epsilon_1 \epsilon_2$ である.§A.4 の議論は,集合族 $\mathscr{I}$ の代わりに,$\mathscr{R}$ を採っても,ほぼ,そのままなぞることができる.したがって,平面内の集合について,(2次元)零集合,(2次元)可測集合,および(2次元)測度を定義でき,平面内の集合上で定義された実数値関数について,可測性や可積分性を定義することができる.例えば,$S \subset \mathbb{R}^2$ が2次元可測集合であれば,その測度の2次元性を強調するとき,$|S|_{(2)}$ と書き,

$$|S|_{(2)} = \int_S 1\, dx_1 dx_2 = \int_S 1\, dx,\quad dx = dx_1 dx_2,$$

と表すことができる.

---

[26] 直線の場合には,直線区間の全体から成る集合系が計測基準集合系であった.

例 A.6 平面内の直線 ℓ は（2次元）零集合，$|\ell|_{(2)} = 0$ である．

また，2変数の実数値関数 $f(x)$ $(x = (x_1, x_2))$ が可測関数であるとは，各実数 c に対し，

$$E(f < c) = \{x = (x_1, x_2); f(x) < c\}$$

が2次元可測集合となることである．積分可能性についても，直線上の可測関数あるいは可積分性の場合と並行した議論が成り立つ．

しかし，次元が上がったための全く新しい議論も生じてくる．S を2次元可測集合とすると，各 t について，

$$S'_t = \{x_2; (t, x_2) \in S\}, \quad S''_t = \{x_1; (x_1, t) \in S\}$$

と置くと，直線上の集合が得られる．すなわち，S'_t は S と直線 $x_1 = t$ との共通部分であり，S''_t は S と直線 $x_2 = t$ との共通部分である．

命題 A.11 平面集合 S は（2次元）可測とする．適当な1次元零集合 N' があって，$t \notin N'$ ならば[27]，集合 S'_t は1次元可測である．同様に，適当な1次元零集合 N'' があって，$t \notin N''$ ならば S''_t は1次元可測である．

実際，S は測度正の有界集合としてよい．

$$N' = \{t; S'_t \text{ が可測ではない．}\}$$

として，N' が零集合になることを見ればよい．N' が零集合でないとすると，問 A.1 および注意 A.2（と，その2次元類比）によって，S は可測ではないことになってしまうのである．

---

[27] すなわち，ほとんどすべての t に対し，

A.5. フビニの定理

命題 A.12 $f(x)$ を 2 次元可測関数とする．適当な 1 次元零集合 N' が存在し，$t \notin N'$ ならば，$f'_t(x_2) = f(t, x_2)$ は x_2 について可測関数である．同様に，適当な 1 次元零集合 N'' があって，$t \notin N''$ ならば $f''_t(x_1) = f(x_1, t)$ は x_1 の可測集合である．

特に，積分順序に関して次が成り立つ．

命題 A.13 $f(x)$ が長方形領域 $R = (a_1, b_1) \times (a_2, b_2)$ 上で定義された非負値の有界可測関数とする．このとき，$f(x)$ は可積分である．さらに，ほとんどすべての x_1 に対して，$f'_{x_1}(x_2)$ は (a_2, b_2) において，非負，有界可測，したがって，可積分であり，また，ほとんどすべての x_2 に対して，$f''_{x_2}(x_1)$ は (a_1, b_1) において，非負，有界可測，したがって可積分である．しかも，

$$F'(x_1) = \int_{a_2}^{b_2} f'_{x_1}(x_2)\, dx_2, \quad F''(x_2) = \int_{a_1}^{b_1} f''_{x_2}(x_1)\, dx_1$$

は，それぞれ x_1，x_2 の可測関数であって，

$$\int_{a_1}^{b_1} F'(x_1)\, dx_1 = \int_{a_2}^{b_2} F''(x_2)\, dx_2 = \int_R f(x)\, dx$$

（ただし，$dx = dx_1 dx_2$）が成り立つ．

例 A.7 長方形領域 R において，$f(x) = X_1(x_1) X_2(x_2)$ ならば，

$$\int_R f(x)\, dx = \int_{a_1}^{b_1} X_1(x_1)\, dx_1 \int_{a_2}^{b_2} X_2(x_2)\, dx_2$$

である．

命題 A.11，命題 A.12，命題 A.13 は，いずれも，フビニの定理といわれる．命題 A.13 については，$f(x)$ の有界性や非負性の条件は緩められるが，詳細は，積分論の書物（例えば，[35], [19], [43] など）を見ていただきたい．

注意 A.5 平面の計測基準集合系としては，（空集合を含む）閉円板の全体 $\mathscr{S}$ を採用することもできる．$\mathscr{S}$ によっても，計測基準集合系 $\mathscr{R}$ によるものと集合の可測性の定義は一致する．

集合の測度の概念や可測性，関数の可測性や可積分性については，一般 n 次元空間の場合にも，同様に拡張できる．フビニの定理についても，より複雑な表現が必要になるが，ほぼ同様に拡張できる．

A.6 若干の収束定理

可測集合あるいは可測関数に関する性質 $\mathscr{P}$ が，ある零集合 N を除いて成り立つときに，$\mathscr{P}$ はほとんどいたるところで成り立つ（あるいは，ほとんどすべての点について成り立つ）という．例えば，直線上の可測関数 $f(x)$, $f_1(x)$ について，両者が相異なる点の集合 $N = \{x\,;\,f(x) \neq f_1(x)\}$ が零集合ならば，$f(x)$ と $f_1(x)$ はほとんどいたるところで一致している．

問 A.4 $f(x)$, $f_1(x)$ は直線上の可測関数で，ほとんどいたるところで一致しているとする．このとき，直線上の任意の可測関数 $g(x)$ について，$f(x)g(x)$ と $f_1(x)g(x)$ は可測，ほとんどいたるところで一致する．

A.6. 若干の収束定理

さて，可測集合 $S(\subset \mathbb{R})$ 上の関数 $f(x)$ の可積分性は，(A.13) (A.14) の通り，絶対値 $|f(x)|$ の可積分性（絶対可積分性）

$$\int_S |f(x)|\,dx < +\infty \tag{A.15}$$

と同等であった[28]．

問 A.5 S 上の関数 $f_1(x)$ が可積分関数 $f(x)$ とほとんどいたるところで一致しているならば，$f_1(x)$ も可積分であり，しかも，

$$\int_S f(x)\,dx = \int_S f_1(x)\,dx$$

となる．

さて，可測集合 $S(\subset \mathbb{R})$ 上の可積分関数の列 $f_n(x)$, $n = 1, 2, \cdots$, の収束について再考してみよう．もっとも基本的なのは，つぎに挙げる ルベーグの収束定理である（命題 A.2 参照）．

命題 A.14 S 上の正値可積分関数 $g(x)$ があって $|f_n(x)| \leq g(x)$ が S 上（ほとんどいたるところ）で成り立つとする．さらに，ほとんどすべての $x \in S$ について（$f_n(x)$ が $n \to \infty$ のとき）関数 $f(x)$ に収束するならば，$f(x)$ は S 上で可積分であって

$$\lim_{n \to \infty} \int_S f_n(x)\,dx = \int_S f(x)\,dx$$

が成り立つ．

詳細は省くが，ルベーグの意味での積分の定義を振り返ってみると，ほぼ直接的に導かれることは明らかであろう．

---

[28] なお，S 上の可積分関数の全体は $\mathscr{L}^1(S)$ と表す．ここでは立ち入らないが，$\mathscr{L}^1(S)$ は線形空間とみなすことができる．[19], [61] など参照．

命題 A.15　$f_n(x)$ は，S 上の可積分関数の列で，ほとんどすべての $x \in S$ で可積分関数 $f(x)$ に収束しているとする．このとき，
$$\int_S |f_n(x) - f(x)|\, dx \to 0 \qquad (A.16)$$
が導かれる．

実際，$|f_n(x) - f(x)|$ に命題 A.14 を適用すればよいが，S が非有界の場合には技術的な工夫が要るが，立ち入らない．

命題 A.15 の逆は，このままでは成り立たない．しかし，(A.16) から，関数列 $\{f_n(x)\}$ の部分列 $\{f_{n'}(x)\}$ を適当に選び出して，ほとんどすべての x について
$$f_{n'}(x) \to f(x), \quad n' \to \infty$$
を満足させることができる．

他方，(A.16) から，関数列 $\{f_n(x)\}$ は，基本列（コーシー列）の条件
$$\int_S |f_n(x) - f_m(x)|\, dx \to 0, \quad n, m \to \infty \qquad (A.17)$$
を満たしていることがわかる．

今，（極限関数 $f(x)$ の存在を仮定せずに）S 上の可積分関数の基本列 $\{f_n(x)\}$ が与えられているとしよう．(A.17) から導けることは，$\{f_n(x)\}$ の適当な部分列 $\{f_{n'}(x)\}$ が選び出せて，ほとんどすべての $x \in S$ について，
$$|f_{n'}(x) - f_{m'}(x)| \to 0, \quad n', m' \to \infty \qquad (A.18)$$
が成り立つことである．したがって，このような x に対し，$f(x) = \lim_{n' \to \infty} f_{n'}(x)$ が定まり，この $f(x)$ は S 上可積分であって，
$$\lim_{n \to \infty} \int_S |f_n(x) - f(x)|\, dx = 0 \qquad (A.19)$$

A.6. 若干の収束定理

が導かれる．すなわち，つぎに掲げるリース・フィッシャーの定理が成り立つ：

命題 A.16 S 上の可積分関数の基本列 $\{f_n(x)\}$ に対し，可積分な極限関数 $f(x)$ が存在して，(A.19) が成り立つ[29]．

S 上の2乗可積分な関数の基本列 $\{f_n(x)\}$，すなわち，

$$\int_S |f_n(x) - f_m(x)|^2 \, dx \to 0, \quad n, m \to \infty \tag{A.20}$$

を満足する関数列の場合も，(A.17) の場合と同様に $\{f_n(x)\}$ の部分列を，ほとんどすべての $x \in S$ において (A.18) が成り立つように選び出すことができ，したがって，極限関数 $f(x)$ が定められる．しかも，$f(x)$ が2乗可積分であることも見やすい．かくて，命題 A.16 の類比が得られる．

命題 A.17 S 上の2乗可積分関数の基本列 $\{f_n(x)\}$ に対し，2乗可積分な極限関数 $f(x)$ が存在して，

$$\lim_{n \to \infty} \int_S |f_n(x) - f(x)|^2 \, dx = 0 \tag{A.21}$$

が成り立つ．すなわち，関数空間 $\mathscr{L}^2(S)$ は完備である．

---

[29] すなわち，可積分関数全体のなす関数空間 $\mathscr{L}^1(S)$ は（f のノルムが (A.15) 左辺で与えられたとして，完備である．

B

ルジャンドルの多項式について

$$\phi x = \frac{1}{\pi}\int_{-\infty}^{+\infty} d\alpha\phi\alpha \int_0^\infty dq\cos.\bigl(q(x-\alpha)\bigr)$$

$$\frac{dv}{dt} = \frac{K}{CD}\left(\frac{d^2v}{dx^2} + \frac{d^2v}{dy^2} * \frac{d^2v}{dz^2}\right)$$

$$\frac{1}{2}\pi\varphi x = \sin.x\int_0^\pi \varphi x\sin.xdx + \sin.2x\int_0^\pi \varphi x\sin.2xdx$$
$$+ \sin.3x\int_0^\pi \varphi x\sin.3xdx + etc.$$

$$\frac{1}{2}\pi\varphi x = \frac{1}{2}\int_0^\pi \varphi xdx + \cos.x\int_0^\pi \varphi x\cos.xdx$$
$$+ \cos.2x\int_0^\pi \varphi x\cos.2xdx + \cos.3x\int_0^\pi \varphi x\cos.3xdx + etc.$$

B. ルジャンドルの多項式について

ルジャンドルの多項式 $P_n(t)$ は微分方程式

$$\frac{d}{dt}\left((1-t^2)\frac{d}{dt}u(t)\right) - n(n+1)u(t) = 0 \qquad (\text{B.1})$$

の多項式解として得られる n 次多項式である ($n = 0, 1, 2, \cdots$). 具体的には,

$$P_n(t) = \sum_{k=0}^{[\frac{n}{2}]} \frac{(-1)^k}{2^k} \frac{1 \cdot 3 \cdot 5 \cdots (2n-2k-1)}{k!(n-2k)!} t^{n-2k} \qquad (\text{B.2})$$

と求められている.

$P_n(t)$ は基本的な直交多項式であって,例えば,高木 ([51] 36 節(第 3 章))に詳細な記述がある.もともと,3 次元ラプラシアンを球座標で表し,その固有関数系を変数分離によって求める過程で得られたものである(§4.5 参照).純粋分野,応用分野を問わず,数学上極めて重要であり,当然,古くからよく調べられている.いまさら付け加えるべきことがあるとは思われないところではあるが,なお,若干目新しい文脈で方程式 (B.1) を扱えるのではないかと思って,展開したのが以下の考察である[1].後述の定理 B.1 に,この立場からのルジャンドル多項式の表現公式に相当するものを掲げた.

B.1 区間における関数若干

実数 $p < q$ を両端とする区間を $I = [p, q]$ とおこう(p, q は以下の議論で必要に応じて指定する[2]).区間 I の長さは

$$|I| = q - p$$

---

[1] 実は,高次元の多項式スプラインの場合に議論が拡張できると嬉しい.
[2] ルジャンドル多項式を論ずる場合は,$p = -1, q = 1$ となる.

である．端点 p, q において，それぞれ，実数値 a, b をとる1次関数は，I において

$$\mathrm{convex}_I(t; a, b) = a\frac{q-t}{|I|} + b\frac{t-p}{|I|}, \qquad t \in I \qquad (\mathrm{B}.3)$$

と表わされる（要するに，a, b の凸結合である）．

一方，区間 I の両端で消え，中央点 $\frac{p+q}{2}$ で値 $\frac{1}{4}$ をとる2次関数は

$$B_I(t) = \frac{q-t}{|I|}\frac{t-p}{|I|}, \qquad t \in I \qquad (\mathrm{B}.4)$$

である．

これらの関数の間には，次の簡単な関係式が成り立つ．

補題 B.1 a, b, c, d は実数とする．このとき

$$\mathrm{convex}_I(t; a, a) = a$$

$$\mathrm{convex}_I(t; a, b) + \mathrm{convex}_I(t; c, d)$$
$$= \mathrm{convex}_I(t; a+c, b+d)$$

$$\mathrm{convex}_I(t; a, b) \cdot \mathrm{convex}_I(t; c, d)$$
$$= \mathrm{convex}_I(t; ac, bd) - (a-b)(c-d)B_I(t)$$

が成り立つ．

さて，次が本稿の基礎となる主張である．

命題 B.1 （実係数の）n 次多項式 $Q(t)$ に対し，実数

$$a_i, i = 0, \cdots, m = [\frac{n+1}{2}], \quad b_i, i = 0, \cdots, m$$

が一意的に定まって，区間 I 上で

$$Q(t) = \sum_{i=0}^{m} \mathrm{convex}_I(t; a_i, b_i) B_I(t)^i, \quad t \in I \qquad (\mathrm{B}.5)$$

と表わされる．

実際，$Q_0(t) = Q(t)$ とおくと，$a_0 = Q_0(p), b_0 = Q_0(q)$ である．次に，
$$Q_1(t) = \frac{Q_0(t) - \text{convex}_I(t; a_0, b_0)}{B_I(t)}$$
と置いて，$a_1 = Q_1(p), b_1 = Q_1(q)$ が定まる．以下，同様に続けて，1次式 $Q_m(t) = \text{convex}_I(t; a_m, b_m)$ に至る．

B.2　導関数について

命題 B.1 と微分演算との関係を確認しよう．

補題 B.2　導関数に関しては，
$$\frac{d}{dt}\text{convex}_I(t; a, b) = \frac{b-a}{|I|}, \quad t \in I$$
$$\frac{d}{dt}B_I(t) = \frac{1}{|I|}\text{convex}_I(t; 1, -1), \quad t \in I$$
$$\begin{aligned}\frac{d}{dt}&\left(\text{convex}_I(t; a, b) \cdot B_I(t)^k\right) \\ &= \frac{k}{|I|}\text{convex}_I(t; a, -b)\, B_I(t)^{k-1} \\ &\quad + \frac{(2k+1)(b-a)}{|I|}\, B_I(t)^k\end{aligned}$$
が成り立つ．

ここで，形式和
$$S(t) = \sum_{i=0}^{\infty} \text{convex}_I(t; a_i, b_i)\, B_I(t)^i \tag{B.6}$$
の形式的導関数を
$$\frac{d}{dt}S(t) = \sum_{i=0}^{\infty} \text{convex}_I(t; a'_i, b'_i)\, B_I(t)^i \tag{B.7}$$

B.2. 導関数について

と表すと,

$$\begin{cases} a'_i = \dfrac{i+1}{|I|}a_{i+1} - \dfrac{2i+1}{|I|}(a_i - b_i) \\ b'_i = -\dfrac{i+1}{|I|}b_{i+1} - \dfrac{2i+1}{|I|}(a_i - b_i) \end{cases} \tag{B.8}$$

となる. 特に,

$$a'_i - b'_i = \frac{i+1}{|I|}(a_{i+1} + b_{i+1}) \tag{B.9}$$

である.

なお,

$$B_I(t)\frac{d}{dt}S(t) = \sum_{j=0}^{\infty} \mathrm{convex}_I(t; a''_j, b''_j)B_I(t)^j \tag{B.10}$$

とおくと,

$$a''_0 = b''_0 = 0, \quad a''_j = a'_{j-1}, b''_j = b'_{j-1}, j \ge 1 \tag{B.11}$$

である. したがって,

$$\frac{d}{dt}\left(B_I(t)\frac{d}{dt}S(t)\right) = \sum_{j=0}^{\infty} \mathrm{convex}_I(t, a^*_j, b^*_j)B(t)^j \tag{B.12}$$

とすると

$$\begin{aligned}
a^*_j &= \frac{j+1}{|I|}a''_{j+1} - \frac{2j+1}{|I|}(a''_j - b''_j) \\
&= \frac{(j+1)^2}{|I|^2}a_{j+1} - \frac{(2j+1)^2}{|I|^2}a_j + \frac{2j+1}{|I|^2}b_j \\
b^*_j &= -\frac{j+1}{|I|}b''_{j+1} - \frac{2j+1}{|I|}(a''_j - b''_j) \\
&= \frac{(j+1)^2}{|I|^2}b_{j+1} + \frac{2j+1}{|I|^2}a_j - \frac{(2j+1)^2}{|I|^2}b_j
\end{aligned}$$

であるが，見易く整理すると，

$$\begin{pmatrix} a_j^* \\ b_j^* \end{pmatrix} = L_j \begin{pmatrix} a_j \\ b_j \end{pmatrix} + \frac{(j+1)^2}{|I|^2} \begin{pmatrix} a_{j+1} \\ b_{j+1} \end{pmatrix}$$

となる．ただし，L_j は 2×2 行列

$$L_j = \frac{1}{|I|^2} \begin{pmatrix} -(2j+1)^2 & 2j+1 \\ 2j+1 & -(2j+1)^2 \end{pmatrix}$$

である．なお，

$$\Lambda_j = \begin{pmatrix} -2j-1 & 1 \\ 1 & -2j-1 \end{pmatrix} \tag{B.13}$$

とおけば，

$$L_j = \frac{2j+1}{|I|^2} \Lambda_j$$

となる．

補題 B.3 $\mu_n = -n(n+1)$ とする．行列 L_j の固有値は

$$\lambda_{2j} = \frac{\mu_{2j}}{|I|^2} = -\frac{2j(2j+1)}{|I|^2}$$

$$\lambda_{2j+1} = \frac{\mu_{2j+1}}{|I|^2} = -\frac{(2j+1)(2j+2)}{|I|^2}$$

であって，対応する固有ベクトルは，それぞれ，

$$\mathbf{e}_{2j} = \begin{pmatrix} 1 \\ 1 \end{pmatrix}, \quad \mathbf{e}_{2j+1} = \begin{pmatrix} -1 \\ 1 \end{pmatrix}$$

のスカラー倍である．特に，行列 L_j, L_k $(j \neq k)$ の固有値は相異なる．

実際，行列 Λ_j の固有値は $-2j$ または $-2j-2$ であって，対応する固有ベクトルは，それぞれ ${}^t(1,1)$, ${}^t(-1,1)$ の定数倍である．

補題 B.4　$S(t)$ は高々 $2m+1$ 次の多項式とする（$j > m$ ならば $a_j = b_j = 0$ である．すなわち，$S(t) = Q(t)$ (B.5)）．このとき，
$$a_j^* = b_j^* = 0, \quad j > m$$
$$\begin{pmatrix} a_m^* \\ b_m^* \end{pmatrix} = L_m \begin{pmatrix} a_m \\ b_m \end{pmatrix} \tag{B.14}$$
である．$j < m$ に対しては
$$\begin{pmatrix} a_j^* \\ b_j^* \end{pmatrix} = L_j \begin{pmatrix} a_j \\ b_j \end{pmatrix} + \frac{(j+1)^2}{|I|^2} \begin{pmatrix} a_{j+1} \\ b_{j+1} \end{pmatrix}$$
が成り立つ．

B.3　ルジャンドル多項式について

微分作用素
$$\mathcal{L}_I \cdot = \frac{d}{dt}\left(B_I(t) \frac{d}{dt} \cdot\right) \tag{B.15}$$
の固有値と固有関数を論じよう．固有値問題とは，
$$\mathcal{L}_I u(t) = \lambda u(t), \quad t \in I \tag{B.16}$$
を満たす $u(t) \neq 0$ と λ を求めることである．

注意 B.1　ルジャンドルの微分方程式 (B.1) は，(B.16) において $I = [-1, 1]$, $\lambda = \dfrac{1}{4} n(n+1)$ の場合に相当する．

$u(t)$ を命題 B.1 の $Q(t)$ として,(B.16) を考える.補題 B.4 により,(B.16) は

$$\lambda \begin{pmatrix} a_m \\ b_m \end{pmatrix} = L_m \begin{pmatrix} a_m \\ b_m \end{pmatrix}$$

および $j < m$ に対して,

$$\lambda \begin{pmatrix} a_j \\ b_j \end{pmatrix} = L_j \begin{pmatrix} a_j \\ b_j \end{pmatrix} + \frac{(j+1)^2}{|I|^2} \begin{pmatrix} a_{j+1} \\ b_{j+1} \end{pmatrix}$$

が成り立つことと同値になる.したがって,$\lambda = \dfrac{\mu}{|I|^2}$ とおくと,

$$\mu \begin{pmatrix} a_m \\ b_m \end{pmatrix} = (2m+1)\Lambda_m \begin{pmatrix} a_m \\ b_m \end{pmatrix} \tag{B.17}$$

および $j < m$ に対して

$$\mu \begin{pmatrix} a_j \\ b_j \end{pmatrix} = (2j+1)\Lambda_j \begin{pmatrix} a_j \\ b_j \end{pmatrix} + (j+1)^2 \begin{pmatrix} a_{j+1} \\ b_{j+1} \end{pmatrix} \tag{B.18}$$

となる.ただし,Λ_j は (B.13) で与えられている.ここで,区間 I の情報が完全に消えてしまったことが興味深い.

したがって,

$$\begin{aligned} \mu &= \mu_{2m}, \quad a_m = b_m \neq 0, \quad \text{または} \\ \mu &= \mu_{2m+1}, \quad a_m = -b_m \neq 0 \end{aligned} \tag{B.19}$$

である.以下,$n = 2m$ または $n = 2m+1$ に応じて,

$$\begin{pmatrix} a_j \\ b_j \end{pmatrix} = (j+1)^2 \left(\mu_n - (2j+1)\Lambda_j \right)^{-1} \begin{pmatrix} a_{j+1} \\ b_{j+1} \end{pmatrix} \tag{B.20}$$

から a_j, b_j $(j = 0, \cdots, m-1)$ が逐次決められる.

B.3. ルジャンドル多項式について

補題 B.5　$n = 2m$ ならば $a_j = b_j$ である.

実際, $j = m$ のときは正しい. $j < m$ のときは, (B.20) から従う.

$$\delta_{n,j} = \det\bigl(\mu_n - (2j+1)\Lambda_j\bigr)$$
$$= (n+2+2j)(n+1+2j)(-n+2j)(-n+1+2j)$$

とおくと, $(\mu_n - (2j+1)\Lambda_j)^{-1}$ は, 行列

$$\begin{pmatrix} -n(n+1) + (2j+1)^2 & 2j+1 \\ 2j+1 & -n(n+1) + (2j+1)^2 \end{pmatrix}$$

を $\delta_{n,j}$ で除したものとなる. $n = 2m$, $a_{j+1} = b_{j+1}$ とすると,

$$a_j = \frac{(j+1)^2}{(2m+1+2j)(-2m+2j)} a_{j+1} = b_j$$

となる. したがって, $j < m$ ならば

$$a_j = \frac{(-1)^{m-j}}{2^{2m-2j}} \frac{\Gamma(m+j+1/2)\,(m!)^2}{\Gamma(2m+1/2)\,(m-j)!\,(j!)^2} a_m = b_j \quad \text{(B.21)}$$

である.

補題 B.6　$n = 2m+1$ ならば $a_j = -b_j$ である.

実際, $j = m$ のときは正しい. $j < m$ のときは, 補題 B.5 と同様に, $n = 2m+1$, $b_{j+1} = -a_{j+1}$ より,

$$a_j = \frac{(j+1)^2}{(2m+3+2j)(-2m+2j)} a_{j+1} = -b_j$$

となる. したがって, $j < m$ ならば

$$\begin{aligned}a_j &= \frac{(-1)^{m-j}}{2^{2m-2j}} \frac{\Gamma(m+j+3/2)\,(m!)^2}{\Gamma(2m+3/2)\,(m-j)!\,(j!)^2} a_m \\ &= -b_j\end{aligned} \quad \text{(B.22)}$$

である．

以上をまとめよう．

定理 B.1 固有値問題 (B.16) は，固有値 $\lambda = -\dfrac{n(n+1)}{|I|^2}$ に対し，n 次多項式の固有関数を持つ．より詳しくは，

(A) $n = 2m$, $\lambda = -\dfrac{2m(2m+1)}{|I|^2}$ に対し，$2m$ 次の多項式

$$a \sum_{j=0}^{m} c_{m,j} \operatorname{convex}_I(t; 1, 1) \, B_I(t)^j \tag{B.23}$$

が固有関数になる（$a \neq 0$）．ただし，$j = 0, \cdots, m$ につき

$$c_{m,j} = \frac{(-1)^{m-j} (m!)^2}{2^{2m-2j} (m-j)! (j!)^2} \frac{\Gamma(m+j+1/2)}{\Gamma(2m+1/2)}$$

である．

(B) $n = 2m+1$, $\lambda = -\dfrac{(2m+1)(2m+2)}{|I|^2}$ に対し，$2m+1$ 次の多項式

$$a \sum_{j=0}^{m} c'_{m,j} \operatorname{convex}_I(t; 1, -1) \, B_I(t)^j \tag{B.24}$$

が固有関数になる（$a \neq 0$）．ただし，$j = 0, \cdots, m$ につき

$$c'_{m,j} = \frac{(-1)^{m-j} (m!)^2}{2^{2m-2j} (m-j)! (j!)^2} \frac{\Gamma(m+j+3/2)}{\Gamma(2m+3/2)}$$

である．

注意 B.2 (B.23) および (B.24) における係数 a を（目的に応じて，適当に指定してえられる多項式を，それぞれ，$Q_{2m}^I(t)$ および $Q_{2m+1}^I(t)$ と置こう．ルジャンドル多項式 (B.2) と同様の正規化，つまり，$I = [p, q]$, $p < q$ に対し，

$$Q_{2m}^I(q) = Q_{2m+1}^I(q) = 1$$

とすると，

$$\operatorname{convex}_I(t;1,1) = 1, \quad \operatorname{convex}_I(t;1,-1) = \frac{p+q-2t}{q-p}$$

すなわち，

$$a = (-1)^m \frac{2^{2m}}{m!} \tag{B.25}$$

である．古典的なルジャンドル多項式は，$I = [-1,1]$ の場合であり，$\operatorname{convec}_I(t;1,-1) = -t$，$B_I(t) = \dfrac{1-t^2}{4}$ である．

B.4 直交基底としての性格

上では，微分作用素 (B.15) の固有値問題 (B.16) を一旦線形代数の問題に書き換えて扱ったので，ヒルベルト空間[3] $\mathscr{L}^2(I)$ との関連が直ちに見えるわけではなかった．ヒルベルト空間 $\mathscr{L}^2(I)$ の直交基底としては，既述の通り，三角関数系のものが典型的であるが，実は，Legendre 多項式も基本的な直交基底である．

命題 B.2 なめらかな $u(t), v(t) \in \mathscr{L}^2(I)$ に対し，

$$\int_I \mathcal{L}_I u(t)\, v(t)\, dt = \int_I u(t)\, \mathcal{L}_I v(t)\, dt \tag{B.26}$$

が成り立つ．この意味で，微分作用素 (B.15) は対称である．

実際，部分積分により

$$\begin{aligned}
&\int_I \frac{d}{dt}\left(B(t)\frac{d}{dt}u(t)\right) v(t)\, dt \\
&= -\int_I B(t)\frac{d}{dt}u(t)\frac{d}{dt}v(t)\, dt
\end{aligned} \tag{B.27}$$

となるからである．

---
[3] I 上で二乗可積分な可測関数の全体から成る．内積は (5.8) の類比：$\langle u, v \rangle = \int_I u(t) g(t)\, dt$ である．

注意 B.3　(B.27) より，(B.16) の固有値が負であることがわかり，(B.26) から，異なる固有値に対する固有関数は直交することがわかる．

以上から，任意の $f \in \mathscr{L}^2(I)$ に対して，

$$f(t) = \sum_{j=0}^{\infty} c_j\, Q_j^I(t), \quad c_j = \frac{\langle f, Q_j^I \rangle}{\langle Q_j^I, Q_j^I \rangle} \tag{B.28}$$

という展開式が成り立つことがわかる[4]．しかも，数列

$$(c_0 \|Q_0^I\|, \cdots, c_j \|Q_j^I\|, \cdots), \qquad \|Q_j^I\| = \sqrt{\langle Q_j^I, Q_j^I \rangle},$$

は二乗総和可能な数列である．

問 B.1　正弦関数 $\sin \pi t$ をルジャンドル多項式で展開せよ．

---

[4] ただし，$\mathscr{L}^2(I)$ の任意の元に対して（$\mathscr{L}^2(I)$ の距離で）収束する多項式列が存在することなど，本書では触れていない若干の議論を必要とする．

C 人名表

本文中で言及のあった人名を掲げる．配列は原則として生年順である．

エレアのゼノ（Zeno of Elea）（前 490 頃～前 430 頃）
エウクレイデス（Eukleides, Euclid）（前 300 頃～？）
アルキメデス（Alchimedes）（前 287～前 212）

アルベルティ（Leon Battista Alberti）（1404～1472）
ピエロ・デラ・フランチェスカ（Piero della Francesca）（1412～1492）
デューラー（Albrecht Dürer）（1471～1528）

ガリレオ（Galileo Galilei）（1564～1642）
ケプラー（Johannes Kepler）（1571～1630）
デカルト（René Descartes）（1596～1650）

ニュートン（Isaac Newton）（1642～1727）
ライプニッツ（Gottfried Wilhelm Leibniz）（1646～1716）

ド・モアヴル（Abraham de Moivre）（1667～1754）

ベルヌーイ（Daniel Bernouill）（1700～1782）
オイラー（Leonhard Euler）（1707～1783）

カント（Immanuel Kant）（1724～1804）

ラグランジュ（Joseph-Louis Lagrange）（1736～1813）
ラプラス（Pierre-Simon de Laplace）（1749～1827）

ルジャンドル（Adrien-Marie Legendre）（1752～1833）
パルスヴァル[1]（Marc-Antoine Parseval）（1755～1836）

フーリエ（Joseph Fourier）（1768～1830）

ナポレオン（Napoleon Bonaparte）（1769～1821）

フンボルト（Alexander von Humboldt）（1769～1859）
ロンスキー（Josef Maria Hoene-Wronski）（1776～1853）

ガウス（Carl Friedrich Gauß）（1777～1855）
ポワソン（Siméon Denis Poisson）（1781～1840）

---

[1] 通例は英語読みして，パーセヴァルである．フランス語読みに近くしてみた．ただし，本文中では，英語読みしている．

C. 人名表

ベッセル（Friedrich Wilhelm Bessel）（1784～1846）

コーシー（Augustin Cauchy）（1789～1857）
グリーン（George Green）（1793～1841）
カルノー（Sadi Carnot）（1796～1832）

オストログラツキー（Mikhail Ostrogradskii）（1801～1862）
ヤコービ（Jacob Jacobi）（1804～1851）
ブニャコフスキー（Viktor Yakoblevic Bunyakovskii）（1804～1889）
ディリクレ（Lejeune Dirichlet）（1805～1859）

ダーウィン（Charles Darwin）（1809～1882）
ストークス（George Gabriel Stokes）（1819～1903）
ヘルムホルツ（Hermann Ludwig von Helmholtz）（1821～1894）
エルミート（Charles Hermite）（1822～1904 ）
トムソン[2]（Wiliam thomson）（1824～1907）

リーマン（Bernhard Riemann）（1826～1866）
リプシッツ（Rudolf Lipschitz）（1832～1903）
ハンケル（Hermann Hankel）（1839～1873）
ヘビサイド（Oliver Heaviside）（1850～1925）
ヘルダー（Otto Ludwig Hölder）（1859～1937）

ヒルベルト（David Hilbert）（1862～1943）

ルベーグ（Henri Lebesgue）（1875～1941）
フィッシャー（Ernst Sigismund Fischer）（1875～1954）
グロンウォール（Thomas Hakon Grönwall）（1877～1932）
フレシェ（Maurice René Fréchet）（1878～1973）
フビニ（Guido Fubini）（1879～1943）

リース（Frigyes (Frédéric) Riesz）（1880～1950）
ラドン（Johann Radon）（1887～1957）
ニコディム（Otto Marcin Nikodym）（1887～1974）

シュヴァルツ（Laurent Schwartz）（1915～2002）

---

[2] ケルヴィン卿 Baron Kelvin.

参考文献

[1] アルベルティ, L. B.：絵画論．中央公論美術出版．1971．（三輪福松：訳）

[2] 青本和彦：直交多項式入門．数学書房．2013．

[3] Carpo, Mario & Frédérique Lemerle: *Perspective, Projections & Design – Technologies of Architectural Representation*. Routledge, 2008.

[4] カルノー：カルノー・熱機関の研究．みすず書房．2012．（広重徹：訳と解説）

[5] Courant, R. & D. Hilbert: *Methods of Mathematical Physics*, Vol. II. Interscience Publishers, 1962.

[6] Dhombres, Jean & Jean-Bernard Robert: *Fourier*. Belin, 1998.

[7] アルブレヒト・デューラー：「測定法教則」注解．中高公論美術出版．2008．（下村耕史：訳編）

[8] エウクレイデス：エウクレイデス全集．第 4 巻．東京大学出版会．2010．（斎藤憲・高橋憲一：訳・解説）

[9] Fourier, Jean Baptiste Joseph: *Œuvres de Fourier* publiées par les soins de M. Gaston Darboux; sous les auspices du Ministère de l'Instruction publique. Gauthier-Villars, **t.1**, 1888; **t.2**, 1890. 九州大学デジタルコレクション https://qir.kyushu-u.ac.jp/infolib2/rare/kuwaki/pdf/338_1a.pdf … /338_1e.pdf (t.1) および 338_2a.pdf … 338_2f.pdf (t.2).

[10] Fourier, Jean Baptiste Joseph: *Théorie Analytic de la Chaleur*. Cambridge Library Collection. Campridge University Press, 2009.

[11] Fourier, Jean Baptiste Joseph: *The Analytical Theory of Heat*. Cambridge Library Collection. Cambridge University Press, 2009.

[12] フーリエ：熱の解析的理論．朝倉書店．(準備中)（西村重人：訳）

[13] フーリエ：熱の解析的理論．大学教育出版．2005．(竹下貞雄：訳)

[14] Fréchet, M.: Sur les ensembles de fonctions et les opérations linéaires. Comptes Rendus Acad. Sc. Paris. **144**(1907), pp.1414–1416.

[15] Grafakos, Loukas: Modern Fourier Analysis. Second Edition. Springer, 2009.

[16] Hörmander, Lars: *The Analysis of Linear Partial Differential Operators* I. Springer-Verlag, 1983.

[17] 福原満洲雄：常微分方程式．第2版．岩波書店，1980．

[18] 石毛和弘：熱方程式の解の最大点挙動について．応用数理，**20** (2010), pp. 25-36.

[19] 伊藤清三：ルベーグ積分入門．裳華房，1963．

[20] Ivins, William M., Jr.: *Art & Geometry – A study in space intuitions*. Dover Publications, Inc., 1964.

[21] Jacobi:全集，第 1 巻．pp.454–455．https://qir.kyushu-u.ac.jp/infolib2/rare/kuwaki/pdf/490_1c.pdf （九州大学デジタルコレクション）

[22] Kahane, Jean-Pierre & Pierre-Gilles Lemarié-Rieusset: *Fourier Series and Wavelets*. Gordon and Breach Publishers, 1995.

[23] カント：純粋理性批判．上，中，下．岩波文庫（訳：篠田英雄）．

[24] Katznelson, Yitzha: *An Introduction to harmonic Analysis*. Third Edition. Cambridge Univ. Press, (2004) (旧版 Dover Publ., 1976).

[25] Kawai, T. & T. Matsuzawa: On the boundary value of a solution of the heat equation. Publ. RIMS. Kyoto Univ. **25** (1989), 491–498.

[26] 河田直樹：ライプニッツ 普遍数学への旅．現代数学社，2010．

[27] 北田均：フーリエ解析の話．現代数学社，2007．

[28] 小出昭一郎：物理現象のフーリエ解析．東京大学出版会，1981．

[29] Komatsu, Hikosaburo: Heaviside's theory of signal transmission on submarine cables, Banach Center Publications, **88**(2010), 159–173.

[30] 久保亮五他編：岩波理化学辞典．第 4 版．岩波書店，1998．

[31] 空気調和・衛生工学会編：空気調和・衛生工学便覧．**1**．基礎編．第 14 版．2010．

[32] Lee Peng Yee & Rudolf Výborný: *The Integral: An Easy Approach after Kurzweil and Henstock*. Cambridge University Press, 2000.

[33] ゴットフリート・ヴィルヘルム・ライプニッツ：ライプニッツ著作集，10．工作舎，1991．

[34] McGrayne, Sharon Bertsch. *The Theory That Would Not Die*. Yale University Press, 2011.

[35] 溝畑茂：ルベーグ積分．岩波書店．1966．（岩波全書）

[36] 森口繁一・宇田川　久・一松信：数学公式．**I**，**II**，**III**．岩波書店，1956，1957, 1960．（岩波全書）

[37] Morse, Philip M. & Herman Feshbach: *Methods of Theoretical Physics*. Part I & II. McGraw-Hill, 1953.

[38] 村田全：日本の数学　西洋の数学．ちくま学芸文庫．2008．

[39] 中島義道：『純粋理性批判』を噛み砕く．講談社，2010．

[40] 日本数学会（編）：岩波数学辞典．岩波書店．第 3 版（1985）．第 4 版（2007）．

[41] 西村重人：フーリエの生涯と熱伝導の研究．数理解析研究所考究録，**1583** (2008), pp. 220–231. http://www.kurims.kyoto-u.ac.jp/ kyodo/kokyuroku/contents/pdf/1583-17.pdf

[42] Olver, Frank W. J. et al. ed.: *NIST Handbook of Mathematical Functions*. National Institute of Standards and Technology, U.S. Department of Commerce & Cambridge University Press.

[43] 折原明夫：測度と積分．裳華房，2002．

[44] Piero della Francesca: *De la Perspective en peinture.* In Media Res. 1998.

[45] リーマン：リーマン論文集．（足立恒雄・杉浦光夫・長岡亮介：編訳）朝倉書店．2004．

[46] Riesz, F.: Sur une espèce de géométrie analytique des systèmes de fonctions sommables. Comptes Rendus Acad. Sc. Paris. **144** (1907), pp.1409–1411.

[47] Riesz, F.: Zur Theorie des Hilbertischen Raums. Akad. Sci. Math. Szeged. **7** (1934), pp. 34–38.

[48] 斎藤正彦：超準解析．東京図書．1980．

[49] 佐々木力：数学史入門　微分積分学の成立．ちくま学芸文庫．2005．

[50] Schwartz, L.: *Théorie de distributions.* 3ème éd. Hermann. 1966 （邦訳：超関数の理論。岩波書店．1968）

[51] 高木貞治：解析概論，改訂第三版．岩波書店．1983．

[52] 高瀬正仁：無限解析のはじまり　わたしのオイラー．ちくま学芸文庫．2009．

[53] 高瀬正仁：微分積分学の史的展開　ライプニッツから高木貞治まで．講談社，2015．

[54] 株式会社テクノ菱和（編）：空調・衛生技術データブック．第4版．森北出版，2012．

[55] Thomson, William & Peter G. Tait : *Treatise on Natural Philosophy.* Vol.**1** & **2**. Cambridge Library Collection. Cambridge University Press, 2009.

[56] 朝永振一郎：物理学とは何だろうか，上，下．岩波新書．1979．

[57] 山本義隆：一六世紀文化革命，**1,2**，みすず書房．2007．

[58] 山本義隆：熱学思想の史的展開，**1, 2, 3**．ちくま学芸文庫．2008 − 2009．

[59] 吉田耕作：復刊 ヒルベルト空間論．共立出版．2009．

[60] 吉田耕作:積分方程式論 第2版. 岩波書店. 1978.(岩波全書)

[61] 吉川敦:関数解析の基礎. 近代科学社, 1990.

[62] 吉川敦:フーリエ解析入門. 森北出版. 2000.

[63] Wardhaugh, Benjamin: *How to Read Historical Mathematics*. Princeton University Press, 2010.

[64] Watson, G. N.: *A Treatise on the Theory of Bessel Functions, Second Edition*. Cambridge University Press, 1966.

[65] Whittaker, E. T. & G. N. Watson. *A Course of Modern Analysis, Fourth Edition*. Cambridge University Press, 1927

[66] Wikipedia: Toroidal coordinates.
http://en.wikipedia.org/wiki/Toroidal_coordinates

[67] Zygmund, A.: *Trigonometric Series, Third Edition*, Cambridge University Press, 2002.

索引

あ行

値写像 128
アルキメデス 4
アルベルティ 253

1次結合 115
一様性 253
一様等質な連続した空間 253

エウクレイデス 254
エルミート空間 140
円環座標系 51
円環体 48
円柱 41
円柱座標系 42

温度関数 24
温度勾配 24

か行

外測度 266
外部伝導率 32
ガウス・オストログラツキーの定理
　　　　　　　　　　　　28, 258
ガウス核 (関数) 168
ガウス・ストークスの定理 28
角柱 40
確定特異点 89, 98
可算基底 130
可積分性 274
可測 267

可測関数 269
可測集合 267
可分 129
ガリレオ 4, 254
カルノー 6
カント 253
完備 123
完備性 120, 121, 123
完璧接触 31
ガンマ関数 225

奇拡張 151
奇関数 148
奇関数成分 148
基本列 120, 121, 280
急減少関数 209
球座標系 45
求積法 107
球体 45
球面調和関数 97
球面ラプラシアン 94
共役フーリエ変換像 195
共役フーリエ変換 195
極表示 137
虚部 137, 192
距離 118, 123
距離の公理 118

偶拡張 150
偶関数 147
偶関数成分 148

区分求積法　261
グリーン・ストークスの定理　258
グロンウォールの不等式　106

係数　256
計測基準集合系　275
決定方程式　98
ケプラー　254
原像　269

高校教科書の微分積分学の基本定理　257
合成積　157, 203
コーシー・シュヴァルツの不等式　125
コーシーの恒等式　135
コーシー・ブニャコフスキーの不等式　64
コーシー列　120, 280
固有関数　35, 56
固有関数展開　59
固有値　35, 56
固有値問題　35, 56, 75
再生公式　160

さ行

σ-加法族　268
次元解析　ii
指示関数　197
二乗可積分　64
二乗可積分性　63
二乗積分可能な関数の空間　114
二乗総和可能　114
二乗総和可能な数列の空間　114
指数　90

自然哲学の数学的原理　3
実線形空間　123
実部　137, 192
自明　56
周期的デルタ関数　79, 128
収束する　118
収束列　118
シュヴァルツ族　209
「純粋理性批判」　253
衝撃関数　104

スカラー　115

正規直交基底　131
正準正弦関数　153
正定値エルミート内積　140
正統作図法　253
絶対可積分　149, 152
ゼノの逆理　254
漸近近似　174
線形空間　123
線積分　259

測度　267

た行

ダーウィン　17
第1種ベッセル関数　85
対称性　37
第2種ベッセル関数　91
単関数　198

調和関数　238, 239
直方体　40
直和　268

直交　130
直交関係　36
直交基底　130
直交系　130
直交性　59

定数変化法　107
ディリクレ核　79
テータ関数　82, 171
デューラー　254
デルタ関数　104, 162, 208

動径　137
等質性　253
同値　116
特異点　88
凸集合　122
ド・モアヴルの等式　vi, 137, 192
トロイダル座標系　48

な行

内積　116, 123, 242
内積空間　124
内部伝導率　24
ナポレオンのエジプト遠征　v

ニュートン　4
ニュートンの冷却法則　32

熱移動曲線　27
熱核（関数）　168
熱拡散係数　30
熱拡散率　30
熱伝導の方程式　30
熱の解析的理論　i, 2

熱の流れ　20
熱の量　29

ノルム　116, 123, 125
ノルム空間　125

は行

パーセヴァルの等式　113
パーセヴァル等式　212
発散　29
波動方程式　230
ハンケル展開　91
反転　148

ピエロ・デラ・フランチェスカ　254
非等方的　188
比熱　29
被覆　265
微分係数量　256
微分積分学の基本定理　28, 255, 257
表面伝導率　32
ヒルベルト空間　126

フーリエ　i
フーリエ解析　i
フーリエ級数展開　59
フーリエ係数　60
フーリエ係数列　113
フーリエ正弦変換　151
フーリエ正弦変換像　151
フーリエの法則　24, 26
フーリエ変換　194
フーリエ変換像　194
フーリエ変換の線形性　195
フーリエ余弦変換　151

フーリエ余弦変換像　151
複素化　141
複素ヒルベルト空間　140
フビニの定理　278
プロトガイア　183
フンボルト　17

平行移動　202, 274
ベクトル　115
ベッセル関数　v, 85
ベッセルの微分方程式　85
ヘビサイド関数　107
ヘルダー連続　81, 201
ヘルムホルツ方程式　38
偏角　43, 137
変数分離解　34, 53

ポワソン核　240
方位角　43
ほとんどいたるところで　278
ほとんどすべての点について　278

ま行

未定係数法　89
無限回連続微分可能　230
無限小解析　253
モデュラス　137

や行

ヤコービ　iii, 82, 171
有界な線形汎関数　128

ら行

ライプニッツ　183
ラドン・ニコディムの定理　252
ラプラシアン　31
ラプラス作用素　31

リース・フィッシャーの定理　281
リース・フレシェの定理　129, 132
リーマン積分　260, 261
リーマン積分可能　262
リーマン・ルベーグの定理　81, 201
リプシッツ連続　81

ルジャンドル　iii
ルジャンドル多項式　96
ルジャンドルの陪関数　96
ルジャンドルの微分方程式　96
ルベーグ可測　267
ルベーグ可測集合　267
ルベーグ積分　260, 262
ルベーグ積分可能　263
ルベーグの収束定理
　　　　　170, 173, 263, 279

零集合　116, 265
連続関数　270
連続性　253

ロンスキアン　91
ロンスキー行列式　91

著者紹介：

吉川 敦（よしかわ・あつし）

九州大学名誉教授（大学院数理学研究院）
理学博士（東京大学 1971）
現職：久留米大学附設中学校・高等学校　校長

著書：数理点景 ― 想像力・帰納力・勘とセンス、そして冒険
　　　　　　　　　　　　　　　　九州大学出版会 (2006)
　　　無限を垣間見る　牧野書店　(2000)
　　　フーリエ解析入門　森北出版　(2000)
　　　関数解析の基礎　近代科学社　(1990)

双書⑬・大数学者の数学／フーリエ
現代を担保するもの

2015 年 5 月 15 日　初版 1 刷発行

著　者　　吉川　敦
発行者　　富田　淳
発行所　　株式会社　現代数学社

〒606-8425　京都市左京区鹿ヶ谷西寺ノ前町1
　　　　TEL 075 (751) 0727　FAX 075 (744) 0906
　　　　http://www.gensu.co.jp/

検印省略

ⓒ Atsushi Yoshikawa, 2015
Printed in Japan

印刷・製本　　亜細亜印刷株式会社
装　丁　Espace ／ espace3@me.com

ISBN 978-4-7687-0445-5　　落丁・乱丁はお取替え致します．